职业教育机电类
系列教材

PLC控制技术

三菱FX_{3U} | 附微课视频

吕家将 / 主编
段慧云 / 副主编

ELECTROMECHANICAL

人民邮电出版社
北京

图书在版编目（CIP）数据

PLC控制技术 : 三菱FX3U : 附微课视频 / 吕家将主编. -- 北京 : 人民邮电出版社, 2023.4(2024.7重印)
职业教育机电类系列教材
ISBN 978-7-115-59432-7

Ⅰ. ①P… Ⅱ. ①吕… Ⅲ. ①PLC技术－职业教育－教材 Ⅳ. ①TM571.61

中国版本图书馆CIP数据核字(2022)第096730号

内 容 提 要

本书选取市场份额较大的三菱 PLC，以典型工作任务为载体，贯彻“管用”“实用”“够用”的教学指导思想，对接企业需求，以培养 PLC 编程能力为主、硬件接线能力为辅，通过经典案例选择、大赛任务和企业项目教学化改造等方式，系统地讲解 PLC 控制技术。

本书为项目化教材，全书划分为基本指令、功能指令、状态编程、应用提升四大模块，从三色灯控制、抢答器控制到工业网络组态控制，由浅入深地设计了 25 个任务。

本书适合于职业院校机电设备类专业学生使用，也可作为电气技术人员的培训教材和参考用书。

◆ 主　　编　吕家将
副 主 编　段慧云
责任编辑　王丽美
责任印制　焦志炜

◆ 人民邮电出版社出版发行　　北京市丰台区成寿寺路 11 号
邮编　100164　　电子邮件　315@ptpress.com.cn
网址　https://www.ptpress.com.cn
固安县铭成印刷有限公司印刷

◆ 开本：787×1092　1/16
印张：13.5　　2023 年 4 月第 1 版
字数：332 千字　　2024 年 7 月河北第 3 次印刷

定价：59.80 元

读者服务热线：(010)81055256　印装质量热线：(010)81055316
反盗版热线：(010)81055315
广告经营许可证：京东市监广登字 20170147 号

前言

PLC技术已经成为现代工业自动化生产的三大支柱之一，在智能制造时代地位更加重要。编者根据多年的工业控制现场经验和丰富的职业教育教学经验，精心选取了PLC应用典型工作任务，采用工作过程系统化的课程理念，基于学生学习视角，重组PLC知识体系，实现“教、学、做”一体化，具有明显的职教特色，以更有效地培养学生PLC控制系统设计、安装、调试及维护的能力。

本书以三菱 FX_{3U} 为例，以“管用”“实用”“够用”为指导思想，立足于“PLC编程能力培养为主，硬件接线能力培养为辅”的教学目标，分解并优选PLC的主要知识点和技能点，按照“项目化编写体系，精选任务载体，力求知识融合”的逻辑性要求和递进性原则，并配套丰富的各类教学资源。教材有如下几个特点。

1．立德树人。本书全面贯彻党的二十大精神，落实立德树人根本任务。本书以职业素养、科学精神和爱国情怀为主线，结合任务要求和情境载体情况，提供足够鲜活、富有感染力的案例供学生阅读了解，帮助学生了解行业发展、科技发展等情况，培养崇尚科学、勇于创新的钻研精神，树立强烈的民族自豪感。

2．产教融合，课证融通。深化“岗课赛证”改革，紧扣岗位技能标准，分析“可编程控制系统集成及应用职业技能等级标准”，确定课程内容，提高课程内容的先进性和实用性。

3．任务驱动。本书所有知识点都通过任务驱动的方式进行重构，综合考虑贴近工程实际和便于技能训练的需求，并从对接电气控制课程、经典编程案例、企业工程项目分解和技能竞赛内容教学化改造等几方面考虑，优选任务载体。所有任务经过反复筛查比较，既保证任务难易程度的递进，又保证重要知识点的纳入，还保证知识点之间的逻辑性，助力学生实现从了解知识到应用知识的转变。

4．布局优化。本书优化章节布局，做到重点突出，用词精简，图文并茂；遵照教学流程，大部分任务按照任务描述→知识准备→任务实施→每课一问→知识延伸→习题共六大块组织内容，着眼于PLC编程方法与技巧的培养和硬件接线工艺的规范，既可帮助教师高效组织课堂教学，又便于学生自学。

5．助学设计。每个任务都安排了“编程思路”内容，帮助学生建立编程信心，逐步掌握程序编写方法和技巧。另外，还设置了“每课一问”环节，点出重要的易惑知识点，或者对当前任务进行适当拓展，进一步强化对重要知识点的理解，并为学生课后提升指明方向。

6．在线仿真。基于VPN技术，校企联合开发了与教材任务配套的在线仿真训练资源，有利于实施“理、虚、实”一体化教学。每个仿真实训任务实施步骤分为输入/输出分配—电路设计—编程验证3部分内容，逼真的应用场景及与教材对应的教学项目设计，解决了PLC实训教学设备不足和硬件教学组织困难的问题，能够明显提升学生的学习兴趣，拓展学习的时间和空间维度。

7．丰富资源。教材配备丰富的数字资源，数字资源与教材一体化设计，便于实施线上线下混合教学。本教材配套的在线开放课程已从 2021 年开始在“智慧树”上线运行，已立项为江西省精品在线开放课程。本书提供的数字资源包括课程标准、微课链接、PPT 课件、考试题库、在线开放课程网址等，可登录人邮教育社区（www.ryjiaoyu.com）下载。

本书章节课时安排建议如下。

项目名称	任务名称	关键词	课时
基本指令篇（24 课时）	三相异步电动机点动控制	工作流程	4
	三相异步电动机长动控制	工作原理、位元件	4
	三相异步电动机点长动控制	双线圈、辅助继电器 M	4
	三灯顺序点亮控制	定时器	4
	设备三色灯控制	闪烁时序	2
	产品计数与生产线传送带控制	计数器	4
	数控机床冷却液喷出控制	单按钮启停、边沿脉冲	2
功能指令篇（28 课时）	流水灯控制	字元件、移位指令	4
	霓虹灯自动循环运行控制	循环移位指令	2
	线性灯柱交替显示控制	主控触点指令	2
	竞赛抢答器控制	数码管	2
	十字路口交通信号灯控制	BCD 指令、定时器	4
	简易计算器设计	运算指令	4
	数字踩雷游戏机设计	比较指令	2
	料仓放料与推料模拟控制	编码、解码、字逻辑运算	4
	生产线产品“先进先出”分拣控制	移位读写	4
状态编程篇（16 课时）	运料小车往返运行控制	状态编程、步进梯形图	6
	机械臂控制	单序列 SFC	2
	选择性工件传输机控制	选择序列 SFC	2
	专用钻床多工位同步加工控制	并行序列 SFC	2
	生产流水线小车控制	SFC 混合编程	4
应用提升篇（20 课时）	储水塔电动机变频控制	变频控制	4
	平版印刷机控制	触摸屏、模拟模块	6
	成品入库堆垛机控制	运动控制	6
	FX 系列 PLC 组网控制	N : N 网络	4
合计			88

本书由九江职业技术学院吕家将任主编，九江职业技术学院段慧云任副主编。其中，吕家将编写任务 1～任务 7，段慧云编写任务 8～任务 14，九江职业技术学院吴毅编写任务 15、任务 16、任务 23 和任务 24，九江职业技术学院霍松林编写任务 17～任务 20，九江职业技术学院陈军源编写任务 21 和任务 22，并对各任务的 PLC 程序进行了全面测试和验证，江西冶金职业技术学院黄辉编写任务 25，并绘制了所有任务的电气原理图。

本书在编写过程中得到了上海明材数字科技有限公司的大力支持，他们提供了与教材内容完全匹配的大量仿真资源，在此表示衷心的感谢。

由于编者水平有限，书中难免有疏漏和欠缺之处，敬请广大读者提出宝贵意见，联系邮箱：24972230@qq.com。

编　者

2022 年 5 月

目录

模块一 基本指令篇

模块二 功能指令篇

模块三　状态编程篇

模块四 应用提升篇

模块一　基本指令篇

PLC 技术已经成为现代工业自动化生产的三大支柱之一。PLC 软件编程指令及其灵活应用是“PLC 控制技术”的最主要内容。基本指令是 PLC 程序中应用最频繁的指令，熟练掌握基本指令是 PLC 编程的基础。

本模块利用 7 个工作任务，分别引出了输入继电器、输出继电器、辅助继电器等位元件概念，介绍了触点、线圈、定时器和计数器等基本指令应用和 PLC 工作原理、接近开关等内容。

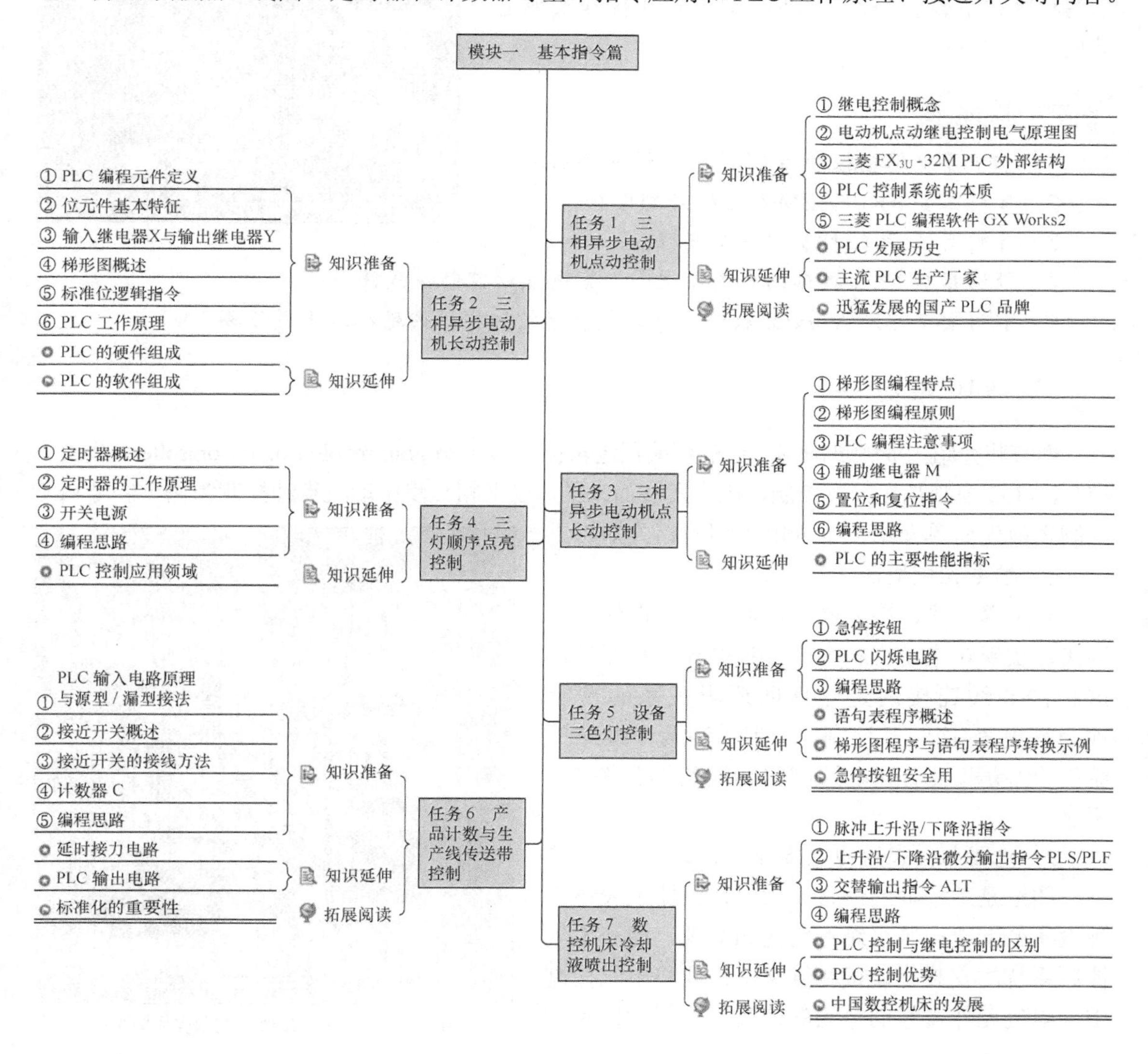

任务 1　三相异步电动机点动控制

一、任务描述

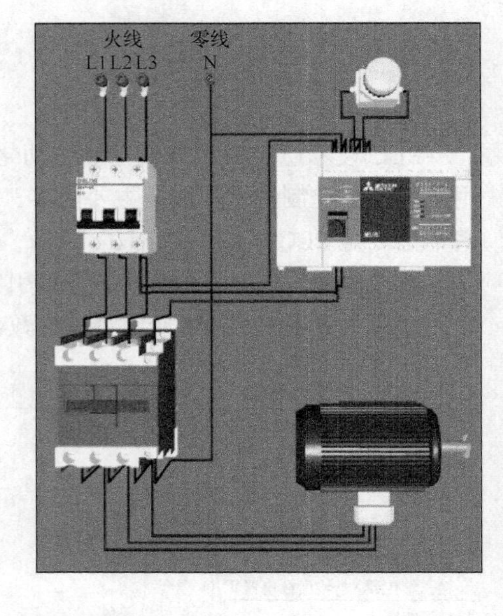

机床刀架、横梁、立柱等快速移动和机床对刀等场合，常需要利用点动控制来调整位置。

某电动机点动控制任务描述为：按下按钮 SB，三相异步电动机 M1 通电旋转；松开按钮 SB，三相异步电动机 M1 断电停止。请根据提供的输入/输出端口分配、电气原理图和 PLC 梯形图程序，完成三相异步电动机点动控制硬件接线，在 GX Works2 软件中输入梯形图程序并下载至 PLC，最后，通过简单操作实现电动机点动控制动作。

学习目标

1. 初步了解继电控制与 PLC 控制的基本区别；
2. 了解三菱 FX_{3U}-32MR PLC 外部结构；
3. 了解实施 PLC 控制的基本流程；
4. 能够根据 PLC 控制的电气原理图，完成点动控制接线任务；
5. 能够安装 GX Works2 软件，并完成点动控制程序的输入和下载任务。

二、知识准备

本书将介绍工业领域应用广泛的可编程逻辑控制器（Programmable Logic Controller，PLC）控制。PLC 控制是在继电控制基础上发展而来的。以三相异步电动机点动控制为例，学习 PLC 控制之前先简单介绍一下继电控制的相关知识。

1. 继电控制概念

利用继电器、接触器及其他控制元件的线路连接，实现对电动机和生产设备的控制和保护，这种由导线连接决定器件间逻辑关系的控制称为继电器-接触器控制，一般简称为“继电控制”。电动机点动继电控制实物接线图如图 1-1 所示。

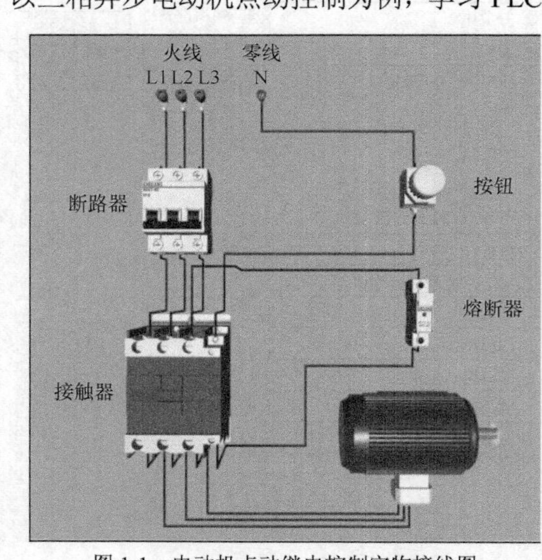

图 1-1　电动机点动继电控制实物接线图

2. 电动机点动继电控制电气原理图

图纸是工程师的语言。为方便快捷地表述各种设备的继电控制系统的结构和原理，便于电气控制系统的安装、调试和维修，需要将电气控制中各电气元件及它们之间的连接线路用图纸表达出来，这就是电气控制系统图。电气控制系统图主要包含电气原理图、电器布置图和电气安装接线图 3 种。

电气原理图最为基础和常用，用来表明电气设备的工作原理及各电气元件的作用。电气原理图一般分为主电路和控制电路，所有电气元件都应采用国家标准中统一规定的图形符号和文字符号表示。电动机点动继电控制电气原理图如图 1-2 所示。其控制流程如下。

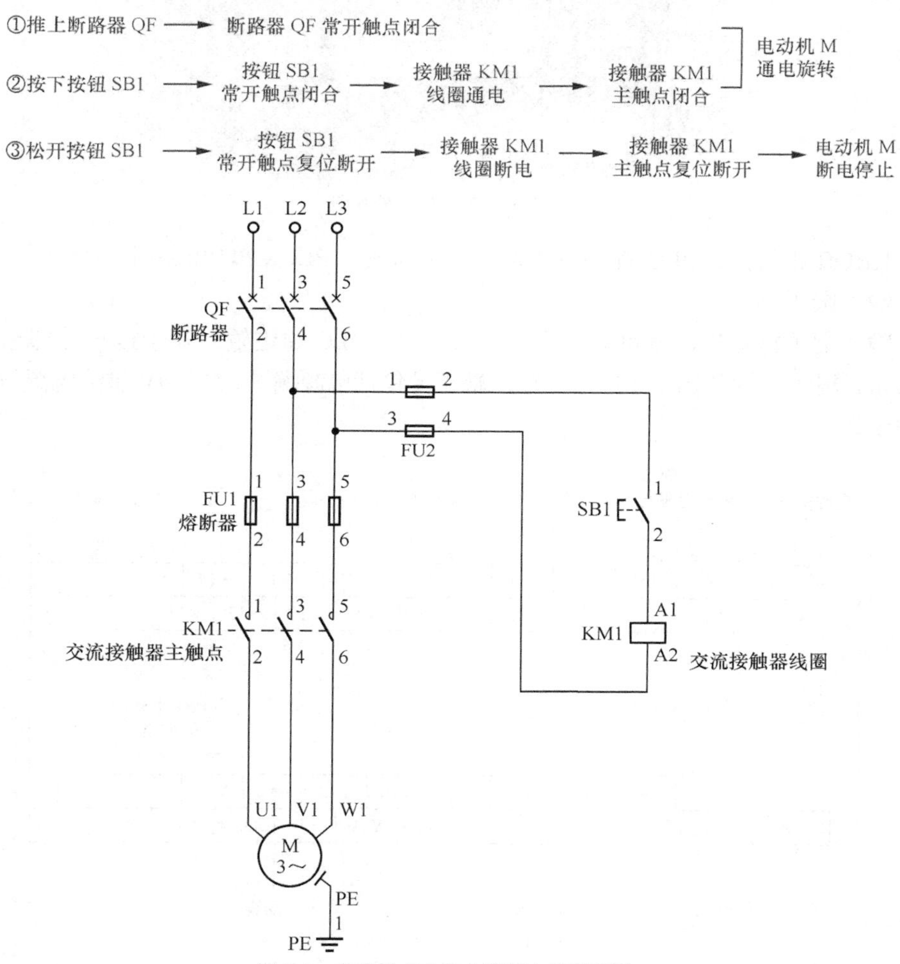

图 1-2　电动机点动继电控制电气原理图

3. 三菱 FX_{3U}-32M PLC 外部结构

本书所选 PLC 机型为三菱电机公司的 FX_{3U} 系列，其外观如图 1-3 所示。

认识 FX_{3U} PLC

（1）通信接口：通过 RS-232 数据线连接此端口与计算机串口，上传和下载 PLC 程序。

（2）RUN/STOP 开关：控制 PLC 的状态在 RUN 与 STOP 之间切换。

（3）PLC 状态指示灯。

① POWER 指示灯：PLC 供电正常时亮。

② RUN 指示灯：PLC 处于 RUN 状态时亮，处于 STOP 状态时灭。

③ BATT 报警灯：PLC 内部电池电量不足时亮。

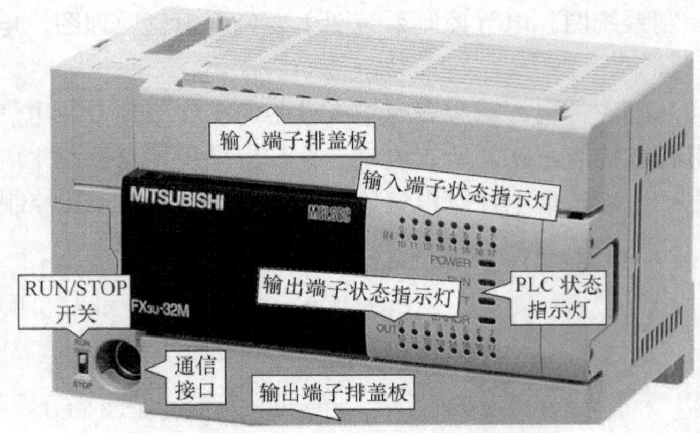

图 1-3　FX_{3U}-32M 外观图

④ ERROR 报警灯：PLC 程序有错误时，闪烁亮；PLC CPU 出错时，一直亮。

（4）输入端子排。

打开输入端子排盖板，就可以看到输入端子排。PLC 通过输入端子排与外部输入元件触点建立联系，端子布置如图 1-4 所示。输入端子排包括电源端子、DC24V 供给电源与 S/S 端子和输入端子。

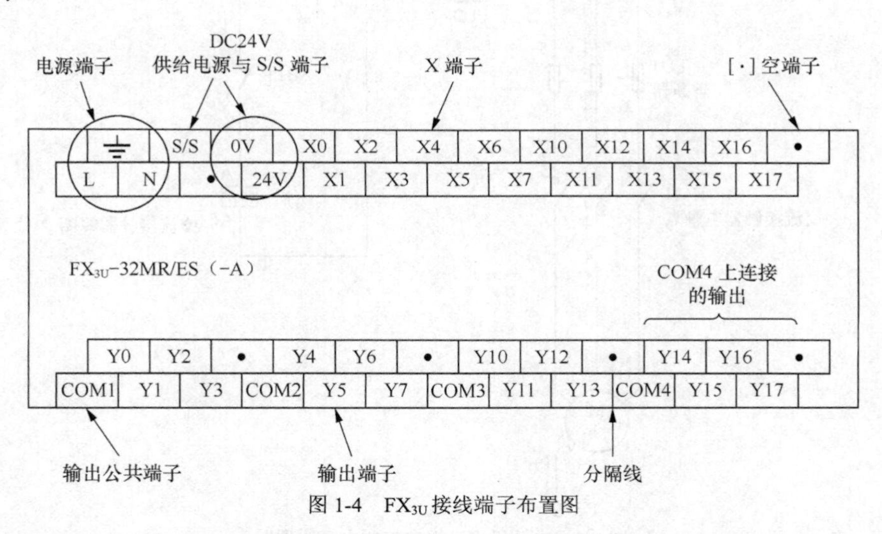

图 1-4　FX_{3U} 接线端子布置图

① 电源端子。AC 电源型 PLC 电源端子为[L]、[N]和⏚端子，用于连接 PLC 外部电源（AC 220V），给 PLC 供电。

② DC24V 供给电源与 S/S 端子。DC24V 供给电源与 S/S 端子包含 24V、0V 和 S/S 端子。3 个端子不同的组合，可实现漏型和源型输入接法的切换。24V 端子与 S/S 端子短接，则 0V 端子为输入电路公共端，称为漏型输入接法；0V 端子与 S/S 端子短接，而 24V 端子为输入电路公共端，则称为源型输入接法。

③ 输入端子。输入端子主要有 X 端子和[·]空端子。X 端子与输入元件相连，是将外部信号引入 PLC 的必经通道。[·]空端子表示该端子禁止使用。

（5）输出端子排。

打开输出端子排盖板，就可以看到输出端子排。PLC 通过输出端子排与外部负载建立联系。输出端子排包括输出公共端子（COM 端子）和输出端子。

① 输出公共端子。输出公共端子（COM 端子）是 PLC 连接交流接触器线圈、电磁阀线圈、指示灯等负载时必须连接的一个端子。

负载使用相同电压类型和等级时，一般将 COM1、COM2、COM3、COM4 用导线短接即可。

负载使用不同电压类型和等级时：Y0～Y3 共用 COM1，Y4～Y7 共用 COM2，Y10～Y13 共用 COM3，Y14～Y17 共用 COM4（由分隔线可以看出）。对于共用一个公共端子的同一组输出，必须用同一电压类型和同一电压等级，但不同的公共端子组可使用不同的电压类型和电压等级。

② 输出端子。输出端子即 Y 端子。输出端子与输出负载相连，是将 PLC 指令执行结果传递到负载侧的必经通道。

（6）输入端子状态指示灯和输出端子状态指示灯。

输入端子排的每一个 X 端子（输入点）都有一个对应的状态指示灯，当外部输入元件触点闭合时，其对应的状态指示灯亮。

输出端子排的每一个 Y 端子（输出点）都有一个对应的状态指示灯。当某一指示灯亮时，即表示该输出点与对应的输出公共端子接通，对应的输出点软元件（输出继电器 Y）信号为 1。

继电控制与 PLC 控制比较

4. PLC 控制系统的本质

几乎所有控制的本质都可以概括为：输入条件发生改变，输出状态按照某种逻辑或数值关系发生相应改变。如控制场景 1：按下按钮，灯亮；松开按钮，灯灭。显然，此控制场景中，按钮状态为输入，灯状态为输出。按下或松开按钮相当于输入条件改变，灯的亮灭相当于输出状态发生改变。所以，控制系统的主要目的就是正确建立输入与输出之间的联系。

以电动机点动为例，按钮 SB 为控制系统输入，控制电动机的交流接触器线圈 KM 为控制系统的输出。继电控制是通过硬件接线把按钮常开触点和接触器线圈连在一个电路回路中，从而建立联系。PLC 控制系统的输入和输出是如何建立联系的呢？如图 1-5 所示。

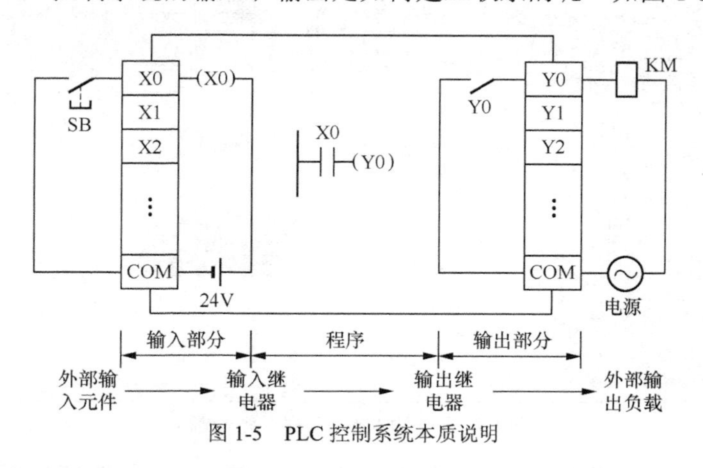

图 1-5　PLC 控制系统本质说明

（1）通过导线把按钮触点（外部输入）与 PLC 输入端子连接起来，使按钮（外部输入元件）触点与 PLC 输入继电器状态建立联系。

（2）通过导线把交流接触器线圈 KM（外部输出负载）与 PLC 输出端子连接起来，使

PLC 输出继电器与交流接触器线圈状态建立联系。

（3）通过 PLC 程序实现 PLC 输入继电器与输出继电器的联系，最终实现按钮 SB 与交流接触器 KM 状态之间的联系。

5. 三菱 PLC 编程软件 GX Works2

GX Works2 是三菱电机公司推出的新一代 PLC 编程软件，是专门用于 PLC 设计、调试、维护的编程工具。与传统的 GX Developer 软件相比，其功能及操作性能更强，更加容易使用。

GX Works2 具有简单工程（Simple Project）和结构化工程（Structured Project）两种编程方式，支持梯形图、指令表、SFC、ST 及结构化梯形图等编程语言，可实现程序编辑，参数设定，网络设定，程序监控、调试及在线更改，智能功能模块设置等功能，适用于 Q、QnU、L、FX 等系列可编程控制器，并可兼容 GX Developer 软件。GX Works2 的使用方法简述如下。

（1）新建工程。启动 GX Works2 编程软件，利用工具栏或菜单选择“新建”命令，在打开的“新建”对话框中分别选择系列为“FXCPU”、机型为“FX3U/FX3UC”、工程类型为“简单工程”、程序语言为“梯形图”，如图 1-6 所示。

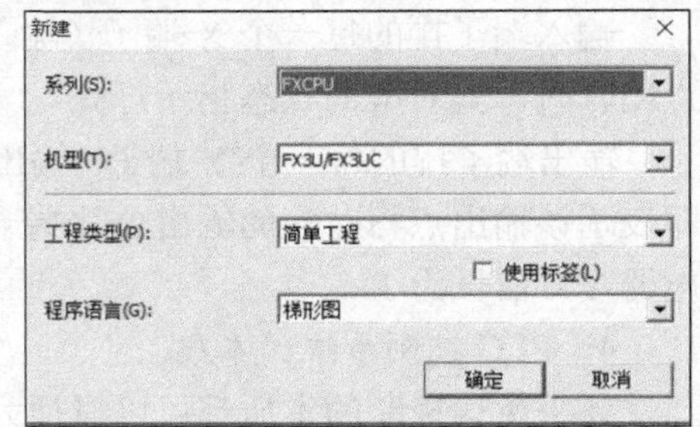

图 1-6 “新建”对话框

（2）指令输入。进入工程编程界面，可以看到该界面分为“导航区”“程序区”“菜单栏”和“工具栏”等几部分，如图 1-7 所示。输入程序时，在需要输入程序的地方（如图 1-7 的“1”处）双击鼠标，打开“梯形图输入”弹出框，在“梯形图输入”弹出框“2”处下拉菜单中选择“┤├”（常开触点）等符号，在“3”处输入“X0”等软元件名称，单击“确定”按钮，然后开始其他指令的输入。

图 1-7 程序输入界面与程序输入过程

（3）程序编译。程序输入完成后，程序背景呈灰色显示（此时无法保存），此时需要执行菜单栏的“转换/编译”菜单下的“转换”命令，使程序背景变成白色，则程序可以正常保存，如图 1-8 所示。

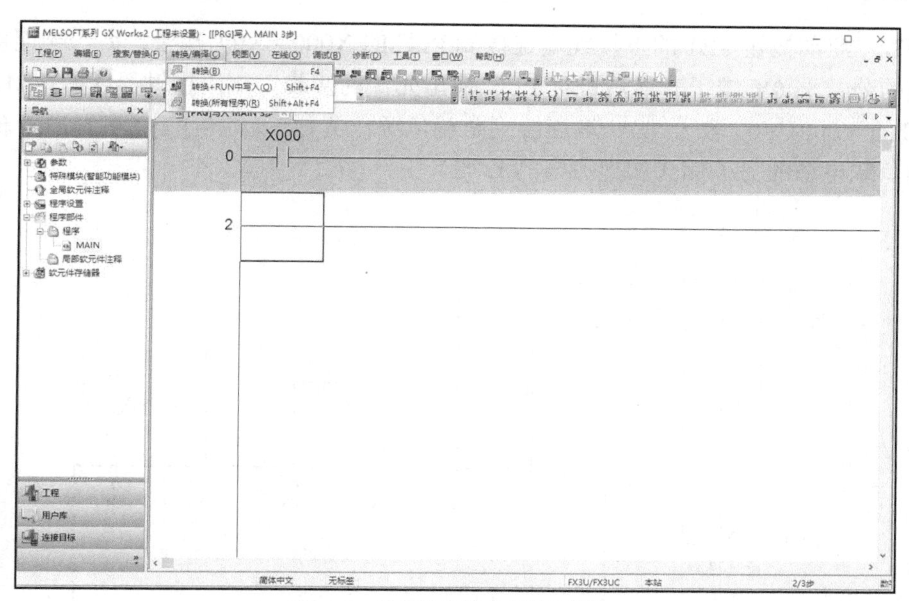

图 1-8　程序输入结束后进行转换

三、任务实施

PLC 控制需要完成的主要工作有哪些？

第一步：分析控制任务，明确有哪些输入和输出，并分配输入/输出（I/O）端口。

第二步：设计电气原理图。驱动电动机类负载时，需要主电路和控制电路；驱动灯、电磁阀等负载时，只需要控制电路即可。

第三步：根据电气原理图进行接线。

第四步：编写 PLC 梯形图程序。三菱 FX_{3U} PLC 编程软件为 GX Works2 或 GX Developer。

第五步：将 PLC 程序写入 PLC 并进行调试。

1. 分配 PLC 输入/输出端口

控制电路以 PLC 为研究对象，按钮 SB1 为 PLC 的输入，需与 PLC 的输入 X 端子相连，分配地址为 X***；控制电动机的交流接触器线圈 KM1 为输出，需与 PLC 的输出 Y 端子相连，分配地址为 Y***。本任务中的输入/输出端口分配如表 1-1 所示。

表 1–1　PLC 输入/输出端口分配表

输　入		输　出	
启动按钮 SB1	X000	接触器线圈 KM1	Y000

2. 设计电气原理图

电动机点动 PLC 控制接线过程

因为 PLC 输出功率一般较小，不宜直接驱动电动机，一般通过驱动接触器线圈 KM 达到控制电动机的目的，所以 PLC 控制功率较大的电动机时，与继电控制相比，主电路一样，区别在于控制电路。

电动机点动 PLC 控制电气原理图如图 1-9 所示。控制电路中，首先需要给 PLC 供 220V 交流电，即将 220V 交流电接入 PLC 输入端子的 L、N 端子。接下来，需要确定 PLC 输入接口为漏型还是源型。图 1-9 中为漏型接口，也就是把 PLC 的 S/S 端子和 PLC 的 24V 端子进行短接，PLC 的 0V 端子作为输入电路公共端，然后进行输入元件的接线。启动按钮 SB1 的下接线端连接到 PLC 的 X000（X0）端子，另一端连接到 PLC 输入电路的公共端 0V 端子。最后进行 PLC 输出元件的接线，交流接触器线圈 KM1 一端连接到 PLC 的 Y000（Y0）端子，另一端连接到负载电源一侧（如交流电的 N 端），PLC 的 COM1 端连接到负载电源的另一侧（如交流电的 L 端）。

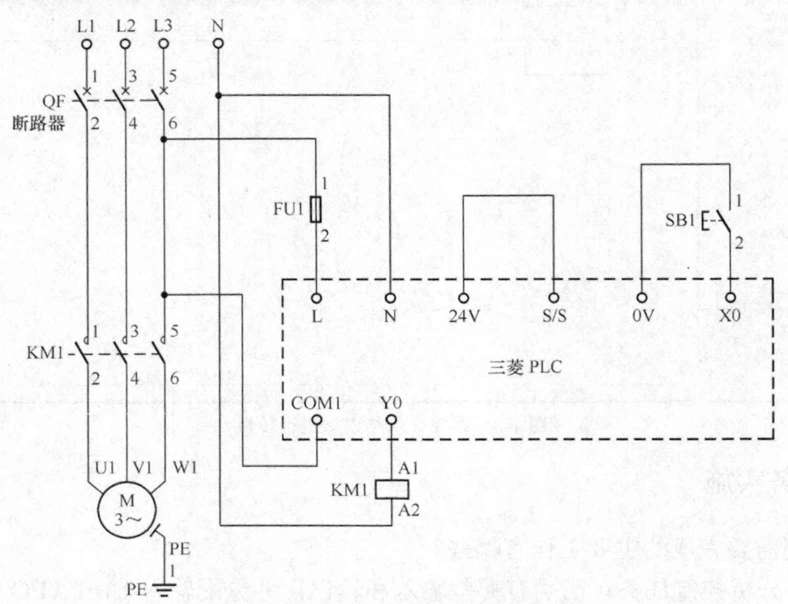

图 1-9 电动机点动 PLC 控制电气原理图

3. 编写并输入 PLC 梯形图程序

电动机点动 PLC 控制梯形图程序如图 1-10 所示。梯形图程序一般由左边的触点和右边的线圈指令组成，X000 和 Y000 称为 PLC 的编程软元件，下个任务将会具体讲解。

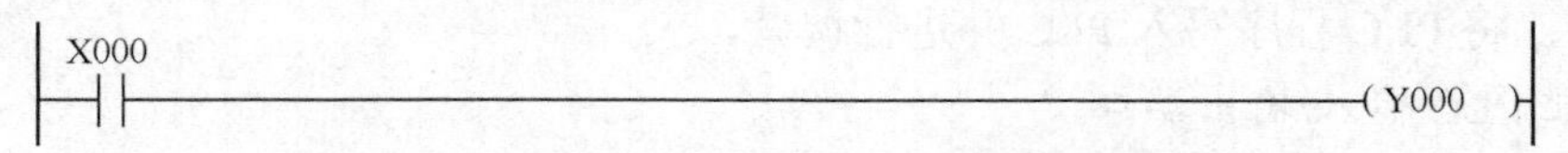

图 1-10 电动机点动 PLC 控制梯形图程序

本任务中，大家只需要熟悉 GX Works2 软件，能够正确输入 PLC 点动控制梯形图程序即可。

4. 将 PLC 程序下载至 PLC 并调试

PLC 程序下载方法

将 PLC 程序下载至 PLC，需要在硬件和软件两方面都进行正确配置。

（1）通信连接。计算机可通过串口（COM 口）或 USB 端口与 PLC 通信接口进行连接。串口利用普通的 RS-232 数据线（一端为 DB9 的串口母头，另一端为 DB8 的串口公头）与 PLC 通信接口相连，如图 1-11（a）所示。USB 端口与 PLC 通信接口通过 USB 转串口数据线相连（计算机需安装 USB 转串口驱动程序），如图 1-11（b）所示。

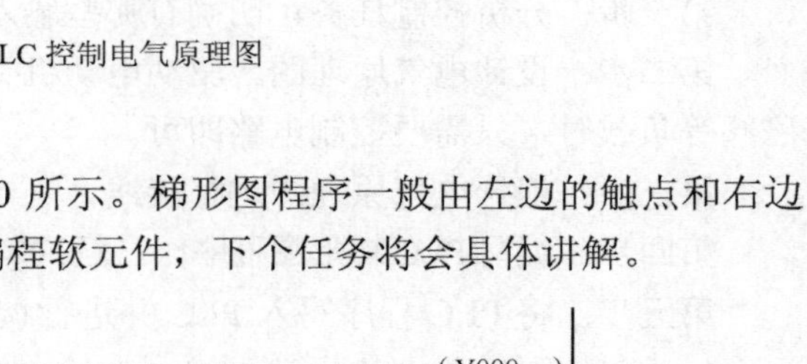

（2）通信设置。在图 1-12 所示的编程界面中，单击左边导航区域的“连接目标”，双

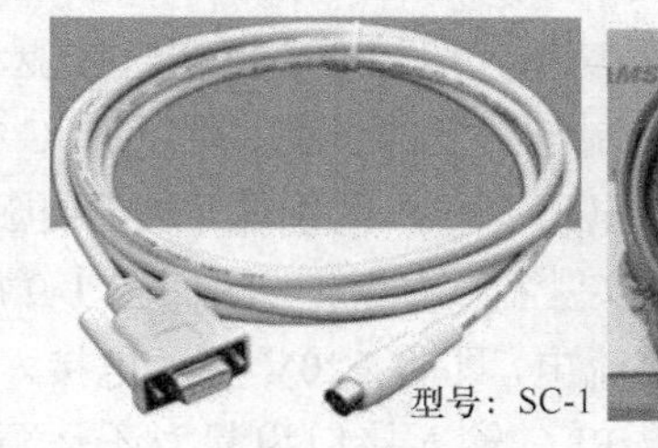

（a）RS-232数据线 （b）USB 转串口数据线

图 1-11 计算机与 PLC 通信接口数据线

击当前连接目标中的“Connection1”，弹出图 1-13 所示的“连接目标设置 Connection1”对话框。双击“Serial USB”，根据实际情况选择对应的 COM 口。在此选择第 2 行的“PLC Module”，单击“通信测试”按钮，如果计算机与 PLC 通信成功，则弹出“已成功与 FX3U/FX3UCCPU 连接。”提示框，如图 1-13 所示。通信成功后，单击“确定”按钮，完成通信设置。

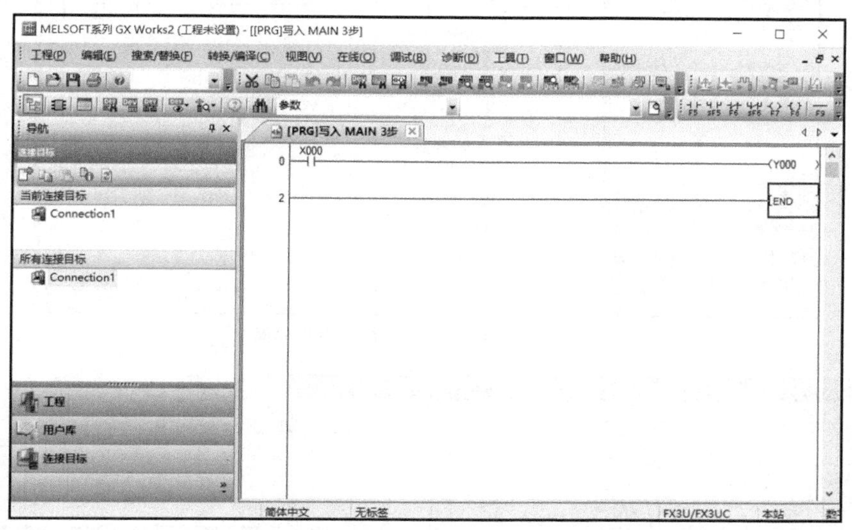

图 1-12　通信设置页面操作

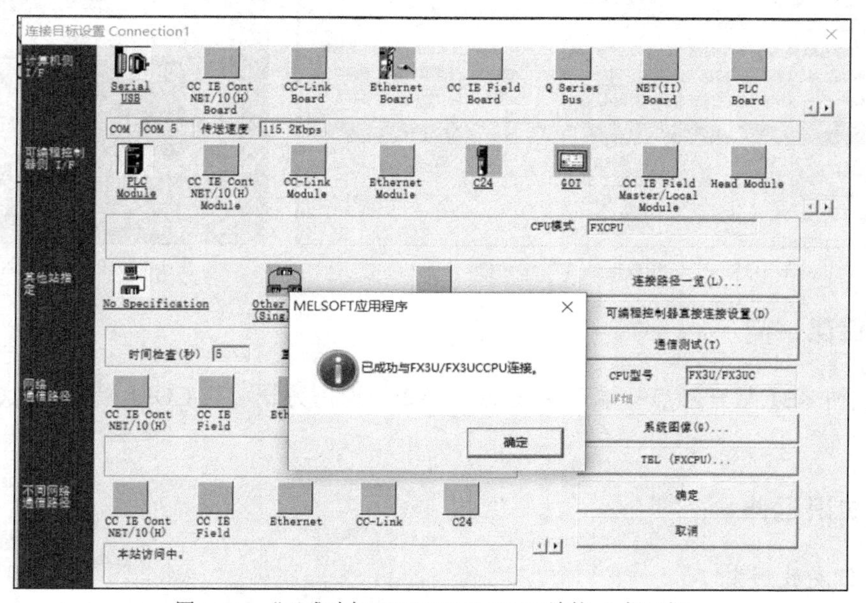

图 1-13　“已成功与 FX3U/FX3UCCPU 连接。”提示框

（3）程序下载。正确连接计算机与 PLC 之间的通信电缆并开启 PLC 电源后，单击工具栏的“PLC 写入”图标或执行菜单栏中的“在线→PLC 写入”命令，如图 1-14 所示。在弹出的“在线数据操作”对话框中选中“写入”单选按钮，数据选择“参数+程序”，如图 1-15 所示。单击“执行”按钮，进行写入操作。

（4）程序调试。把 PLC 的 RUN/STOP 开关拨到 RUN 状态，按下按钮 SB1，如果 PLC 输出 Y000 指示灯亮，则程序正确，如图 1-16 所示。反之，则需要检查程序和 PLC 接线是否有误。

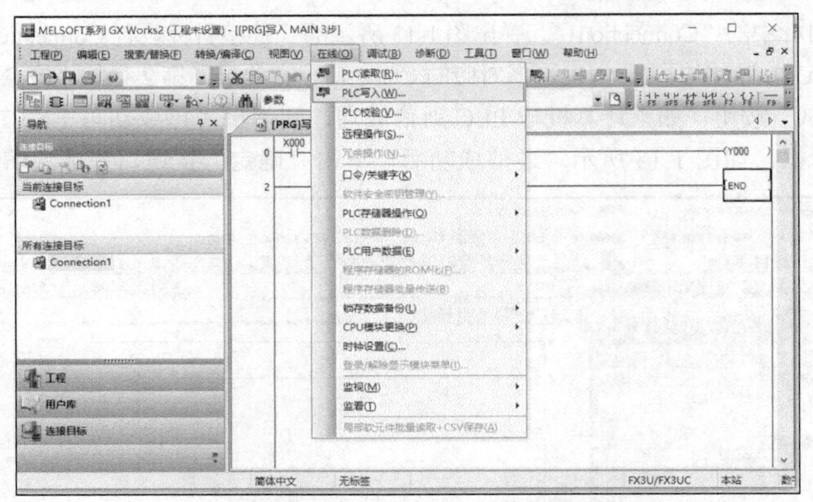

图 1-14 “PLC 写入”命令操作界面

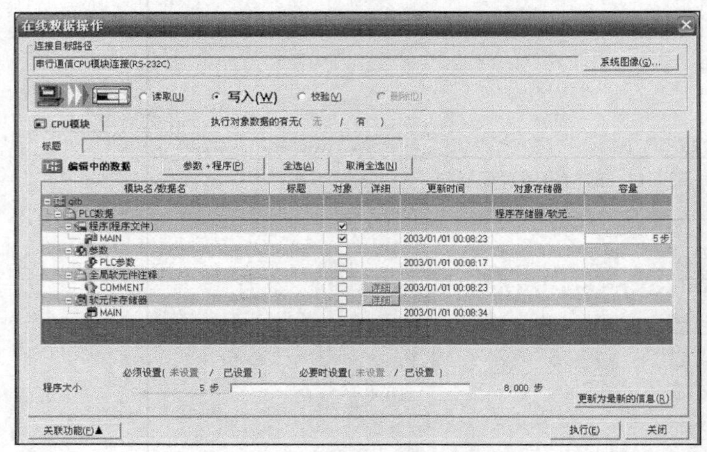

图 1-15 “在线数据操作”对话框

图 1-16 PLC 通电运行情况

四、每课一问

如果按钮 SB1 常开触点一端与 PLC 端口 X2 相连，另一端与 COM 相连，PLC 程序需要变化吗？

五、知识延伸

1．PLC 发展历史

PLC 英文全称为 Programmable Logic Controller，中文全称为可编程逻辑控制器。1968 年，美国通用汽车（GM）公司提出了取代继电控制装置的十条要求，称为 GM 十条。具体包括：工作特性比继电控制可靠；占用空间比继电控制系统小；易于编程；易于现场变更程序；能直接驱动接触器、电磁阀等执行机构；价格能够与继电控制系统竞争；等等。1969 年，美国数字公司研制出了第一台可编程控制器 PDP-14，并在美国通用汽车公司的生产线上试用成功。

20 世纪 70 年代初，微处理器技术引入可编程控制器，使 PLC 除了传统的逻辑控制和顺序控制外，还增加了运算、数据传送及处理等功能，使其成为真正具有计算机特征的工业控制装置。此时的PLC严格意义上应该称为可编程控制器（Programmable Controller，PC）。但为了与发展迅速的个人计算机（PC）进行区分，也为了方便和反映可编程控制器的主要功能特点，突出常规逻辑控制概念，可编程控制器仍然取名为PLC。

20世纪70年代中末期，可编程控制器进入实用化发展阶段，计算机技术已全面引入可编程控制器中，使其功能发生了飞跃。更高的运算速度、超小型体积、更可靠的工业抗干扰设计、模拟量运算、PID功能及极高的性价比奠定了它在现代工业中的地位。

20世纪80年代初，可编程控制器步入成熟阶段。可编程控制器在先进工业国家已获得广泛应用，世界上生产可编程控制器的国家日益增多，产量日益上升。1987年，国际电工委员会（International Electrical Commission，IEC）颁布的PLC标准草案中对PLC做了如下定义：PLC是一种专门为在工业环境下应用而设计的数字运算操作的电子装置。它采用可以编制程序的存储器，用来在其内部存储执行逻辑运算、顺序运算、计时、计数和算术运算等操作的指令，并能通过数字式或模拟式的输入和输出，控制各种类型的机械或生产过程。PLC及其有关的外围设备都应该按易于与工业控制系统形成一个整体、易于扩展其功能的原则设计。

20世纪80年代至90年代中期，是PLC发展最快的时期，年增长率一直保持为30%～40%。在这个时期，PLC的处理模拟量能力、数字运算能力、人机接口能力和网络能力得到大幅度提高，PLC逐渐进入过程控制领域，在某些应用上取代了在过程控制领域处于统治地位的分布式控制系统（DCS）。20世纪末期，大型机和超小型机得以发展，诞生了各种各样的特殊功能单元，各种人机界面单元、通信单元被生产出来，使应用可编程控制器的工业控制设备的配套更加容易。进入21世纪后，PLC开始向微型化、网络化、PC化和开放化方向发展，以求在企业资源管理（ERP）、制造执行系统（MES）和过程控制系统（PCS）的三层体系架构中立于不败之地，更好地满足工业生产。

目前，全世界有200多个厂家生产上千种PLC产品，主要应用在汽车（23%）、粮食加工（16.4%）、化学/制药（14.6%）、金属/矿山（11.5%）、纸浆/造纸（11.3%）等行业。

2. 主流PLC生产厂家

世界上拥有众多的PLC生产厂家，产品按地域可分为欧洲、日本和美国三个流派，各具特色。世界知名的PLC生产厂家主要有德国的西门子公司（SIEMENS）、法国的施耐德公司（Schneider）；日本的三菱电机公司（Mitsubishi Electric）、欧姆龙公司（OMRON）和松下公司（Panasonic）；美国的罗克韦尔公司（NYSE: ROK）和通用电气公司（GE）等。

目前，国内应用较广泛的PLC是西门子公司的SIMATIC S7-400/300/200/1500/1200系列产品及三菱电机公司的FX_{2N}/FX_{3U}/FX_{5U}系列产品和Q02HCPU、QJ71E71-100系列产品等。近几年，我国PLC的研制、生产和应用也发展很快，尤其在应用方面更为突出。

西门子公司和三菱电机公司生产的可编程控制器广泛应用于冶金、化工、印刷生产线等领域。两家公司的产品在编程理念等方面有着比较明显的差异，可根据控制要求的不同合理选择。

（1）编程理念不同

三菱PLC的编程直观易懂，入门比较简单，而西门子PLC的编程架构多样，指令比较抽象，入门难度更大，但西门子PLC在编制大型程序方面更有优势。

（2）三菱 PLC 的优势在于离散控制和运动控制

三菱 PLC 的指令丰富，有专用的定位指令，控制伺服和步进容易实现，也容易实现某些复杂的动作控制，而西门子 PLC 由于没有专用的指令，实现伺服或步进定位控制的程序复杂。

（3）西门子 PLC 的优势在于过程控制与通信控制

西门子 PLC 支持很多种通信协议，通过串口通信或以太网通信的方式，能够方便地与控制器、智能仪表、网关等进行几乎所有主流协议的通信，特别适合于较大型系统的控制。

拓展阅读　　迅猛发展的国产 PLC 品牌

国内 PLC 生产厂家定位细分市场，充分发挥差异化竞争优势，加大研发力度，增强服务意识，根据各行业客户需求，增加一些定制化功能，经过多年的努力，逐步发展出各自的优势和特色。

深圳市汇川技术股份有限公司是国产工控产品发展较快的企业，目前国内市场占有量较大。凭借多年的工控设备沉淀，汇川中型 PLC 打造出坚固可靠的“工业大脑”，使其在大规模控制的工厂自动化、生产线自动化、过程控制自动化设备中都十分适用。汇川技术 Inothink 系列 PLC，设计卓越，可靠耐用；产品系列齐全，接口丰富，组合灵活，功能强大；支持逻辑控制、温度控制和运动控制，支持 RS-485、CAN、EtherCAT 等总线。

无锡信捷电气股份有限公司是一家专注于工业自动化产品研发与应用的国内知名企业。公司拥有可编程控制器（PLC）、人机界面（HMI）、伺服控制系统、变频驱动等核心产品。PLC 是信捷电气的核心和优势产品，历经 20 多年的研发和产品迭代，公司已推出了多款高性能型、运动控制型、总线型和薄型、中小型 PLC。目前，公司主要的 PLC 产品包括 XD/XC 系列小型 PLC、XL 系列薄型卡片式 PLC、XG 系列中型 PLC。

六、习题

1．PLC 的全称是________，它是一种以________为核心，将自动控制技术、计算机技术和通信技术融为一体的新型________控制装置。

2．利用继电器、接触器及其他控制元件的线路连接，实现对电动机和生产设备的控制和保护，一般称之为________。

3．电气控制系统图一般由________、________和________组成。

4．PLC 控制系统能取代继电控制系统的部分是（　　）。

A．整体　　B．主电路　　C．接触器　　D．控制电路

5．用户设备需输入 PLC 的各种控制信号，通过（　　）将这些信号转换成中央处理器能够接收和处理的信号。

A．CPU　　B．输出接口电路　　C．输入接口电路　　D．存储器

6．怎么使 PLC 处于 RUN 状态？

7．试比较交流接触器与中间继电器的相同及不同之处，并说明如果采用 PLC 控制是否还需要中间继电器。

8．PLC 可以应用在哪些工业控制领域？

9．市场上还有哪些品牌的 PLC？请试着列举国产品牌的 PLC 具体型号。

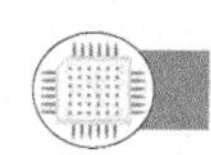

任务 2　三相异步电动机长动控制

一、任务描述

三相异步电动机经常希望启动后能连续运行，即长动控制应用最为广泛。例如连续运行工作的水泵电动机控制、连续运行工作的通风机控制、自动生产线驱动电动机控制等。

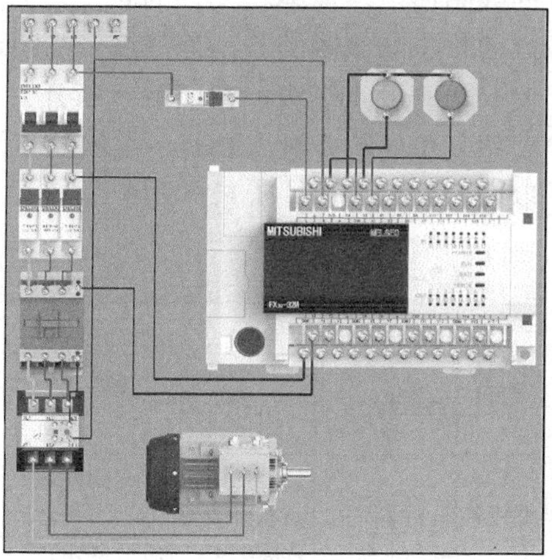

某三相异步电动机长动控制任务描述为：按下启动按钮 SB1，三相异步电动机 M1 旋转并保持；按下停止按钮 SB2，三相异步电动机 M1 停止。请根据提供的输入/输出端口分配、电气原理图，完成三相异步电动机长动控制硬件接线，并完成梯形图程序的编写、下载与调试任务。

学习目标

1. 深刻理解编程元件本质；
2. 掌握输入继电器 X 和输出继电器 Y 的特征；
3. 初步了解梯形图的基本结构；
4. 理解 PLC 的工作原理；
5. 能够理解启保停回路，并编写简单梯形图程序。

二、知识准备

1. PLC 编程元件定义

与继电控制相比，PLC 控制最大的优势就是可以利用程序表达控制过程中事物间的逻辑或控制关系。所有程序的实质都是对设备内部存储器按照一定的要求进行有目的的操作（处理），PLC 程序同样如此。而为了编程方便，PLC 内部的存储单元需要进行区域划分，各区域的功能不一样。为了便于继电控制技术人员的理解，PLC 生产厂家把这些区域称为元件，即编程元件。

PLC 编程元件概述

考虑到工程技术人员的习惯，用继电控制中类似的名称来命名这些编程元件，包括输入继电器、输出继电器、辅助继电器、定时器等。因为这些元件是“虚拟”的，所以一般又称为“软继电器”或“软元件”。

PLC 中编程元件很多，为了区分它们，需要给这些元件编上号码，这些号码也就代表着计算机存储单元的不同地址。FX_{3U} 编程元件的编号由字母和数字组成，如图 2-1 所示。字母代表继电器类型，如“X”表示输入继电器，“Y”表示输出继电器；数字表示该类继电器的序号，输入/输出继电器用八进制数编号（尾数只有 0～7），其他均采用十进制数编号（尾数为 0～9）。

X 001

类型　　序号

图 2-1　FX_{3U} 编程元件编号格式

2. 位元件基本特征

编程元件实质上是计算机的存储单元，根据占据存储单元大小的不同，编程元件一般可以分为位元件和字元件。输入继电器、输出继电器和辅助继电器等都只占存储器中的最小单位——位，称为“位元件”。其状态只有“1”和“0”两种。

与继电控制中的继电器类似，PLC 程序中也引入了线圈和触点的概念。编程元件的值可确定线圈的状态，例如，如果 X000 的值为 1，则我们说 X000 的线圈通电。而编程元件的触点是为了编程方便而虚拟出来的。编程元件触点的状态随线圈的状态而改变：线圈通电（软元件状态为“1”），触点状态改变（常开触点闭合，常闭触点断开）；线圈断电（软元件状态为“0”），触点状态复位（常开触点断开，常闭触点闭合）。位元件（软继电器）与真实继电器的比较如表 2-1 所示。

位元件与真实继电器的区别

表 2-1　位元件与真实继电器的比较

比较项目	相同项		不同项					
	包含元素	元素关系	线圈通电本质	线圈通电途径	触点使用次数	符号		
						线圈	常开触点	常闭触点
真实继电器	线圈与触点	线圈通电，触点状态改变；线圈断电，触点状态复位	线圈两端加上电压	导线连接形成回路	有限			
位元件			存储单元值为 1	PLC 程序执行结果（X 除外）	无限			

3. 输入继电器 X 与输出继电器 Y

FX_{3U} 可编程控制器输入继电器 X 的编号范围为：X000～X267（184 点）。输入继电器 X 对应 PLC 输入接口的一个接线端子，是接收外部输入信号的窗口。其线圈状态由外部输入电路触点的状态决定。如果外部输入元件触点闭合，则对应输入继电器 X***为“1”；如果外部输入元件触点断开，则输入继电器 X***为“0”。输入继电器状态只能由外部输入电路状态决定，不能通过程序改变，所以 PLC 程序中不允许出现输入继电器线圈输出指令，因此经常用到的是输入继电器的常开触点和常闭触点。输入继电器 X000（X0）的等效电路如图 2-2 所示。

输入继电器 X

输出继电器 Y

FX_{3U} 可编程控制器输出继电器 Y 的编号范围为 Y000～Y267（184 点）。输出继电器 Y 对应 PLC 输出接口的一个接线端口。其线圈状态只能由程序驱动。输出继电器 Y 是 PLC 中唯一具有真实触点（如虚线框内的 Y0 触点）的继电器。输出继电器 Y 通过真实触点接通（输出继电器=1）或断开（输出继电器=0）该输出口上连接的输出负载。输出继电器的虚拟触点（内部触点）和其他软元件触点一样，可以作为其他元件的工作条件出现在 PLC 程序中。输出继电器 Y000（Y0）的等效电路如图 2-3 所示。

注意：FX_{3U} 系列 PLC 输出继电器的初始状态为断开状态。

4. 梯形图概述

继电控制是利用低压电器间的连线表达输入与输出之间的逻辑控制关系的。而 PLC 控制时，输入与输出的硬件之间是完全隔离开的，需要利用 PLC 程序（梯形图程序、语句表程序、

SFC 程序）实现输入与输出之间的逻辑控制关系。PLC 编程语言标准（IEC 61131-3）中有 5 种编程语言，分别是顺序功能图语言（流程图语言）、梯形图语言、功能块图语言、助记符（指令表）语言和结构文本语言。

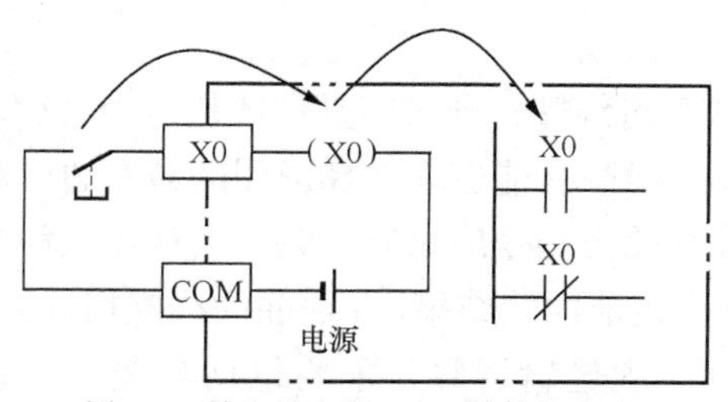

图 2-2　输入继电器 X000 的等效电路

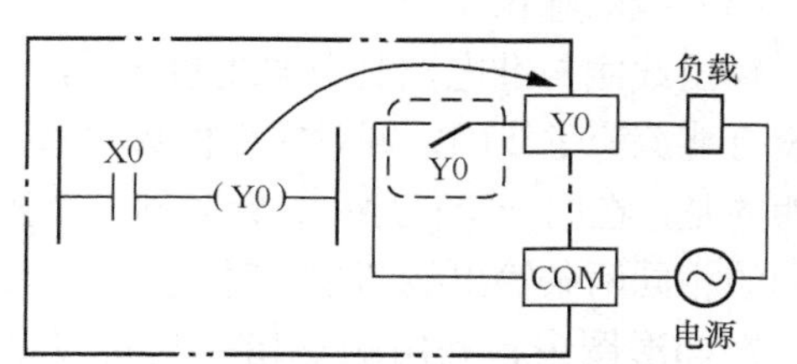

图 2-3　输出继电器 Y000 的等效电路

梯形图语言是在继电控制电路图的基础上发展而来的，以图形符号及其在图中的相互关系来表示控制关系的编程语言，形象直观，使用简便，很容易被熟悉继电控制的电气人员掌握、使用，特别适用于开关量逻辑控制。梯形图的画法与传统继电控制电路类似。梯形图两侧先各画一条垂直公共线，相当于电路图的公共母线。借助电路图的分析方法，可以想象左右两侧母线之间有一个左“正”右“负”的直流电源电压。母线内部一般由触点和线圈组成。触点代表逻辑输入条件，如外部的开关、按钮等；线圈通常代表逻辑输出结果，用来控制外部的指示灯、接触器等。假设某条线路接通，就相当于是在两边电压作用下有电流从左至右流动，则线圈通电，梯形图中把该电流称为“概念流”或“能流”。梯形图程序的基本结构如图 2-4 所示。

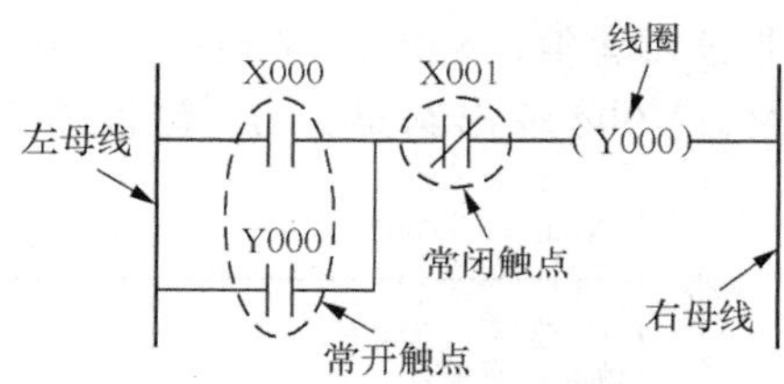

图 2-4　梯形图程序的基本结构

5. 标准位逻辑指令

标准位逻辑指令为 PLC 最基础的逻辑指令，包含常开触点指令、常闭触点指令和线圈输出指令，如表 2-2 所示。

表 2-2　常开触点、常闭触点和线圈输出指令说明

梯形图格式	指令名称	功　能	操作软元件	语句表格式
─┤├─	常开触点	对应软元件状态为 0 时，能流不能通过此处；对应软元件状态为 1 时，能流才能够通过此处	X、Y、M、L、SM、F、B、SB、S	LD/OR/AND
─┤/├─	常闭触点	对应软元件状态为 0 时，能流能够通过此处；对应软元件状态为 1 时，能流不能通过此处	X、Y、M、L、SM、F、B、SB、S	LDI/ORI/ANI
─(　)─	线圈输出	能流流到此处时，对应操作元件状态为 1，能流流不到此处时，对应操作元件状态为 0	X、Y、M、L、SM、F、B、SB、S	OUT

（1）常开触点指令

常开触点指令上方的位元件称为操作数。PLC 规定，若操作数为 1，则常开触点状态由断开改变为闭合，能流能通过此处；若操作数为 0，则常开触点保持为断开状态，能流不能通过此处。

（2）常闭触点指令

常闭触点指令上方的位元件称为操作数。PLC 规定，若操作数为 1，则常闭触点状态由闭合改变为断开，能流不能通过此处；若操作数为 0，则常闭触点保持为闭合状态，能流能通过此处。

（3）线圈输出指令

输出线圈与继电控制中的线圈一样，如果能流能流过线圈，则对应操作数状态为“1”，如果没有能流流过线圈，则对应操作数状态为“0”。输出线圈只能出现在梯形图的最右边。需要说明的是，在同一个程序中，针对同一个操作数的线圈输出指令应只有一条。当存在工作条件不同的相同两条输出线圈指令时，会导致后面的结果覆盖前面的结果，即前面的线圈指令无效。

在梯形图中，利用触点指令也可以进行一些复杂的逻辑运算，主要包括与逻辑、或逻辑、非逻辑运算及其组合。如图 2-5 所示，逻辑行 1 为与逻辑运算。X001、X002 都为 1 时，Y000 输出结果为 1；而 X001、X002 任意一个为 0 时，Y000 输出结果为 0。可以设想为只有打开了电源开关 X001，又按下了启动按钮 X002，接触器线圈 Y000 才通电。逻辑行 2 为或逻辑运算。X003、X004 任意一个为 1 时，Y001 输出结果为1；而 X003、X004 都为 0 时，Y001 输出结果为 0。可以设想为两地控制案例，即甲乙两地分别有控制按钮连接到 X003 和 X004，任意按下 X003 或 X004，接触器线圈 Y001 都通电。逻辑行 3 为非逻辑运算。Y002、Y003 都为 0 时，Y004 输出结果为1；而 Y002、Y003 任意一个为 1 时，Y004 输出结果为 0。可设想为黄灯 Y002 和红灯 Y003 都不亮时，绿灯 Y004 才亮。

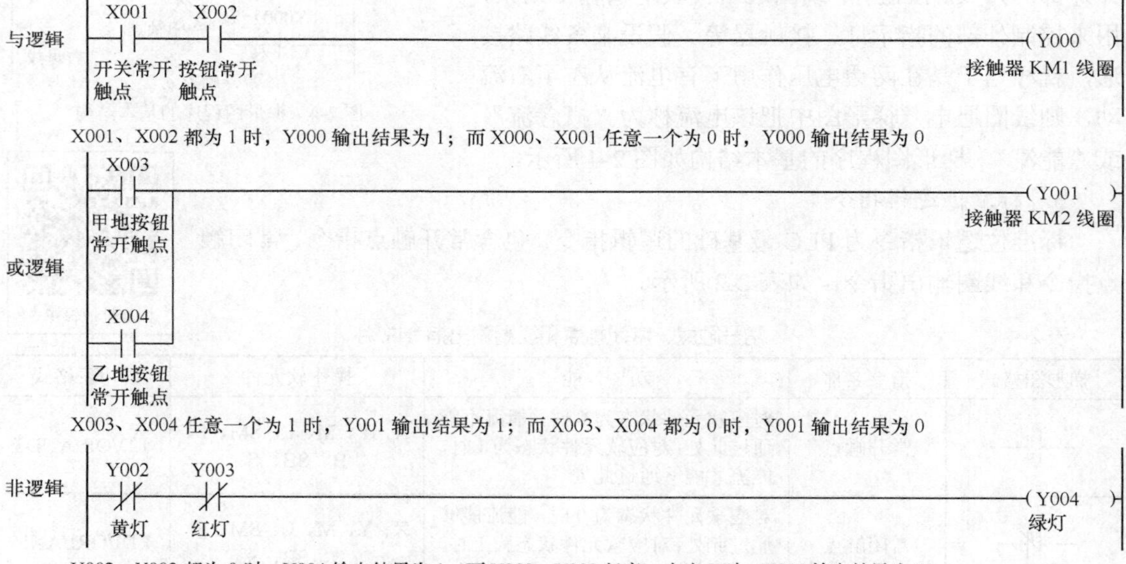

图 2-5　触点指令逻辑运算说明

6. PLC 工作原理

PLC 采用循环扫描的工作方式，即系统按一定的顺序周而复始地完成各阶段任务。完成一个循环所花的时间称为一个扫描周期。一个扫描周期内，PLC 的工作可分为 5 个阶段：内部处理与自诊断、与外设进行通信、输入采样、程序执行和输出刷新。

PLC 有运行和停止两种基本工作模式。当处于停止工作模式时，PLC 只执行前两个阶段任务：内部处理与自诊断、与外设进行通信。当处于运行工作模式时，PLC 执行全部 5 个阶段任务。内部处理与自诊断任务包括硬件初始化，I/O 模块配置检查，停电保持范围设定以及其他初始化处理，检测存储器、CPU 及 I/O 部件状态是否正常等工作；通信处理包括完成与外设（编程器、打印机等）的通信连接等。

与用户程序运行相关的主要是后 3 个阶段任务：输入采样、程序执行和输出刷新，如图 2-6 所示。

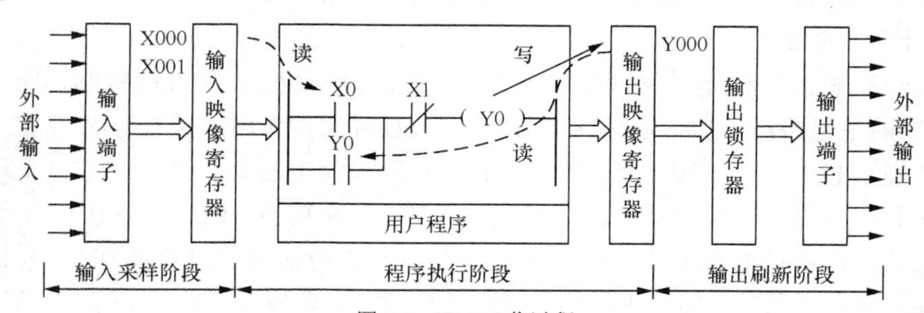

图 2-6　PLC 工作过程

（1）输入采样阶段

PLC 存储器中，设置了一片区域用来存放输入信号和输出信号的状态，分别称为输入映像寄存器和输出映像寄存器。在输入采样阶段，PLC 以扫描方式依次地读入所有输入状态和数据，并将它们存入 I/O 映像区中的相应单元内（如果外部输入元件触点闭合，则输入映像区相应单元数据值为 1；如果触点断开，则输入映像区相应单元数据值为 0）。输入采样结束后，转入程序执行和输出刷新阶段。在这两个阶段中，即使输入状态发生变化，输入映像寄存器的数据也不会改变。因此，如果输入是脉冲信号，则该脉冲信号的宽度必须大于一个扫描周期，才能保证在任何情况下，该输入均能被读入。

（2）程序执行阶段

在程序执行阶段中，PLC 总是按自上而下的顺序依次扫描用户程序。扫描每一逻辑行梯形图时，又总是先扫描梯形图左边由各触点构成的控制线路，并按先左后右、先上后下的顺序对由触点构成的控制线路进行逻辑运算，然后根据逻辑运算的结果，刷新该输出线圈在输出映像寄存器中对应位的状态。

在程序执行过程中，只有输入点在输入映像寄存器的数据不会发生变化，而其他编程元件在系统存储区内的状态和数据都有可能发生变化。上面程序执行结果会对排在下面的所有用到这些线圈或数据的梯形图起作用；相反，排在下面的梯形图，其被刷新的逻辑线圈的状态或数据只能到下一个扫描周期才能对排在其上面的程序起作用。

（3）输出刷新阶段

程序执行阶段结束后，PLC 进入输出刷新阶段。在此期间，CPU 按照输出映像寄存器内对应的状态和数据刷新所有的输出锁存器，改变输出端子上的状态，再经输出接口电路驱动相应的外设。这才是 PLC 的真正输出。

三、任务实施

1. 分配输入/输出端口

控制电路以 PLC 为研究对象，启动按钮 SB1 和停止按钮 SB2 为 PLC 的输入，需与 PLC 的输入 X 端子相连，分配地址为 X000 和 X001。控制电动机的交流接触器线圈 KM1 为输出，需与 PLC 的输出 Y 端子相连，分配地址为 Y000。该控制电路的输入/输出端口分配如表 2-3 所示。

表 2-3　PLC 输入/输出端口分配表

输　入		输　出	
启动按钮 SB1	X000	接触器线圈 KM1	Y000
停止按钮 SB2	X001		

2. 设计电气原理图

电动机长动 PLC 控制电气原理图如图 2-7 所示。与电动机点动 PLC 控制相比，电动机长动 PLC 控制的主电路需要加一个热继电器 FR，起过载保护作用。控制电路中，首先需要给 PLC 提供 220V 交流电，即将三相四线制中的火线中的一相（L1、L2 或 L3）与零线（N）接入 PLC 输入端子的 L、N 端子。PLC 输入接口为漏型接法，也就是把 PLC 的 S/S 端子和 24V 端子进行短接，PLC 的 0V 端子作为输入电路公共端。然后进行输入元件的接线。启动按钮 SB1 和停止按钮 SB2 的常开触点接线端连接到 PLC 的 X0 和 X1 端子，另一端连接到 PLC 的输入电路公共端 0V 端子。最后完成 PLC 输出元件的接线，接触器线圈 KM1 一端连接到 PLC 的 Y0 端子，另一端经过热继电器 FR 的常闭触点连接到负载电源一侧（如交流电的 N 端），PLC 的 COM1 端连接到负载电源的另一侧（如交流电的 L3 端）。

电动机长动 PLC 控制接线过程

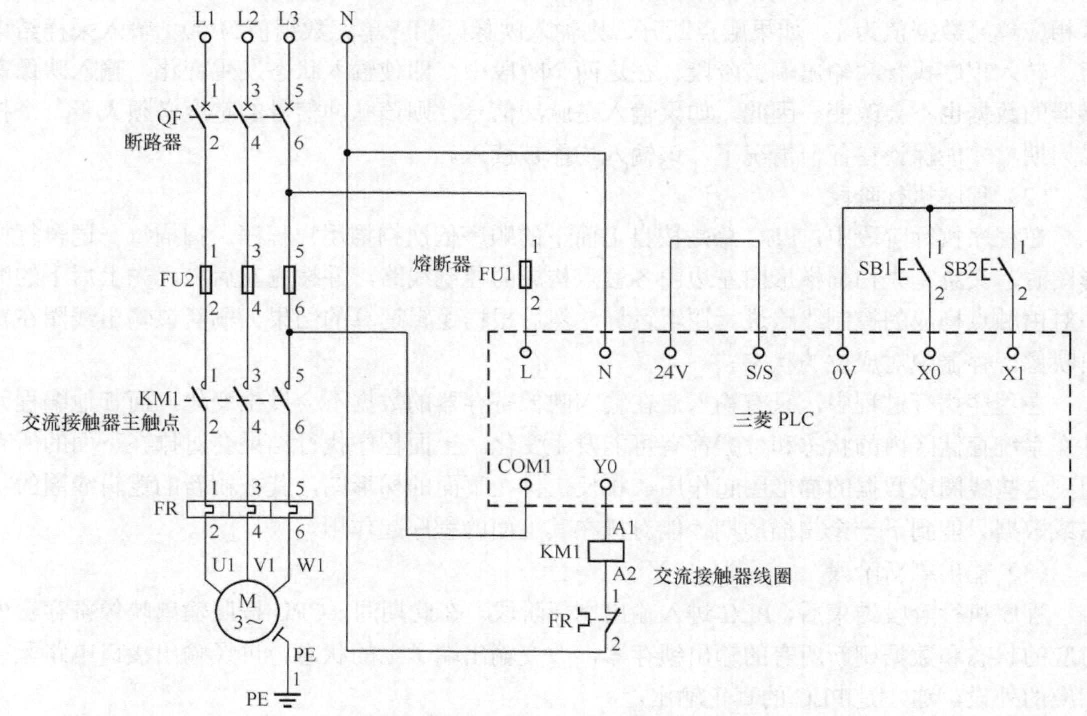

图 2-7　电动机长动 PLC 控制电气原理图

3. 编写 PLC 程序

图 2-8 所示的梯形图程序称为启保停电路，是梯形图中最典型的单元。它包含了梯形图程序的全部要素。

（1）事件（输出）

每一个梯形图逻辑行都针对一个事件。事件用线圈输出或功能指令表示。本例中为 Y000 线圈输出。

启保停电路

（2）事件发生的条件

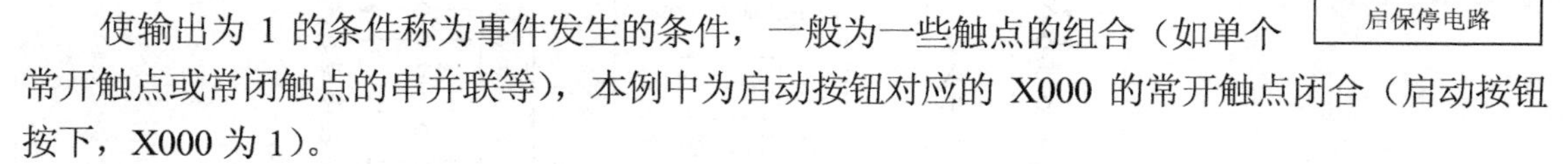

使输出为 1 的条件称为事件发生的条件，一般为一些触点的组合（如单个常开触点或常闭触点的串并联等），本例中为启动按钮对应的 X000 的常开触点闭合（启动按钮按下，X000 为 1）。

（3）事件得以保持的条件

使输出保持为 1 的条件称为事件得以保持的条件，一般为置位指令或“自锁触点”。本例中为线圈输出元件 Y000 本身的常开触点（自锁触点）闭合。

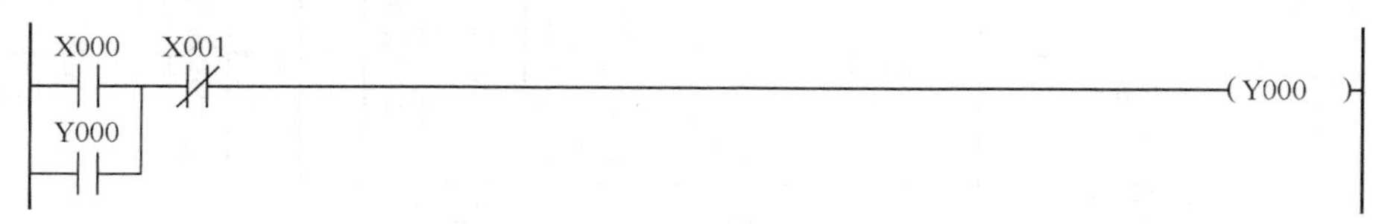

图 2-8　电动机长动控制梯形图程序

（4）事件终止的条件

使输出由 1 变 0 的条件称为事件终止的条件。本例中为 X001 的常闭触点断开。

四、每课一问

如果 PLC 处于程序执行阶段时，按下了启动按钮，PLC 会接收到相应信号吗？

五、知识延伸

1. PLC 的硬件组成

PLC 的硬件主要由中央处理器（CPU）、存储器、输入/输出单元、通信接口及电源等组成，如图 2-9 所示。

（1）中央处理器（CPU）

CPU 一般由控制器、运算器和寄存器组成，这些电路都集成在一个芯片内。CPU 通过数据总线、地址总线和控制总线与存储单元、输入/输出接口电路相连接。与一般的计算机一样，CPU 是整个 PLC 的控制中枢。它按 PLC 中系统程序赋予的功能指挥 PLC 有条不紊地进行工作。

（2）存储器

PLC 系统中的存储器主要用于存放系统程序、用户程序和工作状态数据。PLC 的存储器包括系统存储器和用户存储器。系统存储器用来存放由 PLC 生产厂家编写的系统程序，并固化在 ROM 内，用户不能更改；用户存储器包括用户程序存储器（程序区）和数据存储器（数据区）两大区域。

（3）输入/输出单元

输入/输出单元是 PLC 与现场 I/O 设备或其他外部设备之间的连接部件。PLC 通过输入端口把外部设备（如开关、按钮、传感器）的状态或信息读入 CPU，通过用户程序的运算与操作，把结果通过输出端口传递给执行机构（如电磁阀、继电器、接触器等）。

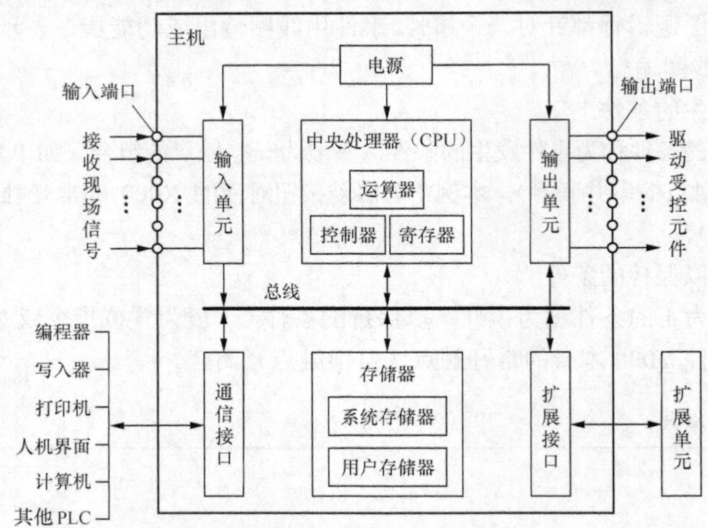

图 2-9　整体式 PLC 的硬件组成框图

（4）通信接口

PLC 配有各种通信接口，这些接口一般都带有通信处理器。PLC 通过这些通信接口可与编程器、写入器、打印机、人机界面、其他 PLC、计算机等设备实现通信。

（5）电源

PLC 配有开关电源，以供内部电路使用。与普通电源相比，PLC 电源的稳定性好、抗干扰能力强，对电网提供的电源稳定性要求不高。

2. PLC 的软件组成

PLC 的软件系统由系统监控程序和用户程序组成。

（1）系统程序

系统程序是每一台 PLC 必须包含的部分。它是由 PLC 生产厂家设计编写的，并被存入 PLC 的系统存储器中，用户不能直接读写、更改。

（2）用户程序

用户程序是由用户设计，通过生产厂家提供的编程软件来编写的控制程序。它决定了 PLC 的输入信号与输出信号之间的具体关系。

六、习题

1. PLC 的输入/输出继电器采用________进制数进行编号，其他所有软元件都采用________进制数进行编号。

2. PLC 编程语言主要有梯形图程序、________、________、________和________。

3. PLC 采用________的工作方式，PLC 有________和________两种基本工作模式。

4. PLC 通电后，CPU 在程序的监督控制下先________，在执行用户程序之前还应完成________与________。

5. PLC 的硬件由________、存储器、________、________等组成，其中存储器有________和________两种。

6．PLC 的软件系统包括________和________。

7．（　　）属于输入元件。

A．线圈、信号灯、电磁阀　　　B．传感器触点、电磁阀、蜂鸣器

C．按钮、限位开关、传感器触点

8．（　　）属于输出元件。

A．线圈、信号灯、电磁阀　　　B．传感器触点、电磁阀、蜂鸣器

C．按钮、限位开关、传感器触点　　　D．信号灯、传感器触点、继电器线圈

9．简述 PLC 循环扫描工作方式的基本原理，并比较 PLC 控制与继电控制系统的区别。

10．如果需要 19 个输入端，应如何分配输入元件？

11．在图 2-10 所示梯形图中，若 X000、X001 的状态均为 1，试求 Y000、Y001 的输出状态。

X000 X001 (Y000)

Y000 X001 (Y001)

图 2-10　习题 11

12．按下按钮 SB1，灯 HL1 点亮；按下按钮 SB2，灯 HL2 长亮；按下按钮 SB3，灯 HL2 灭。试设计其梯形图程序。

13．按下按钮 SB1，灯 HL2 灭，灯 HL1 长亮；按下按钮 SB2，灯 HL1 灭，灯 HL2 长亮；任意时刻按下按钮 SB3，灯 HL1 和 HL2 均灭。试设计其梯形图程序。

14．按下按钮 SB1、SB2、SB3 中任意一个，灯 HL1 亮；按下任意两个按钮，灯 HL2 亮；3 个按钮同时按下时，灯 HL3 亮；没有按钮按下时，所有灯不亮。试设计其梯形图程序。

任务 3　三相异步电动机点长动控制

一、任务描述

实际工作中，有些电动机既需要点动调整，也需要长动控制。如机床润滑时，就需要提供点动控制和自动润滑控制功能，可通过点长动控制电路实现。

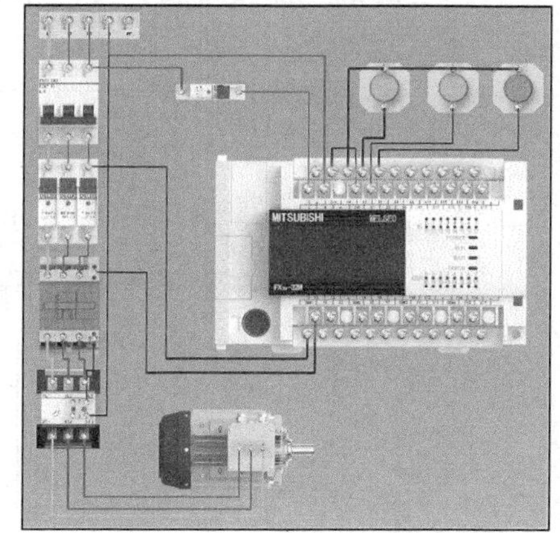

某三相异步电动机点长动控制任务描述为：按下点动启动按钮 SB1，电动机 M 点动运行；按下长动启动按钮 SB2，电动机 M 运行并保持；按下停止按钮 SB3，电动机停止。请进行输入/输出端口分配、电气原理图设计，完成三相异步电动机点长动控制硬件接线，并完成三相异步电动机点长动控制梯形图程序的编写、下载与调试任务。

学习目标

1．了解 PLC 程序编写注意事项（如避免双线圈等）；

2．掌握 PLC 程序编写基本思路（辅助继电器 M）；

3．掌握置位/复位指令及其应用；

4．了解梯形图编程的特点与原则；

5．了解辅助继电器 M 及其基本应用；

6. 能够编写点长动控制梯形图程序。

二、知识准备

1. 梯形图编程特点

（1）在梯形图中，每个逻辑行对应 1 个继电器线圈（或功能指令）。每个逻辑行开始于左母线，然后是触点的串、并联连接，最后终止于继电器线圈（或功能指令）。左母线与线圈之间一定要有触点，而线圈与右母线之间不能存在任何触点。

（2）在梯形图中，两端的母线代表电源两端，假设某条线路接通，就相当于在两边电压作用下有电流从左至右流动，则线圈通电。

（3）在梯形图中，每个继电器均为存储器中的一位，称为软继电器。当存储器状态为 1 时，表示该继电器通电，其常开触点闭合而常闭触点断开。

（4）在梯形图中，继电器线圈的逻辑运算结果会立刻影响到其触点状态。

（5）在梯形图中，不能出现输入继电器线圈，而只能出现其触点。其他软继电器，既可以出现线圈，也可以出现触点。

2. 梯形图编程原则

（1）梯形图始于左母线，终于右母线。每行的左边是触点组合，表示驱动逻辑线圈的条件，而表示结果的逻辑线圈只能接在右母线上。触点不能出现在线圈的右边，如图 3-1 所示。

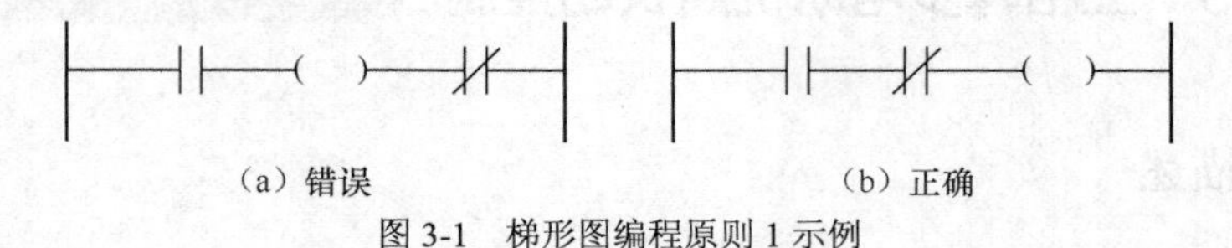

图 3-1　梯形图编程原则 1 示例

（2）线圈不能直接与左母线相连，如图 3-2 所示。

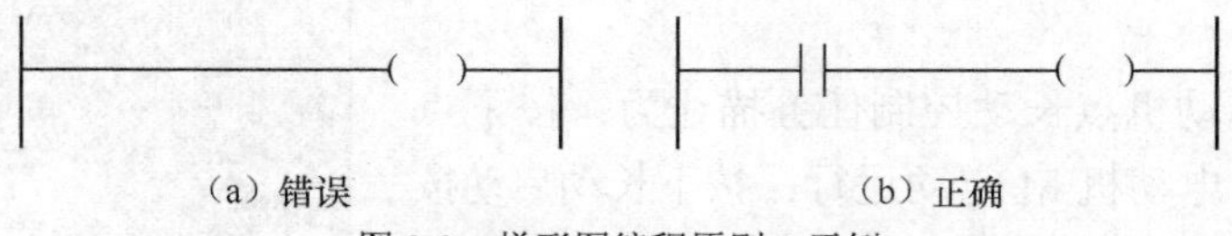

图 3-2　梯形图编程原则 2 示例

（3）触点应画在水平线上，不能画在垂直线上，如图 3-3 所示。

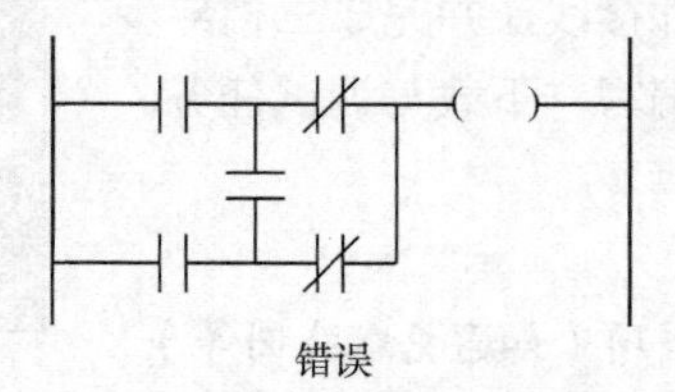

图 3-3　梯形图编程原则 3 示例

（4）并联块串联时，应将接点多的支路放在梯形图左方（左重右轻原则）；串联块并联时，应将接点多的并联支路放在梯形图的上方（上重下轻原则），如图 3-4 所示。

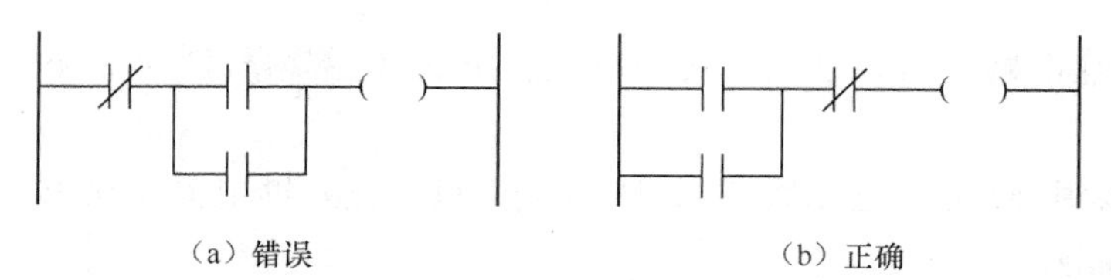

图 3-4　梯形图编程原则 4 示例

3. PLC 编程注意事项

（1）不宜使用双线圈输出

若在同一梯形图中，同一元件的线圈使用两次或两次以上，则称为双线圈输出或线圈的重复利用。双线圈输出的结果就是后面线圈的状态结果会覆盖前面线圈的状态，即前面线圈行指令无效。如图 3-5 所示，第 1 逻辑行和第 3 逻辑行的输出线圈都为 Y000，按照 PLC“先上后下，从左至右”的方式执行程序，第 3 逻辑行的运算结果会覆盖第 1 逻辑行的结果，即如果 X000 常开触点闭合而 X002 常开触点断开的话，整个 PLC 程序的执行结果为 Y000=0。

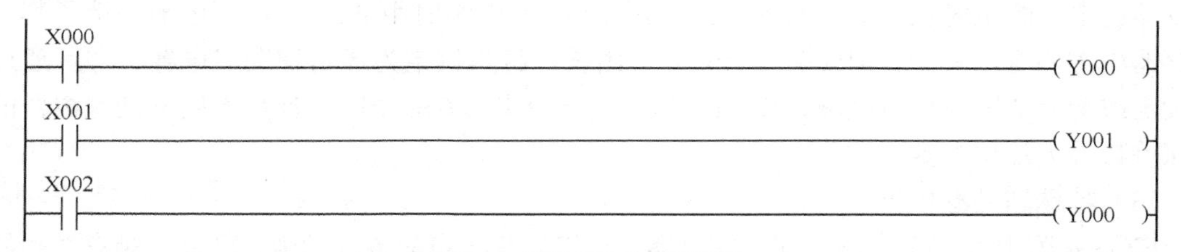

图 3-5　双线圈输出程序示例

（2）逻辑行位置改变会影响到程序运行结果

改变逻辑行的位置一般会影响到 PLC 一个扫描周期的运算结果，如图 3-6 所示。在图 3-6（a）中，M0、Y000 和 X000 的时序完全相同；在图 3-6（b）中，M0 和 X000 的时序相同，而 Y000 的时序则滞后了 1 个扫描周期。工程实践中，有时候一个扫描周期的运算结果改变会影响系统整体运行精度、效率甚至会出现逻辑错误，所以 PLC 程序逻辑行的位置在特定情况下也需要认真考虑。

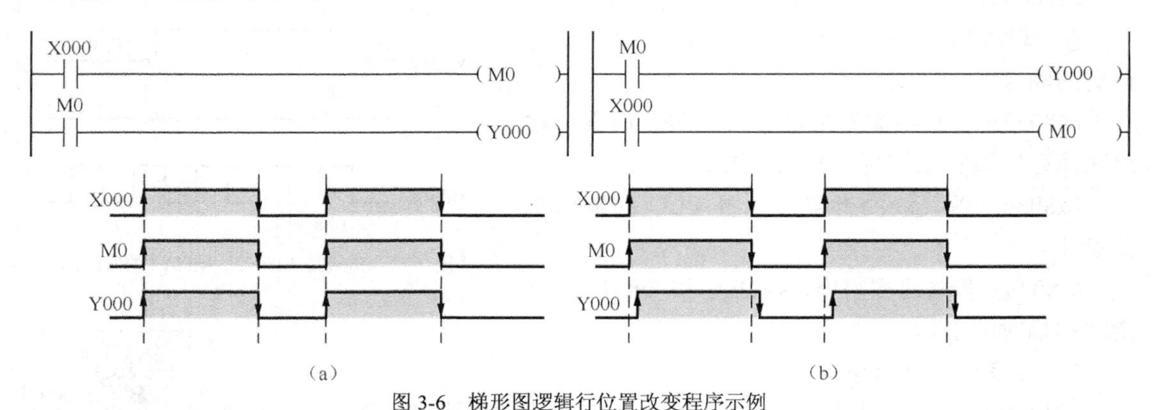

图 3-6　梯形图逻辑行位置改变程序示例

4. 辅助继电器 M

辅助继电器 M 是 PLC 中数量最多的一种继电器，通用辅助继电器与继电控制系统中的中间继电器相似。其编程方法和输出继电器 Y 一样，区别在于：辅助继电器不能直接驱动

外部负载。辅助继电器的常开触点与常闭触点在 PLC 内部编程时可无限次使用。

辅助继电器采用 M 与十进制数共同组成编号（只有输入继电器和输出继电器才用八进制数）。

（1）通用辅助继电器（M0～M499）

FX_{3U} 系列共有 500 点通用辅助继电器。通用辅助继电器常在逻辑运算中用于辅助运算、状态暂存、移位等。正常情况下，它们没有断电保护功能。PLC 运行时，如果突然断电，则所有通用辅助继电器线圈均变为 OFF 状态。当电源再次接通时，除了因外部输入信号而变为 ON 状态的辅助继电器以外，其余的仍将保持 OFF 状态。

根据需要，可通过程序设定将 M0～M499 变为断电保持辅助继电器。

（2）断电保持辅助继电器（M500～M7679）

FX_{3U} 系列有 M500～M7679 共 7 180 个断电保持辅助继电器。它与普通辅助继电器不同的是具有断电保护功能，即能记忆电源中断瞬时的状态，并在重新通电后再现其状态。它之所以能在电源断电时保持其原有的状态，是因为电源中断时用 PLC 中的锂电池保持了其映像寄存器中的内容。其中，M500～M1023 可由软件将其设定为通用辅助继电器，即可通过参数设定或变更非断电保持区域，而 M1024～M7679 共 6 656 个断电保持专用辅助继电器的断电保持特性无法用参数来改变。

（3）特殊辅助继电器

FX_{3U} 系列中有 512 个特殊辅助继电器。它们都有各自的特殊功能，可分成触点型和线圈型两大类。

① 触点型。其线圈由 PLC 自动驱动，用户只可使用其触点。经常用到的有如下几种。

M8000：运行监视器（PLC 运行中一直接通），M8001 与 M8000 为相反逻辑。

M8002：初始脉冲（仅在运行开始瞬间接通），M8003 与 M8002 为相反逻辑。

M8011、M8012、M8013 和 M8014 分别是产生 10ms、100ms、1s 和 1min 时钟脉冲的特殊辅助继电器。

M8000、M8002、M8012 的时序图如图 3-7 所示。

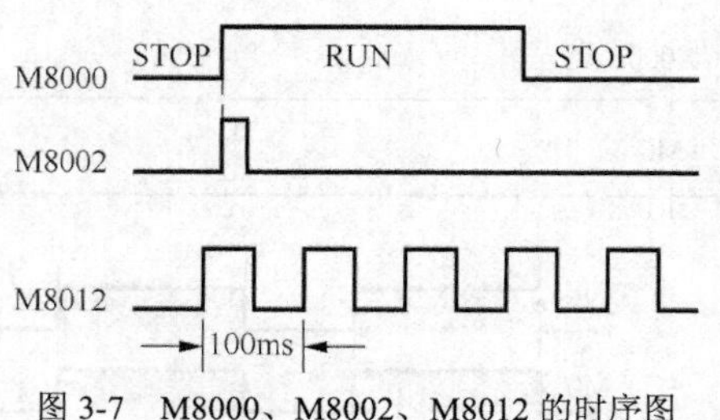

图 3-7　M8000、M8002、M8012 的时序图

② 线圈型。由用户程序驱动线圈后，PLC 执行特定的动作，举例如下。

M8033：若其线圈得电，则 PLC 停止时保持输出映像存储器和数据寄存器的内容。

M8034：若其线圈得电，则将 PLC 的输出全部禁止。

M8039：若其线圈得电，则 PLC 按 D8039 中指定的扫描时间工作。

5. 置位和复位指令

置位指令 SET 和复位指令 RST 是一种特殊的线圈输出指令。其与普通线圈输出指令 OUT 的比较如表 3-1 所示。置位指令 SET 触发，则对应操作数置 1；复位指令 RST 触发，则对应操作数复位为 0。如果置位指令 SET 和复位指令 RST 驱动条件不满足，则操作数保持之前的状态。置位指令 SET

和复位指令 RST 一般是成对出现的，如果在程序的一个地方用到了置位指令 SET，那么在程序的另一个地方就会用到复位指令 RST。置位指令 SET 可以对 Y、M、S 操作，而复位指令 RST 可对 Y、M、S、T、C、D 操作。

表 3-1　　　线圈输出指令与置位/复位指令比较

指令名称	操作数	运行结果		多线圈输出
		条件接通	条件不接通	
线圈输出指令 OUT	Y、M、S、T、C	1	0	不允许
置位指令 SET	Y、M、S	1	保持	允许
复位指令 RST	Y、M、S、T、C、D	0	保持	允许

图 3-8 为置位/复位指令示例程序及其时序图。时序图是按照时间顺序画出各个输入/输出脉冲信号的波形对应图，反映输出与其相应的输入之间的逻辑关系，横坐标为时间，纵坐标为编程元件的值，一般“0”画在下面，“1”画在上面，数值变化时需用竖线相连。画时序图时，输入继电器时序为已知，根据梯形图程序画出输出时序。从时序图中可以看出，根据 X000 和 X001 时序的变化，可划分为 9 个时间区域：T_0 时间段，X000 与 X001 都为 0，置位指令与复位指令都不触发，M0 保持为默认值 0。T_1 时间段，X000 为 1 而 X001 为 0，触发置位指令，M0 置位为 1。T_2 时间段，X000 和 X001 都为 1，置位指令与复位指令都触发，但复位指令在后，会覆盖置位指令的结果，M0 复位为 0。T_3 时间段，X000 为 0 而 X001 为 1，触发复位指令，M0 复位为 0。T_4 时间段，X000 和 X001 都为 1，置位指令与复位指令都触发，但复位指令在后，会覆盖置位指令的结果，M0 复位为 0。T_5 时间段，X000 为 1 而 X001 为 0，触发置位指令，M0 置位为 1。T_6 时间段，X000 与 X001 都为 0，置位指令和复位指令都不触发，M0 保持之前的值 1。T_7 时间段，X000 为 0 而 X001 为 1，触发复位指令，M0 复位为 0。T_8 时间段，X000 与 X001 都为 0，置位指令和复位指令都不触发，M0 保持之前的值 0。Y000 直接受 M0 常开触点的控制，故 Y000 与 M0 时序完全相同。

（a）置位 / 复位指令示例程序

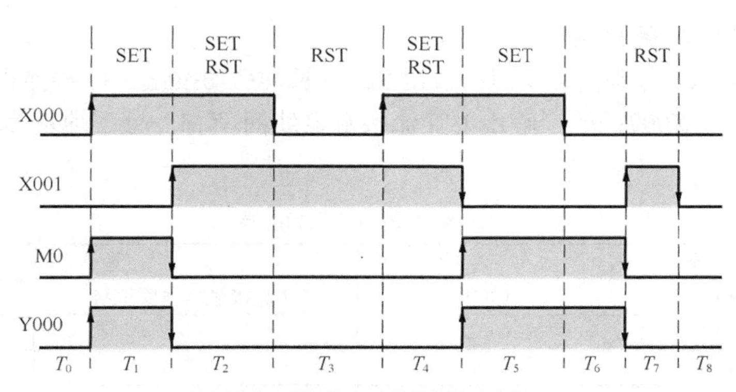

（b）置位 / 复位指令示例程序的时序图

图 3-8　置位/复位指令示例程序及其时序图

6. 编程思路

（1）尝试把前面学习的点动和长动控制梯形图程序组合一下，如图 3-9 所示。想一想，试一试，程序执行结果对吗？为什么？

点长动编程思路

图 3-9 点长动梯形图程序编写方案 1

（2）利用辅助继电器 M。引入辅助继电器 M，一个 M 地址表示控制输出 Y 的一种情况，点长动梯形图程序编写方案 2 如图 3-10 所示。逻辑行 1 表示：当点动条件 X000 接通时，触发辅助继电器 M0 通电，M0 对应输出 Y 的点动控制。逻辑行 2 表示：当长动条件满足时，触发辅助继电器 M1 通电，M1 对应输出 Y 的长动控制。逻辑行 3 表示：利用辅助继电器 M0 和 M1 的常开触点并联来控制输出 Y 的通电，就可以避免双线圈问题。

图 3-10 点长动梯形图程序编写方案 2

（3）利用置位和复位指令。上面的办法都是采用启保停电路方式实现的，置位和复位指令很多时候可以替代启保停电路，而且用起来更方便，读者可尝试用 SET 和 RST 指令编制电动机点长动程序。

三、任务实施

1. 分配 PLC 输入/输出端口

PLC 共 3 个输入，分别为点动启动按钮 SB1、长动启动按钮 SB2 和停止按钮 SB3，分别分配地址为 X000～X002；一个输出为交流接触器线圈 KM，分配地址为 Y000，如表 3-2 所示。

表 3-2 PLC 输入/输出端口分配表

输入		输出	
点动启动按钮 SB1	X000	交流接触器线圈 KM	Y000
长动启动按钮 SB2	X001		
停止按钮 SB3	X002		

2. 设计电气原理图

与三相异步电动机长动控制相比，三相异步电动机点长动控制电气原理图只是 PLC 的输入从 2 个变成 3 个，相应的分配地址为 X000～X002。具体的电动机点长动控制电气原理图如图 3-11 所示。

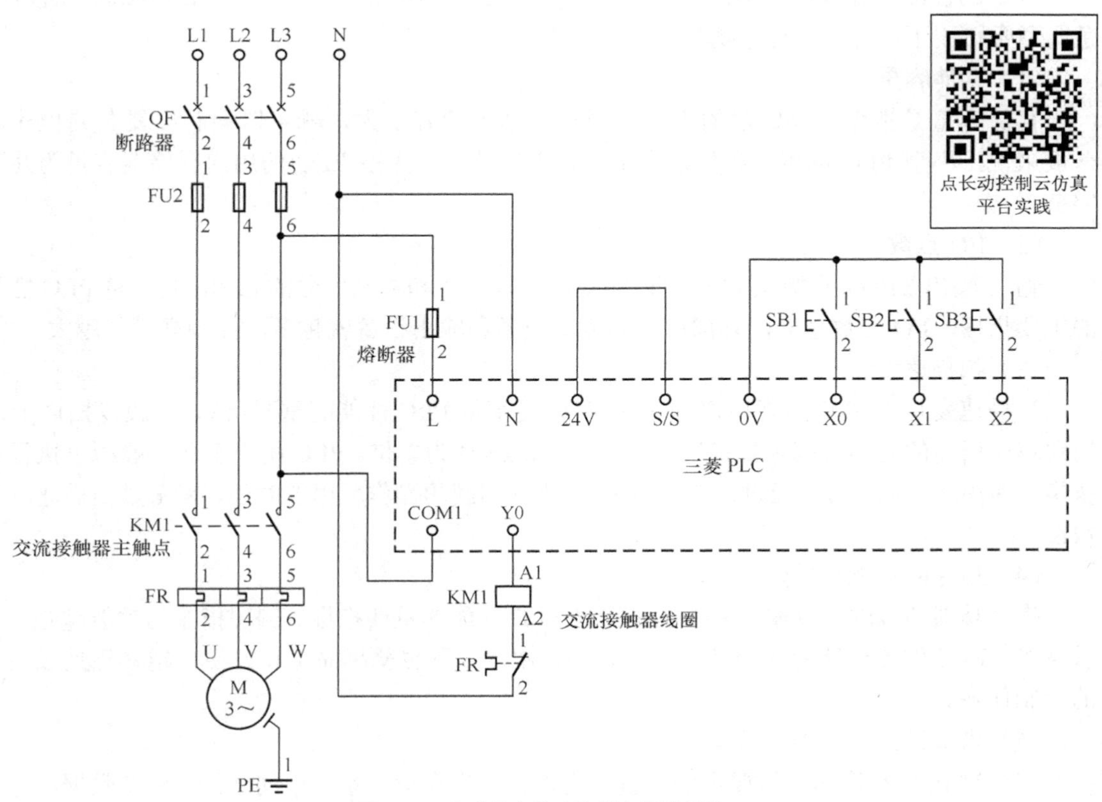

图 3-11　电动机点长动控制电气原理图

3. 编写 PLC 梯形图程序

可参考图 3-12 所示的电动机点长动控制梯形图程序。

```
 X001
─┤├──────────────────────────[ SET   M0 ]
 X002
─┤├──────────────────────────[ RST   M0 ]
 X000
─┤├─┬────────────────────────( Y000 )
 M0 │
─┤├─┘
```

图 3-12　电动机点长动控制梯形图程序

四、每课一问

如果设计电气原理图时，将停止按钮 SB3 的常闭触点接到 PLC 的 X2 端子，程序应该怎么修改？

五、知识延伸

PLC 的主要性能指标

PLC 的性能指标较多，不同生产厂家的可编程控制器产品的技术性能各不相同，各有特色。通常可用下面几项指标来衡量对比其性能。

（1）存储容量

存储容量是指用户存储器的容量。用户存储器的容量大，就可以编制出复杂的程序。一般来说，小型 PLC 的用户存储器容量为几千字节，而大型 PLC 的用户存储器容量为几万字节。

（2）I/O 点数

输入/输出（I/O）点数是 PLC 可以接受的输入信号和输出信号的总和，是衡量 PLC 性能的重要指标。I/O 点数越多，外部可接的输入设备和输出设备就越多，控制规模就越大。

（3）扫描速度

扫描速度是指 PLC 执行用户程序的速度，是衡量 PLC 性能的重要指标。一般以扫描 1KB 用户程序所需的时间来衡量扫描速度，通常以 ms/KB 为单位。PLC 用户手册一般给出执行各条指令所用的时间，可以通过比较各种 PLC 执行相同的操作所用的时间，来衡量扫描速度的快慢。

（4）指令的功能与数量

指令功能的强弱、数量的多少也是衡量 PLC 性能的重要指标。编程指令的功能越强、数量越多，PLC 的处理能力和控制能力就越强，用户编程也就越简单和方便，越容易完成复杂的控制任务。

（5）内部元件的种类与数量

在编制 PLC 程序时，需要用到大量的内部元件来存放变量、中间结果、保持数据、定时计数、模块设置和各种标志位等信息。这些元件的种类与数量越多，表示 PLC 存储和处理各种信息的能力越强。

（6）特殊功能单元

特殊功能单元种类的多少与功能的强弱是衡量 PLC 产品性能的一个重要指标。近年来，各 PLC 厂商非常重视特殊功能单元的开发，特殊功能单元种类日益增多，功能越来越强，使 PLC 的控制功能也日益扩大。

（7）可扩展能力

PLC 的可扩展能力包括 I/O 点数的扩展、存储容量的扩展、联网功能的扩展、各种功能模块的扩展等。在选择 PLC 时，经常需要考虑 PLC 的可扩展能力。

六、习题

1．PLC 对梯形图程序是按________、________的步序扫描执行的。

2．并联块串联时，应遵循________原则；串联块并联时，应遵循________原则。

3．FX 系列 PLC 中主要元件的含义：X 表示________、Y 表示________、T 表示________、C 表示________、M 表示________、S 表示________、D 表示________。

4．辅助继电器分为________、________和________三大类。其中，特殊辅助继电器又可分为________和________。

5．M8012 是产生________时钟脉冲的________继电器。

6．________用作初始脉冲，即仅在运行开始时瞬间接通。

7．SET 可以对________操作，RST 可以对________操作。用________指令使元件自保持 ON 状态，________指令使元件自保持 OFF 状态。

8．请画出特殊辅助继电器 M8002、M8013 的时序图。

9．图 3-13 所示的梯形图程序是否编写合理？若不合理，应如何修改？

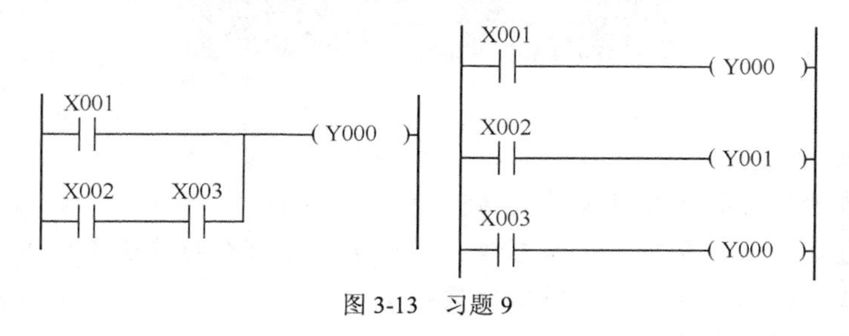

图 3-13　习题 9

10．按下按钮 SB1，灯 HL1 长亮；只有 HL1 长亮后，按下按钮 SB2，灯 HL2 亮；任意时刻按下按钮 SB3，灯 HL1 和 HL2 均灭。试设计其梯形图程序。

11．有一台三相异步电动机，当按下正转按钮 SB1 时，电动机连续正转，此时反转按钮不起作用（互锁）；按下按钮 SB3，电动机停止工作；按下反转按钮 SB2，电动机连续反转，正转不起作用。试设计其梯形图程序。

12．某机床主轴由一台笼型电动机拖动，润滑油泵由另一台笼型电动机拖动，其均采用直接启动，现控制要求为：①主轴必须在油泵启动后，才能启动；②主轴正常为正向运转，但为加工方便，要求能点动；③主轴停车后，才允许油泵停止。试设计其梯形图程序。

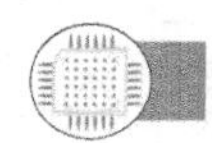

任务 4　三灯顺序点亮控制

一、任务描述

三灯顺序点亮控制任务描述

PLC 驱动的负载中，除前面任务中的交流负载外，更多的是直流负载，如指示灯、电磁阀等。

某系统 3 个灯顺序点亮的控制任务描述为：按下启动按钮 SB1，灯 1 亮，2s 后灯 2 也亮，灯 1 亮 3.84s 后灯 3 亮。按下停止按钮 SB2，灯 1、灯 2 和灯 3 都灭。灯的规格均为直流 24V。请进行输入/输出端口分配、电气原理图设计，完成三灯顺序点亮控制硬件接线，并完成三灯顺序点亮控制梯形图程序的编写、下载与调试任务。

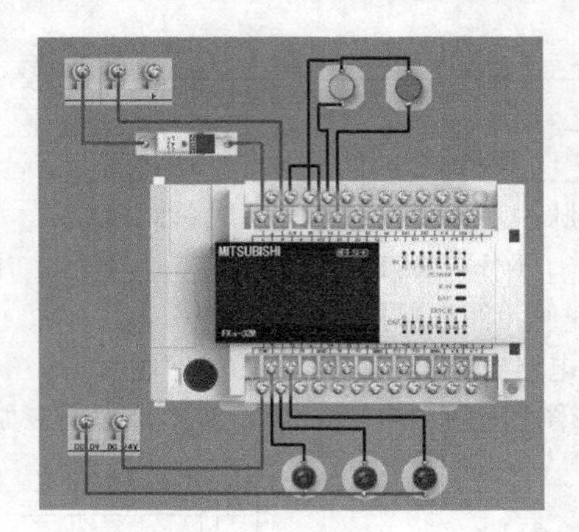

学习目标

1. 能够正确选择定时器并计算设定值；
2. 掌握普通定时器指令应用（状态位、当前值、分辨率与接通条件）；
3. 了解积算定时器（与普通定时器的区别）；
4. 熟悉开关电源及其接线方法；
5. 掌握 PLC 软件模拟仿真调试方法。

二、知识准备

定时器概述

1. 定时器概述

定时器（T）相当于继电控制电路中的时间继电器，在 PLC 程序中用于延时控制。FX_{3U} 中的定时器都是通电延时型。定时器输出指令由定时器号和设定值两部分组成，如图 4-1（a）中逻辑行 1 最右边的（$T0^{K15}$）。

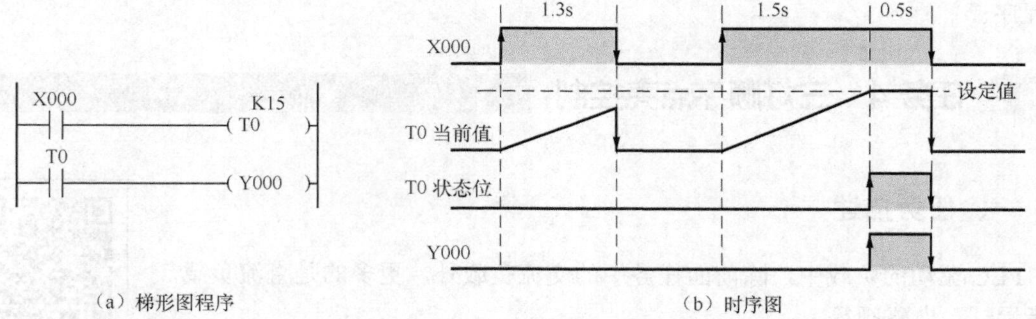

（a）梯形图程序　　（b）时序图

图 4-1　普通定时器应用示例

定时器号主要体现定时器的类型和分辨率。FX_{3U} 提供了 512 个定时器。其分辨率、类型、地址号和延时范围安排如表 4-1 所示。

表 4-1　FX_{3U} 定时器基本信息

类　型	定时器号	分辨率/ms	个　数	延时范围/s
普通定时器	T0～T199	100	200	0.1～3 276.7
	T200～T245	10	46	0.01～327.67
	T256～T511	1	256	0.001～32.767

续表

类　型	定时器号	分辨率/ms	个　数	延时范围/s
积算定时器	T246～T249	1	4	0.001～32.767
	T250～T255	100	6	0.1～3 276.7

定时器设定值与延时时间 *T* 相关。其计算公式为：延时时间 *T*=分辨率×设定值。

思考题：如果需要延时 35.23s，应该怎么选择定时器？其设定值为多少？

因为 35.23s 的分辨率为 0.01s，即 10 ms，所以不能选择分辨率为 100 ms 的定时器。而 1 ms 普通定时器最大只能延时到 32.767s，所以 1 ms 普通定时器也满足不了要求。而 10 ms 普通定时器的分辨率和延时范围都可满足要求，故可选择 10 ms 普通定时器 T200～T245 中的任意一个，如 T200。再根据设定值计算公式计算得到其设定值为 3523。

2. 定时器的工作原理

定时器应用

按工作方式不同，定时器可分为普通定时器和积算定时器。与定时器输出指令相关的参数主要有：当前值、状态位、触点状态、分辨率和延时时间。

（1）普通定时器

触发条件为 ON 时，指定的定时器对 PLC 内部的 100ms、10ms、1ms 时钟脉冲进行累加计数。当前值等于设定值时，定时器状态位变为 ON，其常开触点接通，常闭触点断开。触发条件为 OFF 时，定时器复位，当前值和状态位都复位为 0，常开触点断开，常闭触点接通。

普通定时器应用示例如图 4-1 所示。X000 常开触点接通（触发条件）时，定时器 T0 线圈被驱动，定时器对 PLC 内部的 100ms 时钟脉冲进行累加计数（T0 的当前值每隔 100ms 就进行一次加 1 计数操作），当定时器的当前值与设定值 K15 相等时，定时器状态位由 0 变成 1，定时器触点状态改变，即常开触点闭合，常闭触点断开。X000 常开触点继续保持接通，定时器的当前值保持为 K15 不变，定时器状态位保持为 1。当 X000 常开触点断开时，定时器当前值和状态位都复位为 0，定时器触点状态也复位，即常开触点断开，常闭触点闭合。而逻辑行 2 的意思就是输出继电器 Y000 的状态与 T0 状态位的状态完全保持一致。

整个程序执行结果为：X000 触点开始闭合并保持 1.5s 后，T0 的状态位由 0 变成 1，其常开触点闭合，Y000 线圈状态变为 1 并保持。X000 触点断开后，T0 的当前值和状态位都复位为 0，Y000 线圈状态也变为 0。当然，如果每次 X000 触点保持闭合不足 1.5s，则 Y000 线圈一直为 0。

（2）积算定时器

积算定时器与普通定时器的本质区别是：普通定时器触发条件断开时，定时器的当前值、状态位复位，而积算定时器触发条件断开时，定时器的当前值保持，触发条件重新接通后，当前值继续累加，需要利用 RST 指令才能使当前值复位为 0。积算定时器应用示例如图 4-2 所示。X000 累计通电时间超过 1.5s 后，T250 的常开触点闭合，Y000 线圈通电并保持。X001 通电，触发 T250 复位指令，T250 的当前值和状态位都复位为 0，Y000 线圈断电。

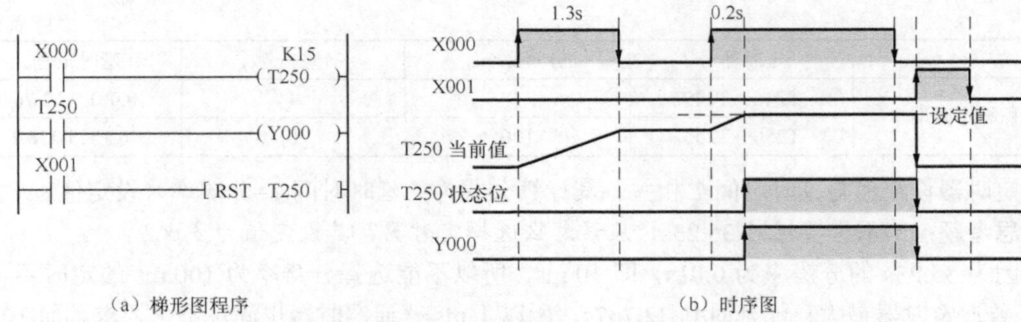

（a）梯形图程序　　　　（b）时序图

图 4-2　积算定时器应用示例

3. 开关电源

开关稳压电源简称开关电源［又称开关型整流器（Switching-Mode Rectifier，SMR）］，因电源中起调整稳压控制作用的器件始终以开关方式工作而得名。依照不同的电流转换形式，开关电源可分为 4 种：AC/AC、AC/DC、DC/AC、DC/DC。由于一般市电提供的是交流电（AC），而工业控制中多使用电源稳定的直流电（DC），因此 AC/DC（交流电转换为直流电）电源是应用最广泛的电源类型。

开关电源的主要作用就是把交流 220V 电源转换成直流 24V 电源，供控制电路使用。开关电源实物如图 4-3 所示，一般的开关电源主要包含 L、N、V+和 V−端子。其中，L、N 端子为进线端，分别接交流电源火线端和零线端；V+和 V−为出线端，V+接直流负载的正极端，V−接直流负载的负极端。

图 4-3　开关电源实物

4. 编程思路

（1）定时器选择

本任务只需定时器最基本的延时作用，对定时没有特殊要求，故采用基本定时器。延时 2s 的定时器分辨率为 1s，选用 100ms 分辨率的定时器足够，可以选用 T0 定时器，其设定值为 K20。3.84s 的分辨率为 0.01s，只能选用 10ms 和 1ms 的定时器。如采用 10ms 分辨率的 T200 定时器，则其设定值为 K384。

三灯顺序控制编程思路

（2）定时器驱动条件

普通定时器的驱动条件为接通时间必须大于设定时间，定时器状态位才能发生改变，所以定时器的驱动条件不应该直接对应按钮的触点，而是应该保持按钮的动作，即按钮松开后，定时器驱动条件也能够一直接通，直到按下停止按钮为止。利用一个最简单的启保停回路即可，如图 4-4 所示。M0 表示的就是按下了启动按钮而没有按下停止按钮的状态，一般也称为启动标志位。

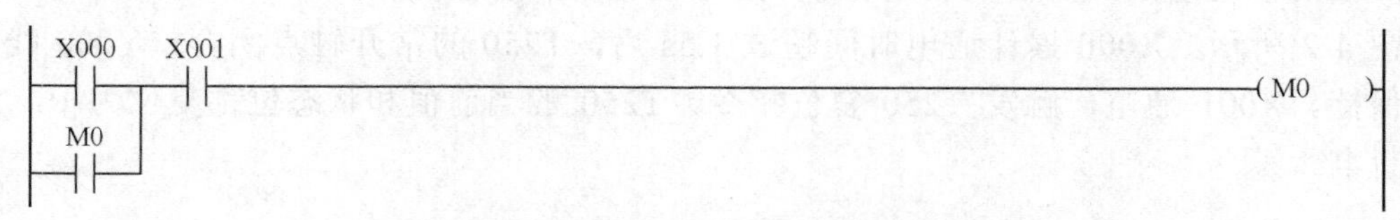

图 4-4　定时器启动标志位控制梯形图程序

（3）输出与定时器的关系

灯 1 与定时器无关。定时器 T0 状态位为 1，则灯 2 亮，即灯 2（Y1）与 T0 同时序。定时器 T200 状态位为 1，则灯 3 亮，即灯 3（Y2）与 T200 同时序。

三、任务实施

1. 分配 PLC 输入/输出端口

三灯顺序点亮控制 PLC 输入/输出端口分配如表 4-2 所示。

表 4-2　三灯顺序点亮控制 PLC 输入/输出端口分配表

输　入		输　出	
启动按钮 SB1	X000	灯 HL1	Y000
停止按钮 SB2	X001	灯 HL2	Y001
		灯 HL3	Y002

2. 设计电气原理图

工业控制领域大量负载使用直流电源，如指示灯、电磁阀等，规格主要有直流 24V、36V、5V 等。直流 24V 电源最为常见，一般需要通过开关电源转换得到。开关电源进线端为交流电源的 L、N 端，出线端为 V+、V−端。三灯顺序点亮控制参考电气原理图如图 4-5 所示。

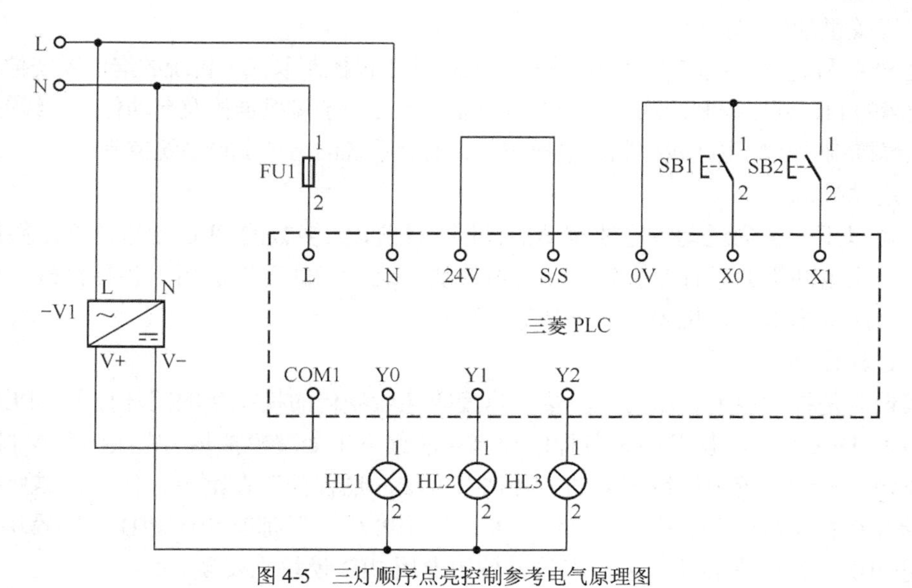

图 4-5　三灯顺序点亮控制参考电气原理图

3. 编写 PLC 梯形图程序

三灯顺序点亮控制梯形图参考程序如图 4-6 所示。

四、每课一问

按下按钮 SB1 时，灯 HL1 亮 23.35s 后灭，请编写梯形图程序。

三灯顺序点亮梯形图程序仿真

图 4-6　三灯顺序点亮控制梯形图参考程序

五、知识延伸

PLC 控制应用领域

PLC 最初主要用于开关量的逻辑控制。随着 PLC 技术的进步，它的应用领域不断扩大。如今，PLC 不仅用于开关量控制，还用于模拟量及数字量的控制，可采集与存储数据，监控控制系统；还可联网、通信，实现大范围、跨地域的控制与管理。PLC 已成为工业控制装置家族中一个重要的角色。

（1）开关量的逻辑控制

这是 PLC 最基本、最广泛的应用领域。PLC 的逻辑控制取代了传统的继电系统控制电路，实现了逻辑控制、顺序控制，既可用于单机控制，也可用于多机群控及自动化生产线的控制等，如机床电气控制、装配生产线控制、电梯控制、冶金系统的高炉上料系统控制。

（2）运动控制

PLC 可以用于圆周运动或直线运动的控制。目前，大多数的 PLC 制造商都提供拖动步进电动机或伺服电动机的单轴或多轴位置控制模块。这一功能可广泛用于各种机械，如金属切削机床、金属成形机床、机器人、电梯等。

（3）过程控制

过程控制是指对温度、压力、流量、速度等连续变化的模拟量的闭环控制。PLC 采用相应的 A/D 和 D/A 转换模块及各种各样的控制算法程序来处理模拟量，完成闭环控制。PID 调节是一般闭环控制系统中用得较多的一种调节方法。过程控制在冶金、化工、热处理、锅炉控制等场合有着非常广泛的应用。现代的大、中型 PLC 一般都有闭环 PID 控制模块，这一功能可以用 PID 子程序来实现，但更多的是使用专用 PID 模块来实现。

（4）数据处理

PLC 具有数学运算（含矩阵运算、函数运算、逻辑运算）、数据传送、数据转换、排序、查表、位操作等功能，可以完成数据的采集、分析及处理。这些数据可以通过通信接口传送到指定的智能装置进行处理，或将它们打印备用。数据处理一般用于大型控制系统，如造纸、冶金、食品工业中的一些大型控制系统。

（5）通信联网

为了满足工厂自动化系统发展的需要，PLC 越来越注重通信联网功能的提升，它使 PLC

与 PLC 之间、PLC 与上位机及其他智能设备之间能够交换信息，形成一个统一的整体，实现分散集中控制。

六、习题

1．采用 FX_{3U} 系列 PLC 实现定时 50s 的控制功能，如果选用定时器 T10，其定时时间常数值应该设定为 K________；如果选用定时器 T210，其定时时间常数值应该设定为 K________。

2．定时器的线圈________时开始定时，定时时间到时其常开触点________，常闭触点________。通用定时器的________时被复位，复位后其常开触点________，常闭触点________，当前值变为________。

3．定时器 T200 的分辨率为________，最长延时时间为________s；定时器 T250 的分辨率为________，最长延时时间为________s。

4．FX 系列 PLC 共有哪几种类型定时器？各有哪些特点？

5．PLC 的实际应用中，哪些属于开关量逻辑控制？哪些属于模拟量过程控制？

6．请根据图 4-7 所示梯形图程序画出时序图。

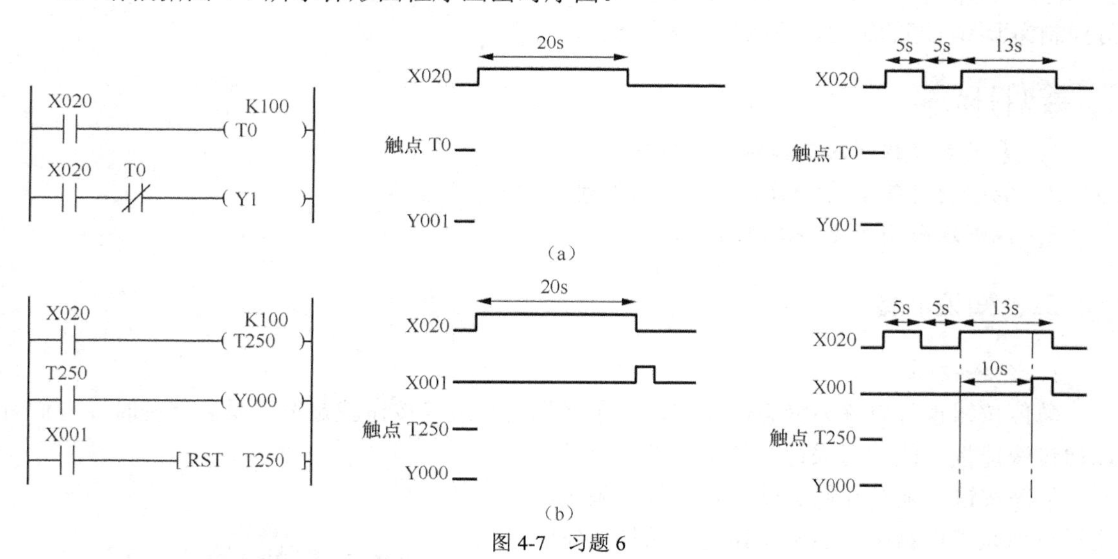

图 4-7　习题 6

7．用接在 X000 输入端的光电开关检测传送带上通过的产品，有产品通过时 X000 为 ON，若在 10s 内没有产品通过，由 Y000 发出报警信号，用 X001 输入端外接的开关解除报警信号。试设计其梯形图程序。

8．有一台三相异步电动机，正转按钮 SB1，反转按钮 SB2，停止按钮 SB3。电动机正转工作时，必须先停止且满 5s 后才能启动反转，相同方向转动时则不用等待；电动机反转时，必须先停止且满 5s 后才能启动正转。试编写其梯形图程序。

9．某三级皮带运输机，由 M1、M2、M3 三台电动机拖动。按下启动按钮，按 M1→M2→M3 的顺序启动，间隔时间 5s。按下停止按钮时，按 M3→M2→M1 的顺序停机，间隔时间 8s。考虑过载保护，不考虑紧急停机。试编写其梯形图程序。

任务 5　设备三色灯控制

一、任务描述

机电设备（如数控车床等）上一般装有三色灯用来显示设备当前状态。设备处于空闲且状态良好时，亮黄灯；处于加工状态时，亮绿灯；按下急停按钮或设备出现故障时，则红灯闪烁。

本任务控制要求为：PLC 上电后，黄灯 HL2 亮。按下启动按钮 SB1，绿灯 HL1 亮 10s，10s 后绿灯灭，黄灯亮。任何时候按下急停按钮 SB2，红灯 HL3 闪烁（亮 1s，灭 2s），旋开急停按钮 SB2，黄灯亮。请进行输入/输出端口分配、电气原理图设计，完成设备三色灯控制硬件接线，并完成设备三色灯控制梯形图程序的编写、下载与调试任务。

设备三色灯控制
任务描述

学习目标

1. 掌握急停按钮的工作特性及应用；
2. 能够利用基本定时器指令实现闪烁时序功能；
3. 能够理解闪烁电路工程应用。

二、知识准备

1. 急停按钮

急停按钮也可以称为紧急停止按钮。顾名思义，急停按钮就是发生紧急情况时，人们可以通过快速按下此按钮来达到停机保护的目的。

急停按钮必须是红色蘑菇头式，且必须采用常闭触点串联于电路中。急停按钮是自保持按钮的一种。此按钮只需直接压下，令常闭触点断开，就可以快速地让整台设备停止或释放一些传动部位，但松开按钮时，按钮不会复位。要想再次启动设备必须释放此按钮，常见的释放方式为顺时针方向旋转大约 45° 后松开，按下的部分才会弹起。常用急停按钮的实物图和符号如图 5-1 所示。

SB

（a）实物图　　（b）符号

图 5-1　急停按钮

2. PLC 闪烁电路

闪烁电路是工业控制领域非常经典的控制环节，多见于景观灯和设备状态灯显示场景。编程者必须清楚此功能的实现原理。闪烁电路实际上是一个具有正反馈的振荡电路，多为 2 个定时器的线圈分别通过对方的触点控制，并形成反馈。

PLC 常用闪烁电路梯形图程序和时序图如图 5-2 所示，定时器 T0 和 T1 分别用来控制亮和灭的时间。X000 为闪烁电路的触发条件。通过时序图来了解闪烁电路梯形图控制原理：X000 为 OFF 时，T0 和 T1 的当前值和状态位都为 0。X000 为 ON 时，T0 线圈通电，T0 当前值开始累加。2s 定时时间到，T0 当前值变成 20，状态值由 0 变成 1 并保持，其常开触点闭合，T1 线圈开始通电，T1 当前值开始累加。3s 后，T1 当前值变成 30，状态值由 0 变成 1。下一个扫描周期，T1 的常闭触点断开，T0 复位，其当前值和状态位均复位为 0，T0 常开触点断开，T1 线圈断电。在下一个扫描周期，T1 常闭触点重新接通。T0 线圈又开始通电，各软元件状态又回到 X0 刚通电时的状态，即 5s（2s+3s）后，系统又重新开始一个循环周期。之后 T0 状态位将这样周期性地处于 0 和 1 的变化之中，直到 X000 变为 OFF，T0、T1 和 Y0 均复位为 0。闪烁电路中，主要是利用 T0 状态位的时序，其时序变化规律为：触发条件 X000 为 ON 后，T0 状态位先断 2s，然后通 3s，一直循环到 X000 断开。

PLC 闪烁电路原理与应用

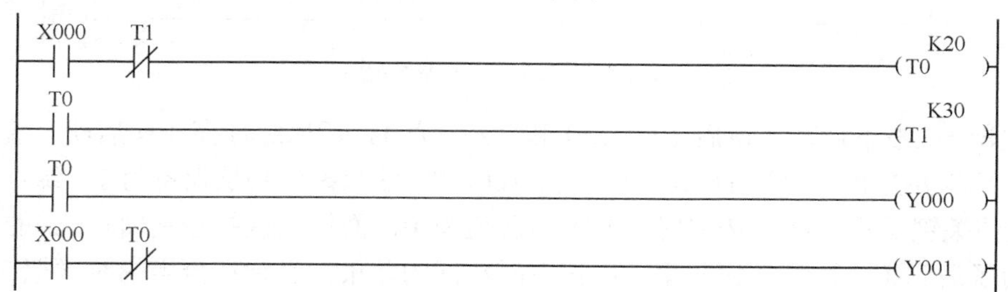

（a）梯形图程序

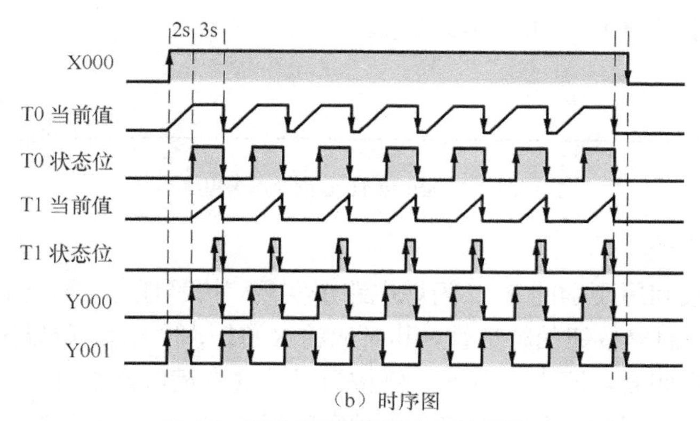

（b）时序图

图 5-2　闪烁电路梯形图程序和时序图

Y000 直接受 T0 的常开触点控制，所以 Y000 与 T0 状态位同时序，适用于按下按钮，负载“先灭后亮”的情况。而 Y001 的输出条件为 X000 的常开触点和 T0 常闭触点都接通。所以在 X0 接通时序范围里，Y001 的时序与 T0 状态位刚好相反，适用于按下按钮，负载“先亮后灭”的情况。

3. 编程思路

（1）绿灯控制

绿灯控制为典型的定时控制案例。按下绿灯按钮时定时器线圈通电，但注意绿灯按钮 X000 不能直接作为定时器的触发条件，因为普通定时器的触发条件接通保持时间应超过延时时间。而按按钮动作是瞬态的，故需要

设备三色灯控制编程思路

首先利用启保停或置位/复位指令对按钮动作进行保持操作。按钮动作保持梯形图程序如图 5-3 所示。

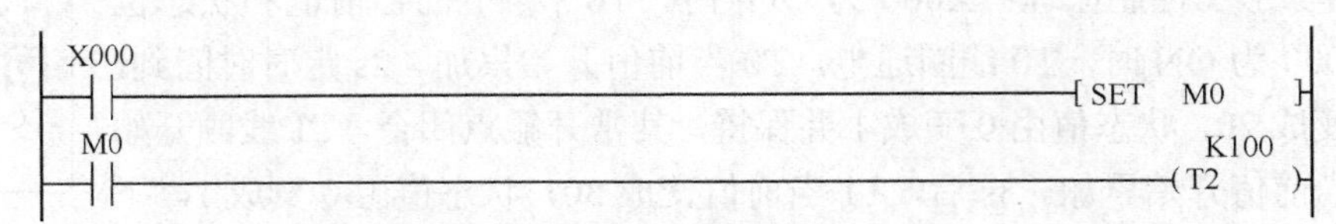

图 5-3 按钮动作保持梯形图程序

然后利用定时器常开触点控制灯的亮灭，显然灯要等到 10s 后才亮。如果需要一按按钮灯马上亮 10s，则利用定时器的常闭触点控制灯即可，但前提是 M0 也要为 1，不然 PLC 一上电绿灯就亮了。先亮后灭的梯形图程序如图 5-4 所示。

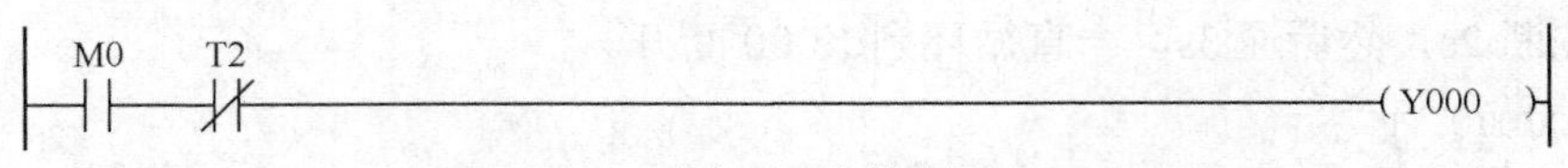

图 5-4 先亮后灭的梯形图程序

因为第一次按下启动按钮后 10s，M0 和 T2 都为 1，所以绿灯亮 10s 后就一直是灭的。第二次按下启动按钮时，T2 的当前值还是 K100，T2 的状态位仍然保持为 1，绿灯不会重新亮。问题的关键是第一次按按钮时 T2 的当前值为 0，而第二次按按钮时，T2 的当前值为 K100。为了达到第二次按按钮与第一次按下时相同的效果，必须在恰当的时候把 T0 复位，同时把 M0 也复位。显然当绿灯亮 10s 后就可以把 M0 复位，而 M0 复位，T0 自然也就复位了。M0 和 T0 复位梯形图程序如图 5-5 所示。

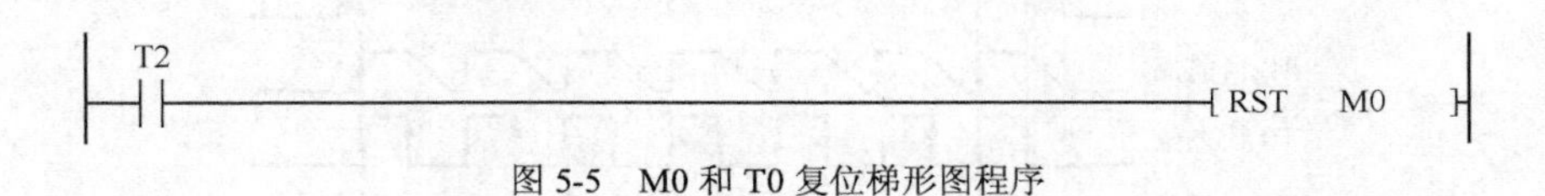

图 5-5 M0 和 T0 复位梯形图程序

（2）红灯闪烁实现

红灯闪烁可直接利用刚学的 PLC 闪烁电路来实现。按照任务要求应该是：按下急停按钮时闪烁开始。而由于急停按钮的特殊性，其对应的 X001 平时为 1。所以闪烁电路的触发条件为 X001 的常闭触点闭合，即没有按下急停按钮时，其常闭触点断开，不触发闪烁电路；而按下急停按钮时，其常闭触点复位为闭合，触发闪烁电路。定时器选择 T0 和 T1，其延时时间分别为亮和灭的时间 1s 和 2s。红灯闪烁时序的主体程序如图 5-6 所示。

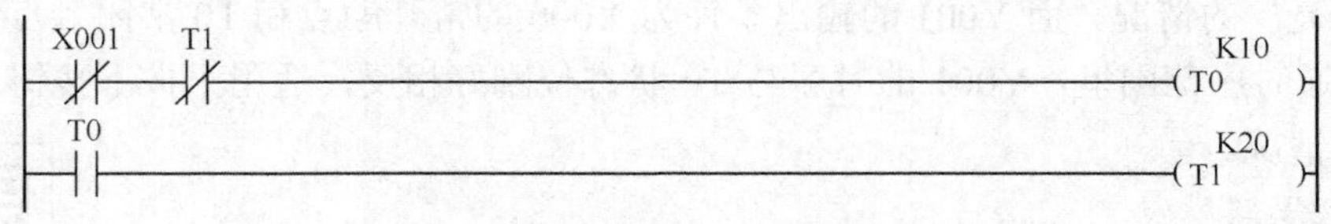

图 5-6 红灯闪烁时序的主体程序

然后，将红灯 Y002 和 T0 或 T1 建立联系。

（3）黄灯控制

除了红灯闪烁亮和绿灯亮之外，黄灯一直亮。这个比较简单，大家可自行尝试。需注意的是，红灯闪烁整个期间，黄灯都不亮，所以不能直接简单地用红灯和绿灯的常闭触点控制黄灯。

三、任务实施

1. 分配 PLC 输入/输出端口

设备三色灯控制 PLC 输入/输出端口分配如表 5-1 所示。

表 5-1　　设备三色灯控制 PLC 输入/输出端口分配表

输　入		输　出	
启动按钮 SB1	X000	绿灯 HL1	Y000
急停按钮 SB2	X001	黄灯 HL2	Y001
		红灯 HL3	Y002

2. 设计电气原理图

注意：按钮、开关作为 PLC 输入元件时，一般利用其常开触点，但急停按钮例外。规范规定：为安全起见，急停按钮必须使其常闭触点接入线路。

设备三色灯控制参考电气原理图如图 5-7 所示。

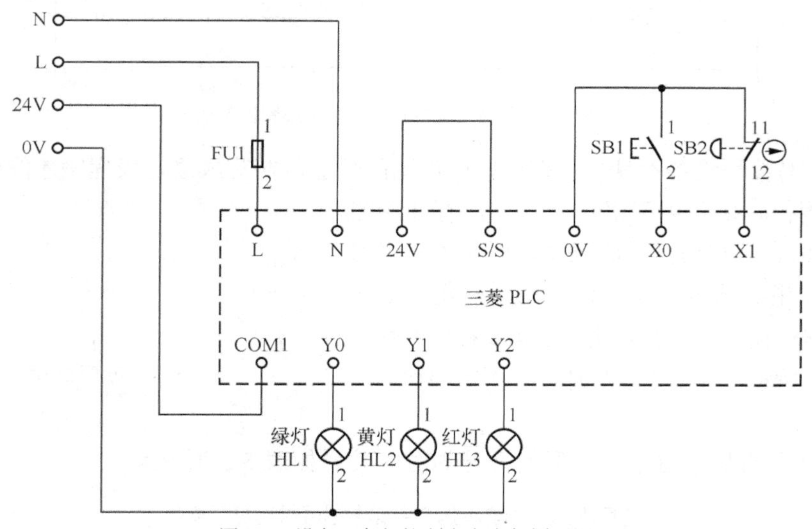

图 5-7　设备三色灯控制参考电气原理图

3. 编写 PLC 梯形图程序

设备三色灯控制参考梯形图程序如图 5-8 所示。

四、每课一问

按下启动按钮 SB1，灯 HL1 亮 3s，灭 2s，不断循环，按下停止按钮 SB2，灯 HL1 熄灭，程序如何编制？

五、知识延伸

1. 语句表程序概述

语句表编程又称为指令表编程方式，就是通过 LD、AND、OUT 等指令语言输入顺控指令的方式。一条指令一般可分为两部分，一部分为助记符（指令），另一部分为操作数（软元件编号），但部分指令没有操作数。语句表程序与梯形图程序一般能相互转换，GX Works2 不支持语句表编程，但可以通过在“导航区”的“main 程序”处右击，在快捷菜单中选择“写入到 CSV 文件”和“从 CSV 文件读取”命令完成梯形图程序和语句表程序的相互转换。

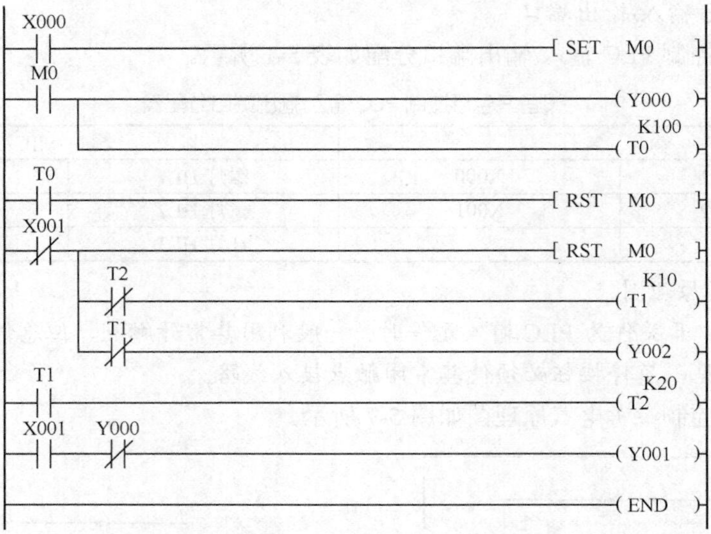

图 5-8 设备三色灯控制参考梯形图程序

早期的简易编程设备不具备直接读取梯形图的功能，需写成语句表程序才能送入 PLC 运行，所以使用得较多。由于语句表语言没有梯形图语言和 SFC 语言直观易懂，所以现在语句表程序用得较少。但如果熟悉语句表语言，利用语句表语言进行编程，程序输入速度会更快。语句表程序的基本格式如图 5-9 所示，其中“步”那一栏不需要输入，自动生成。

步	指令	软元件编号
0000	LD	X000
0001	OR	Y005
0002	ANI	X002
0003	OUT	Y005
⋮	⋮	⋮

图 5-9 语句表程序的基本格式

语句表语言的基本指令与梯形图符号的对应关系如表 5-2 所示。

表 5-2 语句表语言的基本指令与梯形图符号的对应关系

助记符名称	功能简介	梯形图表示及可用元件	助记符名称	功能简介	梯形图表示及可用元件
[LD]取	常开触点运算开始	X、Y、M、S、T、C	[LDP]取上升沿脉冲	上升沿脉冲逻辑运算开始	X、Y、M、S、T、C
[LDI]取反	将常闭触点与左母线连接	X、Y、M、S、T、C	[LDF]取下降沿脉冲	下降沿脉冲逻辑运算开始	X、Y、M、S、T、C
[AND]与	将单个常开触点与前面的电路串联连接	X、Y、M、S、T、C	[ANDP]与上升沿脉冲	上升沿脉冲串联连接	X、Y、M、S、T、C
[ANI]与非	将单个常闭触点与前面的电路串联连接	X、Y、M、S、T、C	[ANDF]与下降沿脉冲	下降沿脉冲串联连接	X、Y、M、S、T、C

续表

助记符名称	功能简介	梯形图表示及可用元件	助记符名称	功能简介	梯形图表示及可用元件
[OR]或	将单个常开触点与前面的电路并联连接	X、Y、M、S、T、C	[ORP]或上升沿脉冲	上升沿脉冲并联连接	X、Y、M、S、T、C
[ORI]或非	将单个常闭触点与前面的电路并联连接	X、Y、M、S、T、C	[ORF]或下降沿脉冲	下降沿脉冲并联连接	X、Y、M、S、T、C
[ANB]电路块与	并联电路块与前面的电路串联连接		[MPS]进栈	将分支点处的操作结果入栈	MPS MRD MPP
[ORB]电路块或	串联电路块与前面的电路并联连接		[MRD]读栈	读栈存储器栈顶数据	
[OUT]输出	线圈驱动	Y、M、S、T、C	[MPP]出栈	取出栈存储器栈顶数据	
[SET]置位	使线圈接通保持（置 1）	[SET Y0] Y、M、S	[INV]非	将该指令处的运算结果取反	
[RST]复位	使线圈断开复位（置 0）	[RST Y0] Y、M、S、T、C、D、V、Z	[NOP]空操作	使该步无操作	无操作元件
[PLS]上升沿微分输出	上升沿微分输出	[PLS M] Y、M（特殊 M 除外）	[END]结束	程序结束返回第 0 步	[END]
[PLF]下降沿微分输出	下降沿微分输出	[PLF M] Y、M（特殊 M 除外）	[STL]步进触点指令	步进触点驱动	[STL S0]
[MC]主控	公共串联点的连接线圈	[MC N Y0] Y、M（特殊M除外）	[RET]步进返回指令	步进程序结束返回	[RET]
[MCR]主控复位	公共串联点的清除指令	[MCR N] N：嵌套级数			

2. 梯形图程序与语句表程序转换示例

基本的串/并联梯形图程序转换成语句表程序示例如图 5-10 所示。电路块的串/并联梯形图程序转换成语句表程序示例如图 5-11 所示。定时器和计数器的梯形图程序转换成语句表程序示例如图 5-12 所示。

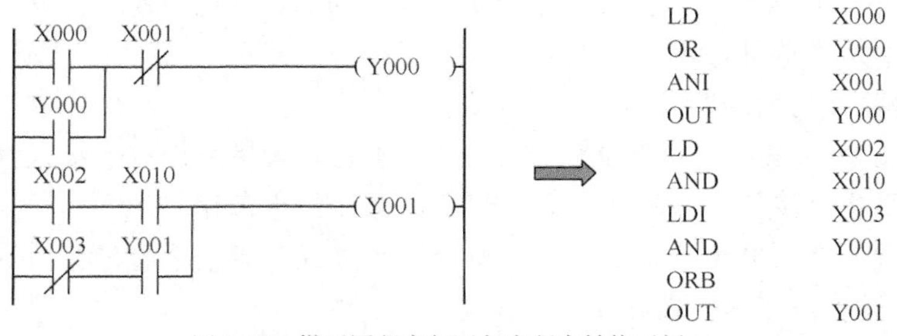

图 5-10　梯形图程序与语句表程序转换示例 1

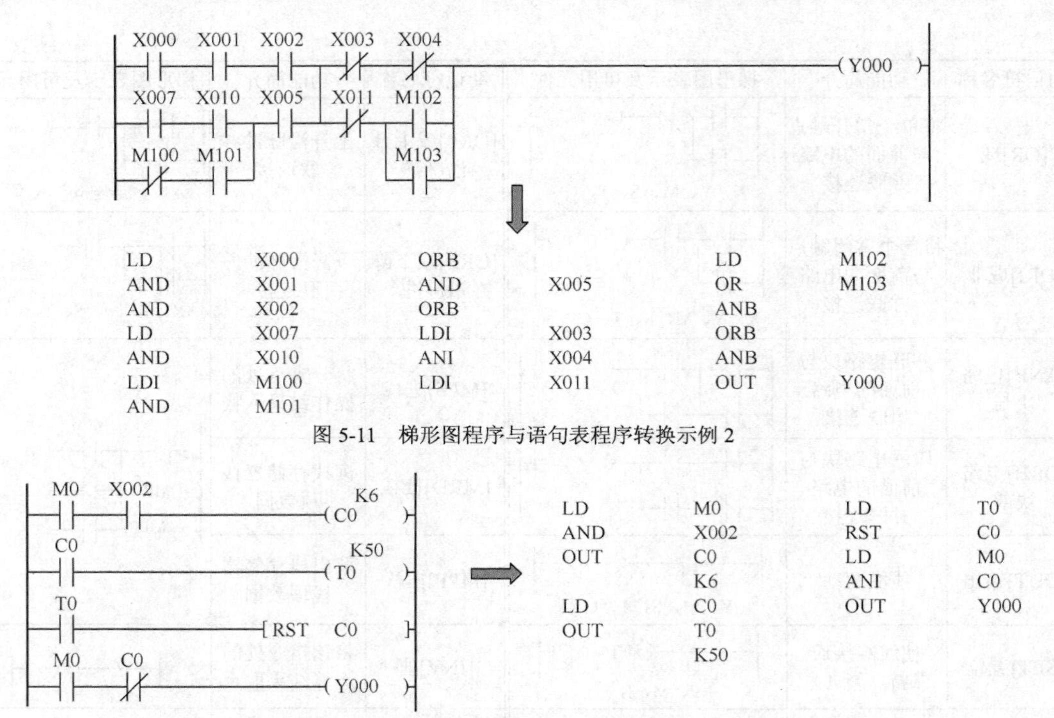

图 5-11　梯形图程序与语句表程序转换示例 2

图 5-12　梯形图程序与语句表程序转换示例 3

拓展阅读　　　　**急停按钮安全用**

自动化设备从某种意义上说只是一种机械地遵循规律干活的机器，一旦因为现场情况的变化导致运行异常，就需要操作人员去按下急停按钮，使机器停下来。而如果急停功能失效，那么轻则机器损坏，重则会导致人身伤亡情况，所以急停按钮的安全功能是所有设备中最重要的。但实际应用中，其仍然存在一些错误的使用方式。

1. 常开触点接入线路

在 PLC 控制系统中，很多人将急停按钮的常开触点接入 PLC 输入端，按下急停按钮时，接入点导通，PLC 检测到有急停。逻辑上没问题，但这种方法是错误的，因为在这种控制方式下，如果出现了急停按钮触点损坏或者信号电缆损坏的情况，PLC 会检测不到急停信号，从而导致意外。

那么如果使用常闭触点呢？使用常闭触点后，在没有按下急停按钮的正常状态下，电流会流经急停按钮的常闭触点然后回到 PLC，而一旦出现急停按钮松动或者电缆损坏的情况，由于 PLC 检测不到输入信号，会第一时间识别到该问题，并认为是急停状态。对于安全功能，我们的态度是要尽量谨慎。

2. 错用急停按钮的切断功能

在没有 PLC 的时候我们用继电器控制设备，所以一般将急停按钮接入控制回路或者主回路，使得按下急停按钮的一瞬间，设备切断电源，停止工作。

那么如今我们有了 PLC，很多人还是使用这种方式，即按下急停按钮后直接将主电源或者 PLC 电源断开。这种方式有什么问题吗？

现代工厂的控制都趋近智能化，一个大型系统可能由很多的部件组成，而且每个工序之间的联系很密切，而一个急停按钮被按下可能不需要将整个系统的电源都断开，只需要断开相关的设备即可，所以现在比较常见的方式是将所有急停按钮集成在急停柜内，在急停柜里做硬件和软件双重联锁去控制相应的回路。这样的话，既可以快速保护设备或者人员，又不至于影响其他部分。在PLC通电的情况下，还可以知道是什么部分出现了问题，方便快速恢复生产。

还有一个原因是，一些变频器和伺服系统即使断电了也不能立即停止动作，因为有电源转换可能有延迟，所以也必须从执行元件处停止输出，即PLC控制停止设备，这样才是最安全的。

3. 急停按钮当断路器用

急停按钮是操作按钮，仅在操作发生意外的时候可以使用，不允许使用在其他情况，尤其在检修的时候。但有的维修人员为了省事，按下急停按钮就开始进行检修工作，他们自认为安全了，但实际上这是很危险的，因为急停按钮有可能坏掉。另外，操作人员有可能不知道设备正在检修，而将急停按钮复位，这对于维修人员来说极其危险。那么检修的时候应该怎么做呢？正确的做法就是停电挂牌，并且通知操作人员，断开主电路，检测确定没电后再进行检修工作。

4. 急停按钮从不测试

急停按钮有明确的使用要求，并需要定期检查。急停按钮在使用了一段时间后，可能因灰尘堵塞或者其他原因，导致无法按下或者失灵，而在生产过程中，不出现意外的情况下不会用到这个按钮，所以定期检查或者更换急停按钮是较为保险的方式。

六、习题

1. 当发生紧急情况的时候，人们可以通过快速按下________来达到保护的目的。此按钮只需直接压下，________断开，即可快速让设备停止。

2. 闪烁程序实际上是一个具有正反馈的________，通过________分别控制对方的线圈，形成了反馈。

3. PLC的输出指令OUT对继电器的________进行驱动，但它不能用于________。

4. LDI、ANI、ORI 等指令中的“I”表示________功能，其执行时从实际输入点得到相反的状态值。

5. ________是空操作指令，是一条无动作、无目标元件，占一个程序步的指令。

6. 简述梯形图编程、语句表编程的概念及特点。

7. 请根据图5-13所示梯形图程序画出对应的时序图。

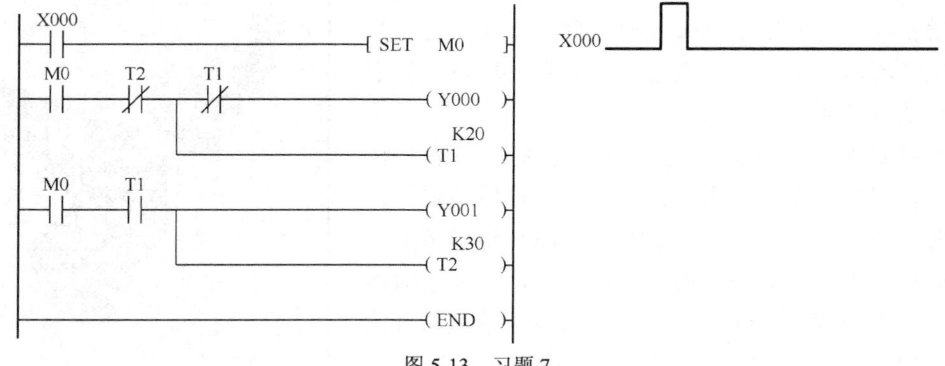

图5-13　习题7

8．根据图 5-14 所示的梯形图写出语句表程序。

```
  X000      X002                                          K10
 ──┤/├──┬──┤ ├──┬──────────────────────────────────────( T0    )
        │  Y001 │  X003
 ──┤ ├──┴──┤/├──┘
  X000      X001                                          D0
 ──┤ ├──┬──┤ ├─────────────────────────────────────────( C0    )
        │  X002                                           D1
        ├──┤ ├─────────────────────────────────────────( T1    )
        │  X003
        └──┤ ├─────────────────────────────────────────( Y001  )
  X004
 ──┤ ├─────────────────────────────────────────────────[ PLS  M0 ]
  M0
 ──┤ ├─────────────────────────────────────────────────[ RST  C0 ]

 ──────────────────────────────────────────────────────[ END     ]
```

图 5-14　习题 8

9．按下启动按钮 SB1，红、绿灯交替闪烁。红灯（Y0）亮 2s，绿灯（Y1）亮 3s，如此循环。按下停止按钮 SB2，红、绿灯都熄灭。试编写梯形图程序。

10．按下启动按钮 SB，灯 HL1 长亮 5s→灭 1s→短亮 3s→灭 1s→长亮 5s→灭 1s……，一直循环，累计亮灭 30s 后自行关闭。试编写梯形图程序。

11．数控机床润滑系统要求能够实现点动润滑和自动润滑。按下点动润滑按钮 SB1，机床润滑开始，松开点动润滑按钮 SB1，润滑停止。按下自动润滑按钮 SB2，机床润滑 5s，停 2s，然后又润滑 5s，停 2s，一直循环，按下润滑停止按钮 SB3，机床润滑停止。试编写梯形图程序。

任务 6　产品计数与生产线传送带控制

一、任务描述

传送带是生产流水线中用来传输产品、零件等物质常见的设备，广泛应用于机械行业、食品行业、包装行业等。生产流水线中运用传送带能够提升运输自动化水平、提升物流效率等。

某产品计数与生产线传送带控制系统包括启动按钮、停止按钮、传送带、光电计数开关、打包装置等。其控制要求为：按下启动按钮 SB1，产品在传送带上开始向前运动，光电计数开关检测产品个数，产品个数达到 6 后，传送带暂停，进行打包。5s 后传送带重新开始动作，又开始计数、打包，一直循环。按下停止按钮 SB2，传送带停止工作。请进行输入/输出端口分配、电气原理图设计，完成生产线控制硬件接线，并完成生产线控制梯形图程序的编写、下载与调试任务。

学习目标

1. 掌握 16 位增计数器指令及其使用；
2. 了解 32 位增/减计数器指令；
3. 了解 PLC 输入电路的原理，理解外部输入元件与输入继电器 X 的关系；
4. 熟悉接近开关的特点及接线方式；
5. 掌握接近开关与 PLC 的接线方法。

二、知识准备

PLC 输入电路原理

1. PLC 输入电路原理与源型/漏型接法

按外接电源的类型分，PLC 输入电路可以分为直流输入电路和交流输入电路。FX_{3U} 的直流输入电路原理图如图 6-1 所示。可以看出，PLC 输入电路中设有 RC 滤波电路，以防止由于输入点抖动或外部干扰脉冲引起错误信号。而为了防止外界线路产生的干扰（如尖峰电压、干扰噪声等）引起 PLC 的非正常工作甚至是元器件的损坏，一般在 PLC 的输入侧使用光电耦合器，以切断 PLC 内部电路和外部电路电气上的联系，保证 PLC 正常工作。

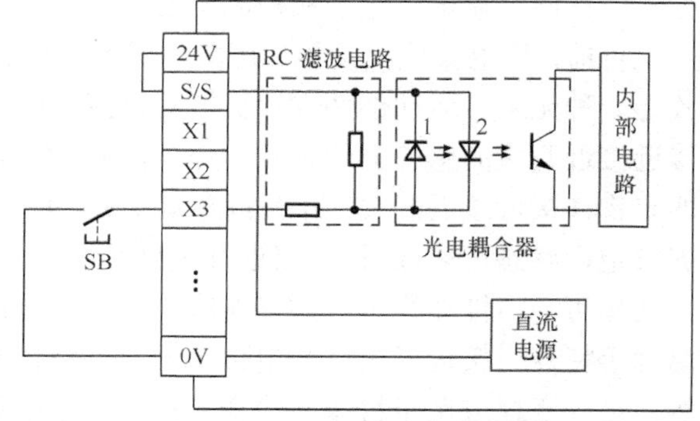

图 6-1　PLC 直流输入电路原理图

PLC 输入电路的基本工作原理为：外部元件（SB）触点闭合时，PLC 内部光电耦合器的发光二极管点亮（2 个发光二极管是为了满足源型和漏型接法的切换），光敏三极管饱和导通，该导通信号再传送给 PLC 内部电路，使 CPU 认为该路有信号输入，继电器 X 状态为 1。外部元件触点断开时，光电耦合器中的发光二极管熄灭，光敏三极管截止，CPU 认为该路没有信号，继电器 X 状态为 0。

按 PLC 输入模块公共端（COM 端）电流的流向分，PLC 输入电路可分为漏型（Sink）输入电路和源型（Source）输入电路。工程中会应用大量的传感器，三线制的传感器分为 NPN 型和 PNP 型。NPN 型传感器连接到三菱 PLC 时，PLC 必须采用漏型接法。PNP 型传感器连接到三菱 PLC 时，PLC 必须采用源型接法。漏型指信号漏掉，即信号的流出，而源型相反，指信号的流入。三菱 PLC 的信号输入的接线过程中是以输入点 X 作为参考点的，信号从 X 点流入称为源型接法，信号从 X 点流出称为漏型接法。

PLC 输入电路源型/漏型接法

三菱 PLC 的 FX_{3U} 系列可以通过外部接线方式的改变实现漏型输入和源型输入的切换。漏型输入和源型输入电路如图 6-2 所示。如图 6-2（a）所示，漏型输入时，将 24V 端子和 S/S 端子短接，0V 作为公共端，外部元件 SB 两端分别与输入端 X 和公共端 0V 连接。SB 触点闭合时，电流从输入端（X2）流出。如图 6-2（b）所示，源型输入时，将 0V 端子和 S/S 端子短接，24V 作为公共端，外部元件 SB 两端分别与输入端 X 和公共端 24V 连接。SB 触点闭合时，电流从输入端（X2）流入。

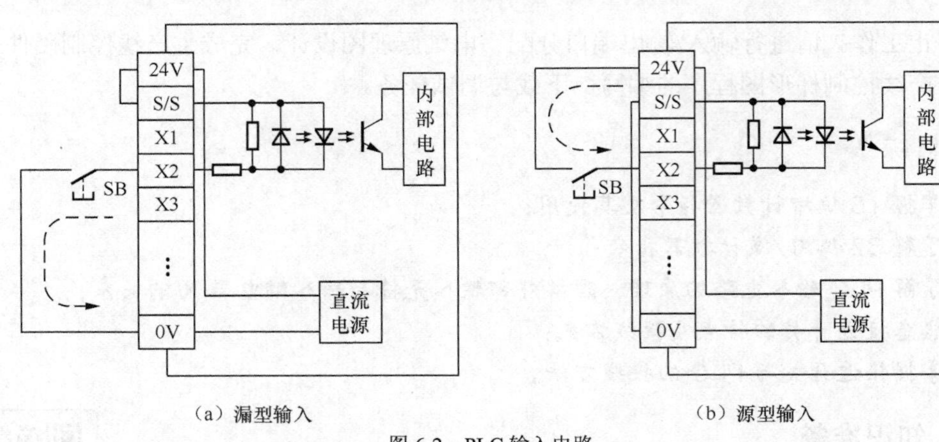

（a）漏型输入　　（b）源型输入

图 6-2　PLC 输入电路

2. 接近开关概述

传感器是一种检测装置，能感受到被测量的信息，并能将感受到的信息按一定规律转换成电信号或其他所需形式的信息输出，以满足信息的传输、处理、存储、显示、记录和控制等要求。

接近开关概述

目前，机电一体化设备常用的传感器为接近开关（接近传感器）。接近开关是一种无须与运动部件进行机械直接接触而可以操作的位置开关，当物体接近接近开关的感应面达到其动作距离时，不需要机械接触及施加任何压力即可使开关动作，即有物体接近接近开关，开关状态就变成“1”。物体离开接近开关，则开关状态变成“0”（根据设定，状态可能取反）。接近开关既有限位开关、微动开关的特性，同时也具有传感性能，且动作可靠，性能稳定，频率响应快，应用寿命长，抗干扰能力强，并具有防水、防振、耐腐蚀等特点。接近开关有光电传感器、涡流传感器、电感传感器、电容传感器、霍尔传感器等，被广泛地应用于机床、冶金、化工、轻纺和印刷等行业。其在自动控制系统中可用于限位、计数、定位控制和自动保护等环节。

接近开关通常由敏感元件、转换元件及转换电路组成。敏感元件是指传感器中能直接感受（或响应）被测量的部分，转换元件是能将感受到的非电信号直接转换成电信号的器件或元件，转换电路是对电信号进行选择、分析、放大，并将其转换为需要的输出信号等的信号处理电路。尽管各种传感器的组成部分大体相同，但不同种类的传感器的外形结构都不尽相同。机电一体化设备常用的一些接近开关的外形如图 6-3 所示。

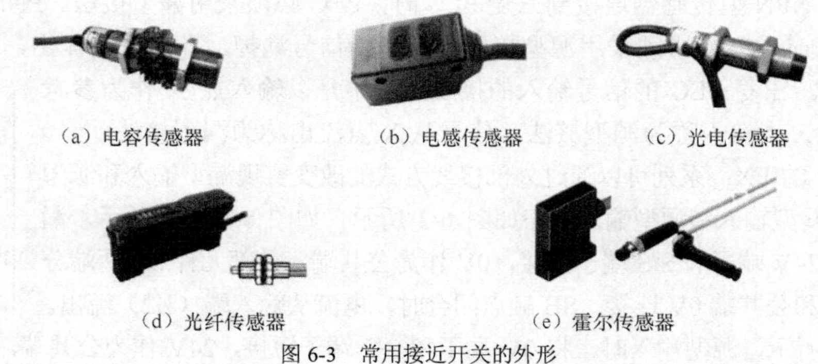

（a）电容传感器　　（b）电感传感器　　（c）光电传感器

（d）光纤传感器　　（e）霍尔传感器

图 6-3　常用接近开关的外形

3. 接近开关的接线方法

传感器的输出方式不同，电路连接也有些差异。常用的接近开关有直流两线制和直流三线制两种。其中，光电传感器、电感传感器、电容传感器、光纤传感器均为直流三线制接近开关，磁性传感器为直流两线制接近开关。

直流两线制接近开关有蓝色（或黑色）和棕色（或红色）两根连接线，其中蓝色线接 PLC 公共端，棕色线为信号线，接 PLC 输入点。而直流三线制接近开关有三根连接线：

VCC：电源正极，又称为“+V”，为红色或棕色线；

0V：电源负极，又称为“-”，为蓝色线；

OUT：信号端，又称为负载，为黑色或白色线，接 PLC 输入点。

具体的电路连接方式如图 6-4 所示。

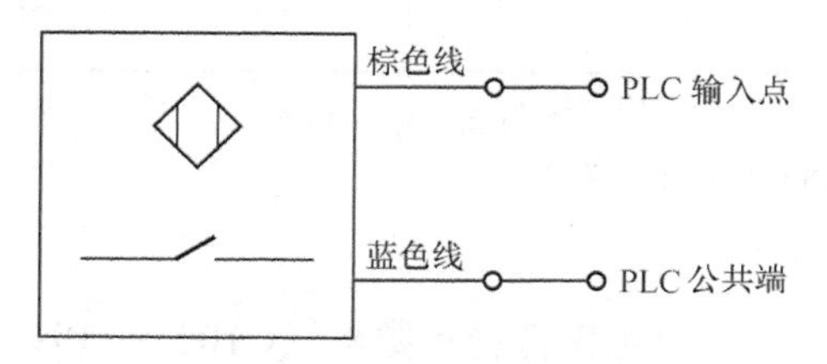

（a）直流两线制接近开关

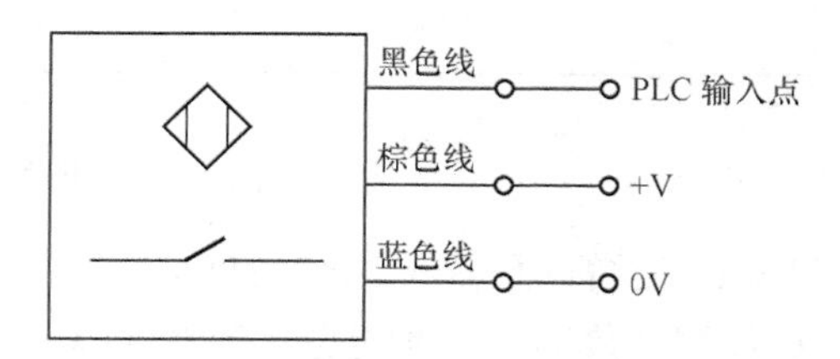

（b）直流三线制接近开关

图 6-4　接近开关电路连接示意图

根据电流流入方式不同，直流三线制接近开关又分为 NPN 型和 PNP 型。它们的接线方式是不同的。NPN 型和 PNP 型接近开关内部输出电路示意图如图 6-5 所示。

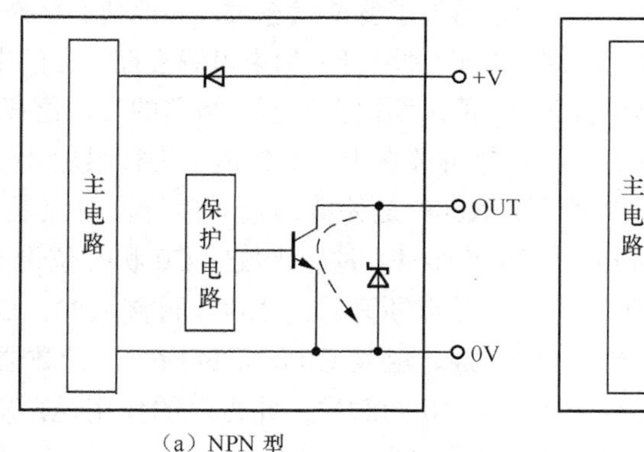

（a）NPN 型

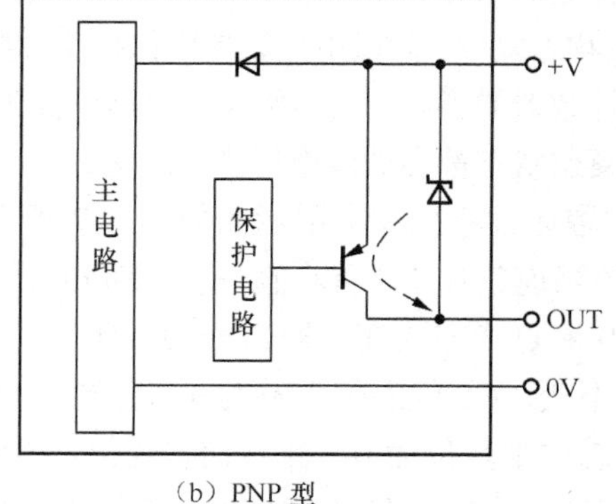

（b）PNP 型

图 6-5　接近开关内部输出电路示意图

NPN 型接近开关可简称“N 型接近开关”，其内部开关（三极管）连接于信号端与负极（0V 端）。接近开关动作时，三极管饱和导通，信号端与负极相通，电流从信号端流向 0V 端。NPN 型接近开关连接到 PLC 时，PLC 宜采用漏型接法（电流从 PLC 输入端子流出）。PNP 型接近开关可简称“P 型接近开关”，其内部开关（三极管）连接于信号端与正极。接近开关动作时，三极管饱和导通，信号端与 VCC 端（+V 端）相通，电流从 VCC 端流向信号端。PNP 型接近开关连接到 PLC 时，PLC 宜采用源型接法（电流从 PLC 输入端子流入）。NPN 型和 PNP 型接近开关与 PLC 的连接如图 6-6 所示。

4. 计数器 C

计数器在 PLC 程序中用于计数控制，分为内部计数器和外部计数器。内

部计数器是低速计数器，也称为普通计数器，用于对机内元件（X、Y、M、S、T 和 C）的信号进行计数。而外部计数器是高速计数器，用于对高于机器扫描频率的信号进行计数。FX_{3U}中一共有 256 个计数器。其中，C0～C199 为 16 位增计数器，C200～C234 为 32 位增/减计数器，C235～C255 为高速计数器。高速计数器将在后面进行介绍。

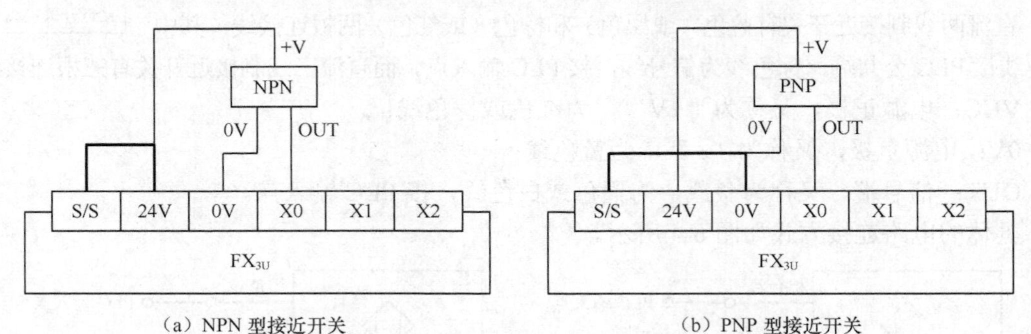

（a）NPN 型接近开关　　（b）PNP 型接近开关

图 6-6　接近开关与 PLC 的连接示意图

（1）16 位增计数器（C0～C199）

16 位增计数器分为通用型计数器（C0～C99）和断电保持型计数器（C100～C199）。如图 6-7 所示，计数器指令由计数器号（如 C0）和设定值（如 K4）组成。设定值可由常数或寄存器指定。16 位增计数器的设定值和当前值寄存器为 16 位寄存器，所以其设定值范围为 K1～K32767。计数器工作原理为：计数信号每接通一次（上升沿到来），增计数器的当前值加 1，当前值达到设定值时，计数器状态位改变为 1，触点动作。由于计数器指令触发条件断开时，计数器不会复位，所以计数器需要利用 RST 指令进行复位。计数器处于复位状态时，当前值和状态位都复位为 0，触点状态复位。而通用型和断电保持型计数器的区别在于：如果可编程控制器的电源断开，则通用型计数器的当前值会被清除，状态位变为 0。但是断电保持型计数器的当前值和输出触点的动作、复位状态都会被停电保持。通电之后，能够继续在上一次的值上进行累加计数。

16 位增计数器指令应用示例如图 6-7 所示。X000 是计数器输入信号，每接通一次，计数器 C0 的当前值加 1，当前值与设定值相等（当前值=4）时，计数器 C0 状态位由 0 变成 1，计数器 C0 触点状态改变，即常开触点闭合，常闭触点断开。当 X000 再接通时，C0 当前值保持为 4 不变，C0 状态位保持为 1。直到 X001 接通，触发 C0 的复位指令，计数器 C0 的当前值和状态位都复位为 0，触点状态复位。Y000 与 C0 同时序。此程序的作用是：X000 接通 4 次后，Y000 通电；X001 通电时，C0 和 Y000 都复位为 0。

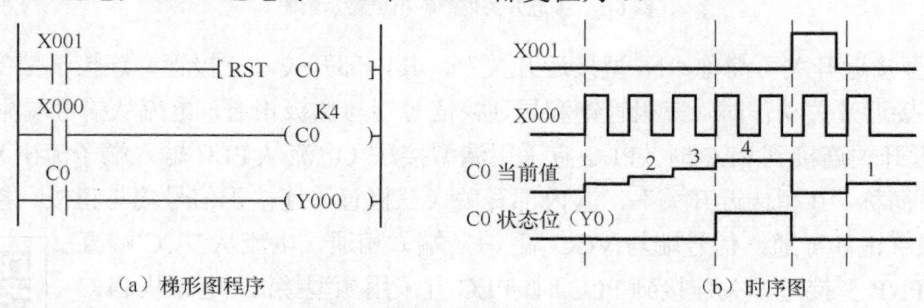

（a）梯形图程序　　（b）时序图

图 6-7　16 位增计数器应用示例

（2）32 位增/减计数器（C200～C234）

32 位增/减计数器一般分为通用型计数器（C200～C219）和断电保持型计数器（C220～

C234），其设定值范围为−2 147 483 648～+2 147 483 647。32 位增/减计数器工作时为增计数还是减计数，由对应的特殊辅助继电器（M8200～M8234）的状态决定，即 C200 的增/减计数由 M8200 决定，C201 的增/减计数由 M8201 决定，依次类推。

32 位增/减计数器指令应用示例如图 6-8 所示。使用计数输入 X014 驱动 C200 线圈的时候，可增计数也可减计数。如果 M8200 为 1，则 C200 进行减计数；如果 M8200 为 0，则 C200 进行增计数。在计数器的当前值由“−6”增加到“−5”的时候，计数器状态位变为 1，触点状态改变，在由“−5”减少到“−6”的时候，计数器状态位变为 0，触点状态复位。有兴趣的读者可自行分析其具体工作过程。

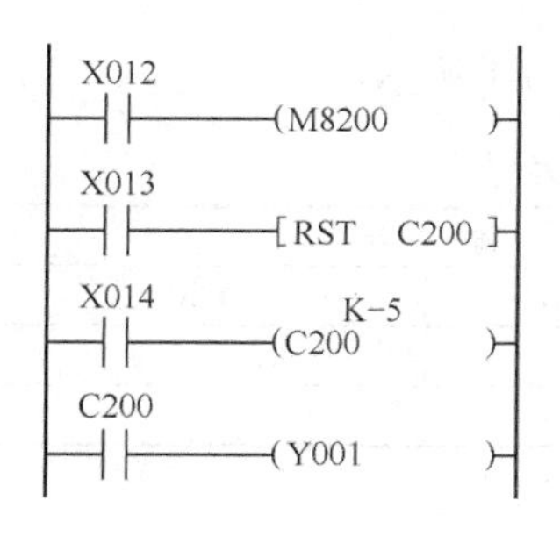

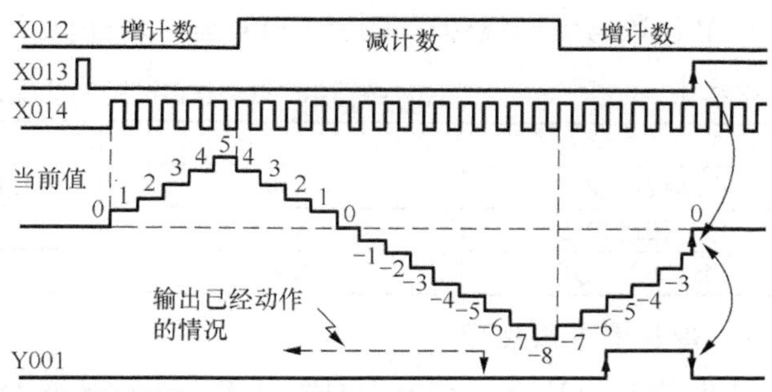

图 6-8　32 位增/减计数器应用示例

5. 编程思路

本任务的主要控制对象是输送带电动机的运转。电动机运转时，应同时满足如下两个条件：①已按下启动按钮，而没有按下停止按钮；②装满 6 个瓶子后延时 5s（涉及计数器和定时器）。

（1）用 M0 表示“已按下启动按钮，而没有按下停止按钮”的状态，用典型的启保停电路即可。

（2）计数器控制。计数器控制的驱动条件很简单，利用接近开关 X002 的常开触点控制即可，计数器 C0 设定值为 K6。而其复位条件应该是延时 5s 的时间到，用定时器 T0 的常开触点控制即可。其梯形图程序如图 6-9 所示。

```
M0   X002                                  K6
─┤├───┤├──────────────────────────────(C0   )
T0
─┤├──────────────────────────────────[RST  C0 ]
```

图 6-9　计数器控制梯形图程序

（3）定时器控制。定时器控制梯形图程序如图 6-10 所示。定时器选择普通定时器 T0，T0 应该是计数器记满 6 个工件就开始计时（此时 C0=1），所以其接通条件为 C0 的常开触点闭合。

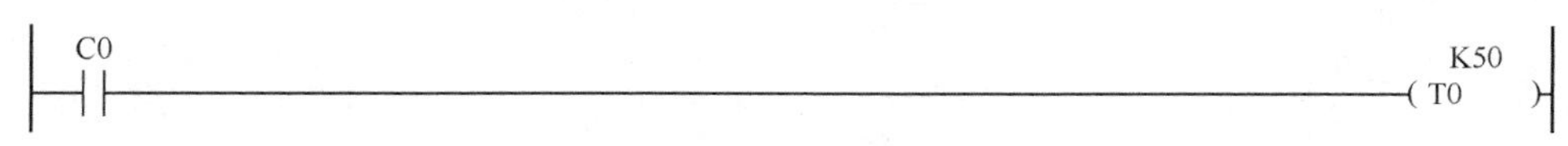

图 6-10　定时器控制梯形图程序

（4）控制电动机运转的接触器线圈（Y000）的控制。接触器线圈控制梯形图程序如图 6-11 所示。M0 常开触点表达“已按下启动按钮，而没有按下停止按钮”的状态，C0 常闭触点在每个周期装满 6 个瓶子之前是闭合接通的。

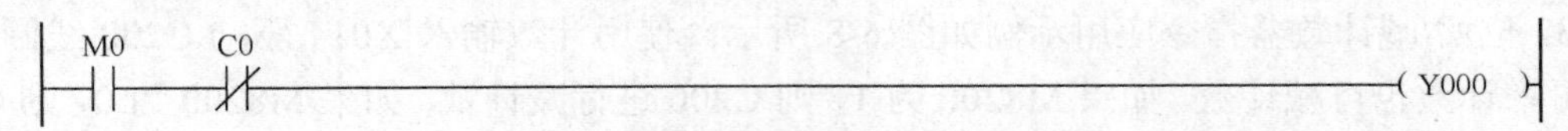

图 6-11　接触器线圈控制梯形图程序

三、任务实施

1. 分配 PLC 输入/输出端口

产品计数与生产线传送带控制 PLC 输入/输出端口分配如表 6-1 所示。

表 6-1　产品计数与生产线传送带控制 PLC 输入/输出端口分配表

输　入		输　出	
启动按钮 SB1	X000	接触器线圈 KM1	Y000
停止按钮 SB2	X001		
接近开关 SQ1	X002		

2. 设计电气原理图

接近开关 SQ1 为三线制的有源开关，不管是 NPN 型还是 PNP 型接近开关，+V 都是接到 PLC 的 24V 端，0V 都是接到 PLC 的 0V 端，OUT 端都是接到输入点 X（如 X2）。需要注意的是 S/S 端的接法，如果为 NPN 型接近开关，则 PLC 应采用漏型接法，即 S/S 端与 24V 端短接。而如果是 PNP 型接近开关，则 PLC 应采用源型接法，即 S/S 端与 0V 端短接。

产品计数与传送带控制参考电气原理图如图 6-12 所示。图中，PLC 采用的是什么接法？接近开关是 NPN 型的还是 PNP 型的？

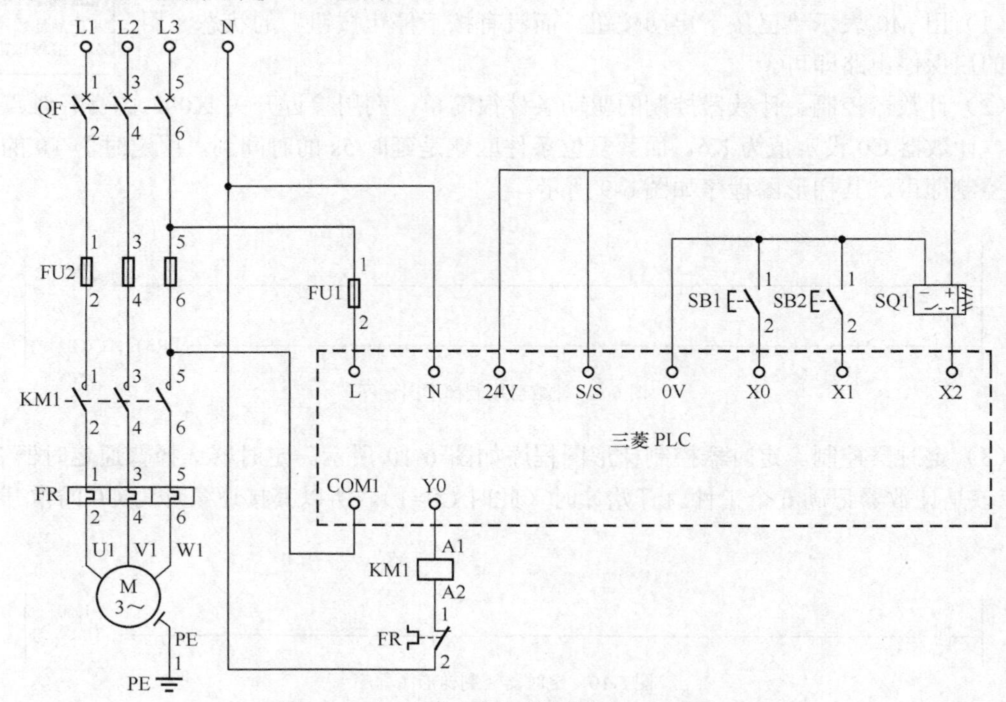

图 6-12　产品计数与传送带控制参考电气原理图

3. 编写 PLC 梯形图程序

产品计数与传送带控制参考梯形图程序如图 6-13 所示。

X000
X001
M0
M0
M0
X002
K6
C0
C0
K50
T0
T0
RST　C0
M0
C0
Y000
END

图 6-13　产品计数与传送带控制参考梯形图程序

四、每课一问

如果按下按钮 SB1 后，灯 HL1 延时 2h 后亮，按下停止按钮 SB2，灯 HL2 灭，定时器如何选择？程序如何编写？

五、知识延伸

1. 延时接力电路

每个定时器都具有一定的延时范围，如 100ms 定时器的最长延时时间为 3 276.7s。如果控制要求中延时时间大于单个定时器的最长延时时间，需要用到延时接力电路，常用的有定时器接力延时和计数器配合定时器延时两种方式。

定时器接力延时即先触发一个定时器，延时时间到时再利用第 1 个定时器的常开触点触发第 2 个定时器工作，依次类推，可以用接力的方式触发多个定时器，最终用最后一个定时器的触点去控制负载即可。如图 6-14（a）所示，通过 2 个定时器接力延时，共获得了延时 6 000s 的效果。

为了获得较长延时（如 1 天），至少需要 28 个定时器进行接力延时，显然太麻烦。利用计数器配合定时器能轻易获得长延时，如图 6-14（b）所示。X000 为 ON，T0 每 1 000s 接通一次，T0 的常开触点每 1 000s 接通一个扫描周期，C0 计数一次。当 C0 的当前值等于设定值 100 时，Y0 通电。从 X000 接通到 Y0 通电共延时的时间为：1 000s×100=100 000s。

X000
K30000
T0
T0
K30000
T1
T1
Y000

（a）定时器接力延时

X000
T0
K10000
T0
T0
K100
C0
C0
Y000
X001
RST　C0

（b）计数器配合定时器延时

图 6-14　延时接力电路示例

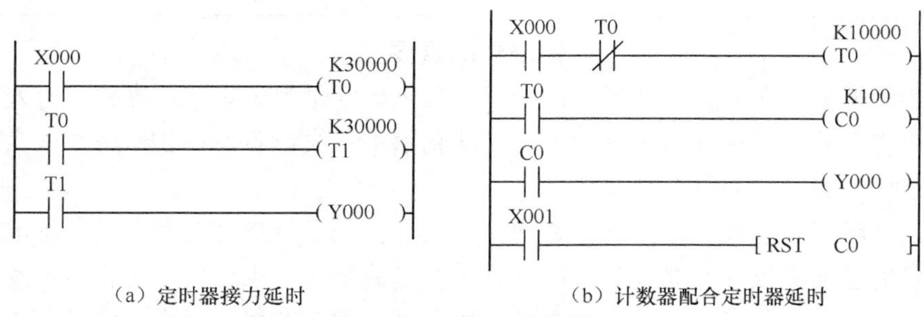

2. PLC 输出电路

开关量输出接口按 PLC 内使用的元器件可分为继电器输出、晶体管输出和晶闸管输出 3 种类型。

（1）继电器输出接口。继电器输出示意图如图 6-15 所示，可用于交流及直流两种负载，其开关速度慢，但过载能力强。以 FX_{3U} 为例，当连接电阻负载时，每个输出点最大负载电流为 2A，若外部连接 1 个公共端时应保证公共端最大负载电流在 4A 以下；若外部连接 2 个公共端时应保证公共端最大负载电流在 8A 以下。当连接感性负载时功率应不大于 80V・A。

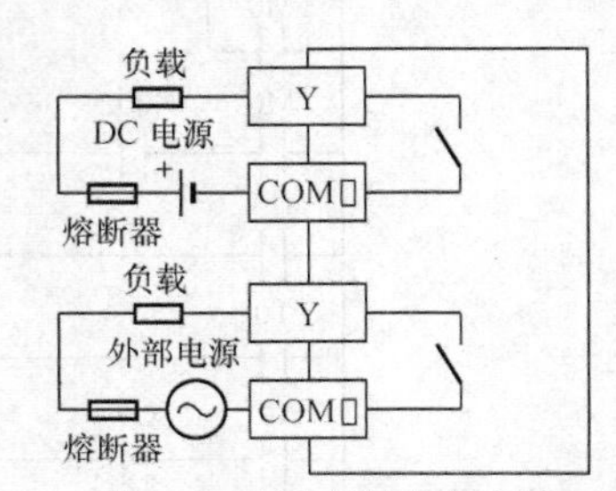

图 6-15　继电器输出示意图

（2）晶体管输出接口。其只适用于直流负载，开关速度快，但过载能力差。晶体管输出分为漏型输出和源型输出，如图 6-16 所示。以 FX_{3U} 为例，连接电阻负载时，Y000～Y003 输出点的最大负载电流为 0.3A，其他输出点的最大负载电流为 0.1A。每个公共端的合计负载电流应在 0.8A 以下。连接感性负载时，电源为直流 24V，Y000～Y003 输出点的功率不大于 7.2W，其他输出点功率不大于 2.4W，每个公共端的合计负载功率应不大于 38.4W。

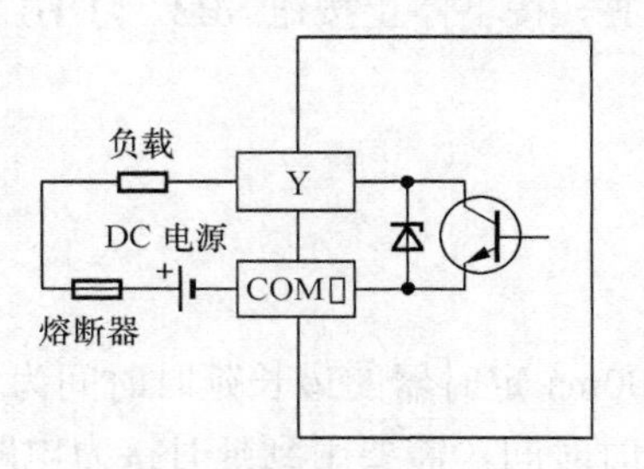

（a）漏型输出接线　　（b）源型输出接线

图 6-16　晶体管输出示意图

（3）晶闸管输出接口。晶闸管输出示意图如图 6-17 所示，其只适用于交流负载，开关速度快，但过载能力差。以 FX_{3U} 为例，连接电阻负载时，每个输出点最大负载电流为 0.3A。每个公共端的合计负载电流应在 0.8A 以下。连接感性负载时，电源电压为交流 100V 时，功率应不大于 15V・A，电源电压为交流 200V 时，功率应不大于 30V・A。

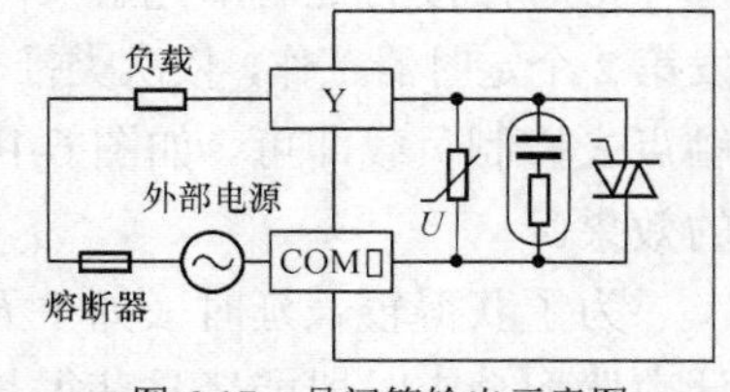

图 6-17　晶闸管输出示意图

拓展阅读　　**标准化的重要性**

秦始皇实现了“车同轨、书同文、行同伦”。标准化的历史源远流长，为人类文明的发展提供了重要的技术保障。当今世界，标准化水平已成为各国、各地区核心竞争力的基本要素。

标准化是科研、生产、使用三者之间的桥梁，促进了经济的全面发展。标准化是组织现代化生产的重要手段和必要条件。随着科学技术的发展，生产的社会化程度越来越高，生产规模越来越大，技术要求越来越复杂，需要通过制定和使用标准来保证各生产部门的活动在技术上保持统一和协调，以使生产正常进行。标准化的生产过程，将人为因素对产品质量的影响降到最低，确保了产品质量。

六、习题

1．按外接电源的类型分，PLC 输入电路可以分为________和________。

2．计数器当前值小于________时，计数器触发条件接通一次，计数器的当前值加 1。当前值等于设定值时，其常开触点________，常闭触点________。

3．根据电流流入方式不同，直流三线制接近开关又分为________和________。

4．C200 是________计数器，计数方向由________的状态决定。当其为 ON 状态时为________计数，当其为 OFF 状态时为________计数。

5．开关量输出接口按 PLC 内使用的元器件可分为________输出、________输出和________输出 3 种类型。

6．怎么将 C200～C255 设置为增计数器或减计数器？

7．接近开关应用在哪些工业领域？

8．若梯形图线圈前的触点为工作条件，试比较定时器和计数器的工作条件的区别。

9．请根据图 6-18 所示的梯形图程序画出对应的时序图。

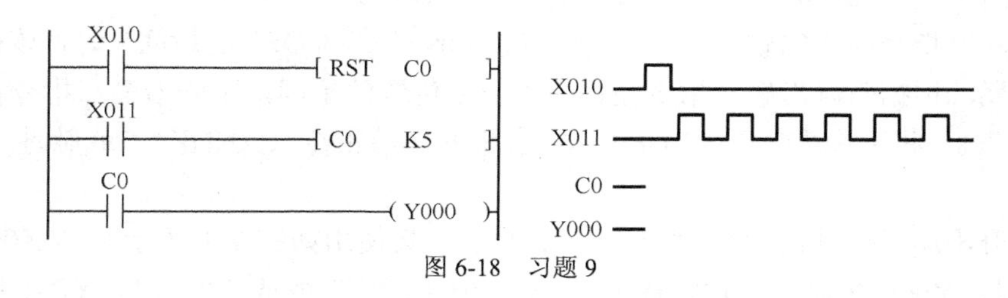

图 6-18　习题 9

10．按下按钮 SB1（X0）时，红、绿灯交替闪烁。红灯（Y0）亮 2s，绿灯（Y1）亮 3s；10 次后自动停止。请编写其梯形图程序。

11．按下按钮 X000 后 Y000 变为 ON 并自锁，T0 计时 7s 后，用 C0 对 X001 输入的脉冲计数，计满 4 个脉冲后 Y000 变为 OFF，同时 C0 和 T0 被复位，在 PLC 刚开始执行用户程序时，C0 也被复位。请编写其梯形图程序。

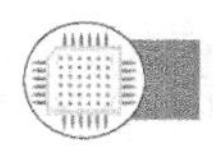

任务 7　数控机床冷却液喷出控制

一、任务描述

单按钮启停控制在工业控制中经常出现，如数控机床冷却液喷出控制、系统暂停/运行切换等应用场景。

数控机床冷却液喷出控制任务描述

数控机床冷却液喷出控制要求为：数控机床面板上设置 1 个冷却液按钮，第奇数次按下时，冷却液喷出，第偶数次按下时，冷却液停止喷出。即第 1、3、5、…次按下时，冷却液喷出，第 2、4、6、…次按下时，冷却液停止喷

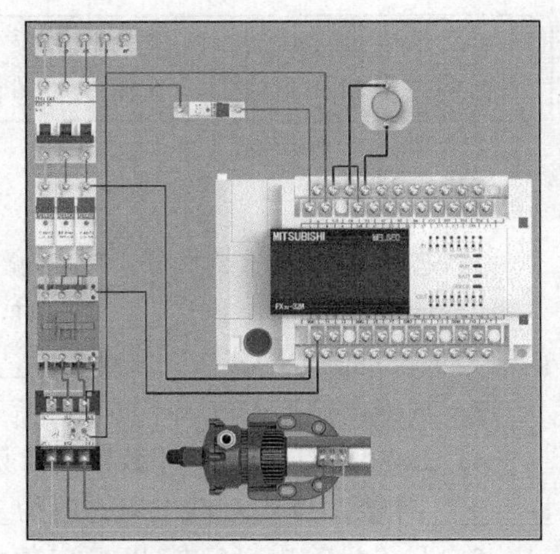

出。请合理规划 I/O 端口分配，设计电气原理图，并完成梯形图程序的编写、下载与调试。

学习目标

1. 理解 PLC 程序中状态的意义及其程序实现；
2. 掌握边沿脉冲与交替输出等指令的使用；
3. 掌握单按钮启停控制编程方法。

二、知识准备

1. 脉冲上升沿/下降沿指令

工业应用中，很多情况需要捕捉到按下按钮、松开按钮、设备状态改变等动作的瞬态变化，三菱 PLC 提供了几种能够捕捉这种瞬态变化的边沿脉冲指令。

脉冲上升沿/
下降沿指令

脉冲上升沿指令操作的软元件有上升沿（从 OFF 改变到 ON 的瞬间）时，该指令处接通一个扫描周期。根据上升沿触点指令在程序中所处位置的不同，上升沿触点指令在语句表程序中又分为取脉冲上升沿指令（LDP）、与脉冲上升沿指令（ANDP）、或脉冲上升沿指令（ORP）。

脉冲下降沿指令操作的软元件有下降沿（从 ON 改变到 OFF 的瞬间）时，该指令处接通一个扫描周期。根据下降沿触点指令在程序中所处位置的不同，下降沿触点指令在语句表程序中又分为取脉冲下降沿指令（LDF）、与脉冲下降沿指令（ANDF）、或脉冲下降沿指令（ORF）。

脉冲上升沿/下降沿指令的说明如表 7-1 所示，其使用如图 7-1 所示。当 X000 由“0”变成“1”时，Y000 接通一个扫描周期。当 X001 由“1”变成“0”时，Y001 接通一个扫描周期。

表 7-1　　脉冲上升沿/下降沿指令的说明

梯形图格式	名　称	功　能	操作软元件	语句表格式
(S) ↑	脉冲上升沿指令	软元件（S）有上升沿时，该指令处接通一个扫描周期	X、Y、M、S、T、C	LDP/ANDP/ORP
(S) ↓	脉冲下降沿指令	软元件（S）有下降沿时，该指令处接通一个扫描周期		LDF/ANDF/ORF

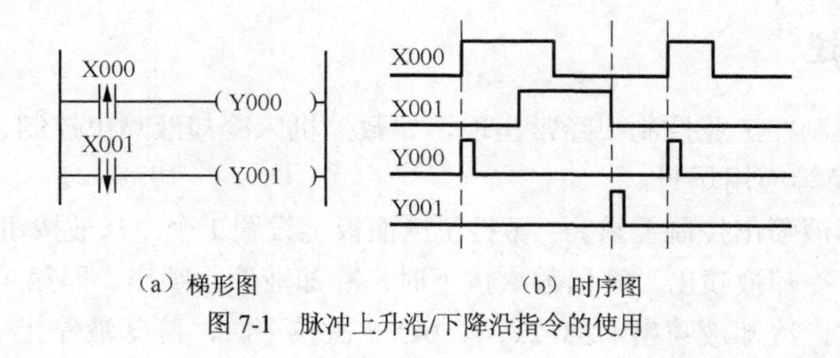

（a）梯形图　　（b）时序图

图 7-1　脉冲上升沿/下降沿指令的使用

2. 上升沿/下降沿微分输出指令 PLS/PLF

上升沿微分输出指令 PLS 的作用是：条件接通时输出一个扫描周期的脉冲。下降沿微分输出指令 PLF 的作用是：条件接通后断开时输出一个扫描周期的脉冲。其使用如图 7-2 所示。当 X000 由“0”变成“1”时，Y000 接通一个扫描周期。当 X001 由“1”变成“0”时，Y001 接通一个扫描周期。当 X000 与 X001 有上升沿，即 X000 与 X001 都接通，且 X000 与 X001 必须有一个是刚由“0”变成“1”时（此例中，X000 为“1”，而 X001 也由“0”变成“1”时），Y002 接通一个扫描周期。

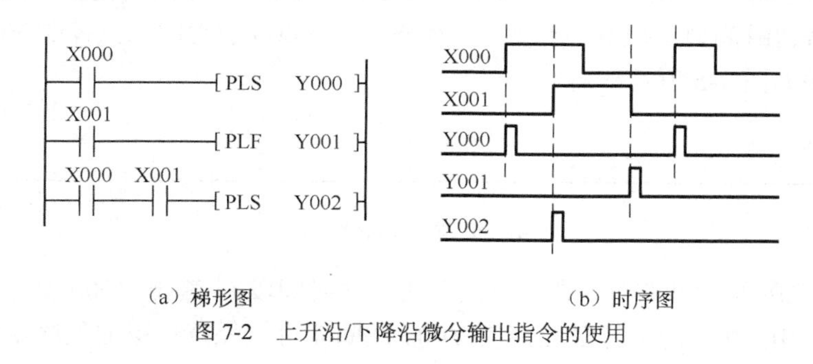

（a）梯形图　　（b）时序图

图 7-2　上升沿/下降沿微分输出指令的使用

PLS（PLF）与脉冲上升沿（脉冲下降沿）指令比较：如果线圈输出只跟一个条件的上升沿（下降沿）有关，则 PLS（PLF）与脉冲上升沿（脉冲下降沿）指令都可以，如图 7-2 中的逻辑行 1 和逻辑行 2 所示。当需满足两个条件（或多个条件）接通的上升沿（下降沿）时，线圈输出为 1，则只能采用上升沿（下降沿）微分输出指令 PLS（PLF），如图 7-2 中的逻辑行 3 所示。

3. 交替输出指令 ALT

交替输出指令 ALT 的作用是：输入条件为 ON 时，输出位元件的状态改变。即输入条件第 1 次接通时，输出位元件的状态由“0”变成“1”；第 2 次接通时，输出位元件的状态由“1”变成“0”；第 3 次接通时，输出位元件的状态由“0”变成“1”，不断循环翻转。特别要注意的是，因为 ALT 指令在执行时，每个扫描周期其输出状态都要变化一次，所以，一般采用脉冲执行方式，即采用 ALTP 指令。这样，只在输入条件满足后的第一个扫描周期执行一次指令。

交替输出指令的使用如图 7-3 所示。当 X000 第 1 次为 ON 时，Y000 得电并保持；X000 第 2 次为 ON 时，Y000 断电并保持；X000 第 3 次为 ON 时，Y000 又得电并保持。

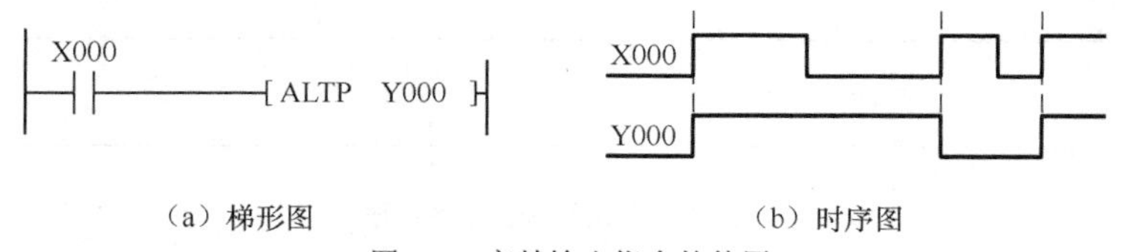

（a）梯形图　　（b）时序图

图 7-3　交替输出指令的使用

4. 编程思路

（1）思路一：直接利用交替输出指令 ALTP

优点：简单方便。缺点：不能从根本上理解程序的实现原理，用其他品牌的 PLC 时，可能无法实现单按钮启停控制程序的编写。交替输出指令 ALTP 应用梯形图程序如图 7-4 所示。

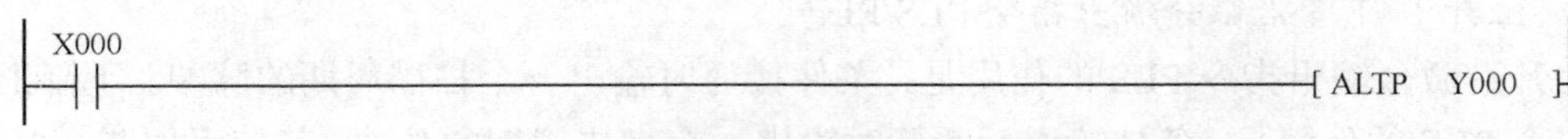

图 7-4　交替输出指令 ALTP 应用梯形图程序

（2）思路二：抓住单按钮启停的本质

此编程思路主要考察上升沿指令的使用和学会表达取反（反时序）与保持（同时序）编程方法，程序较短，读者理解后也很方便记忆。缺点：只适用于单按钮两种状态的情况。

① 按下按钮瞬间，输出 Y000 要取反，即 Y000 为 0 时，按下按钮瞬间要变成 1；Y000 为 1 时，按下按钮瞬间要变成 0。实现方法如下：用 Y000 的常闭触点控制 Y000 线圈即可。取反梯形图程序如图 7-5 所示。

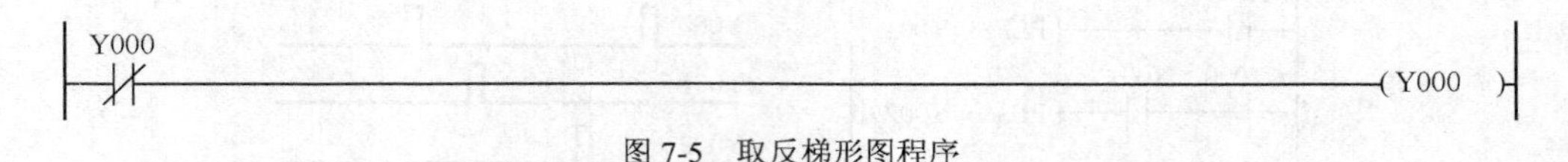

图 7-5　取反梯形图程序

② 按下按钮瞬间除外的时间段（后面记为其他时间段），输出 Y000 要保持之前的状态。实现方法如下：用 Y000 的常开触点控制 Y000 线圈即可。保持梯形图程序如图 7-6 所示。

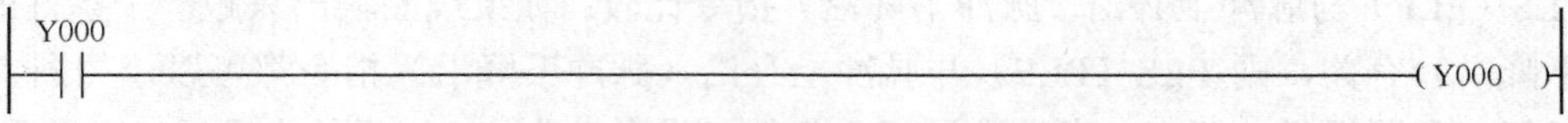

图 7-6　保持梯形图程序

③ 按下按钮瞬间（按钮的状态由 0 变成 1 的瞬间）如何表达呢？其他时间段又如何表达呢？要表达按下按钮瞬间，可以用 X000 的上升沿指令控制一个中间辅助继电器 M0。M0=1，表示按下按钮瞬间；而 M0=0，则表示其他时间段。取瞬间的梯形图程序如图 7-7 所示。

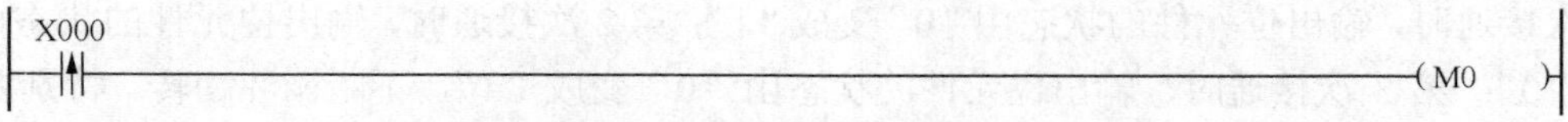

图 7-7　取瞬间的梯形图程序

④ 把按下按钮瞬间状态表示和按下按钮瞬间要实现的功能组合起来可实现对输出 Y000 的控制。其他时间段也一样。直接组合梯形图程序如图 7-8 所示。

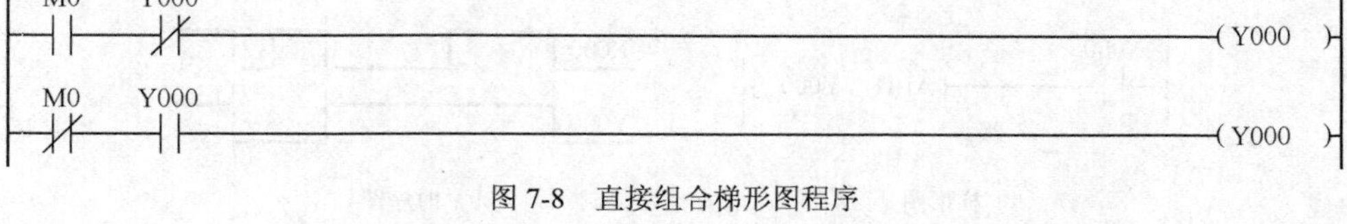

图 7-8　直接组合梯形图程序

⑤ 最终程序。按下按钮瞬间和其他时间段都可控制输出 Y000，但不能简单地写成两个逻辑行程序，而应该对两个时间段进行并联处理，避免双线圈输出。最终的单按钮启停梯形图程序如图 7-9 所示。

（3）思路三：利用计数器实现

此思路主要考察计数器的使用，程序相对更长，但可推广到单按钮输出 3、4 种状态的情况（如本任务的每课一问：第 1 次按下，……，第 3 次按下，……）。如果单按钮按下时输出情况多于两种，则采用基本指令配合使用几个计数器的方式。后面学了功能指令后则使用一个计数器即可。

X000
M0
M0
Y000
Y000
M0
Y000
Y000

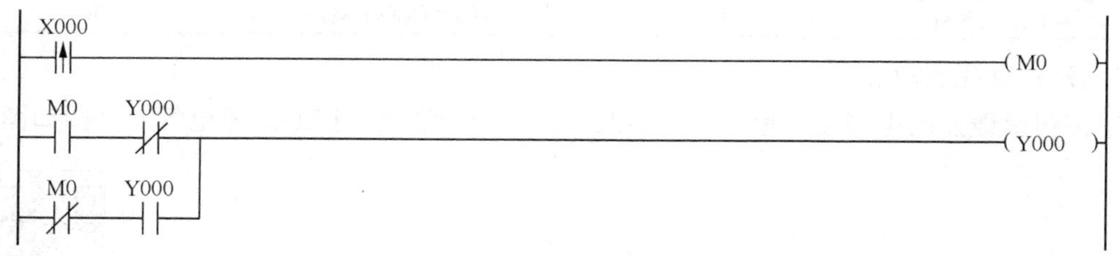

图 7-9　单按钮启停梯形图程序

① 要实现奇数次按下时计数器状态位与偶数次按下时计数器状态位不同（0 和 1）。计数器设定值为 2，而计数器状态位与按按钮次数有关，则计数器触发条件应与按钮相关。计数器控制梯形图程序如图 7-10 所示。

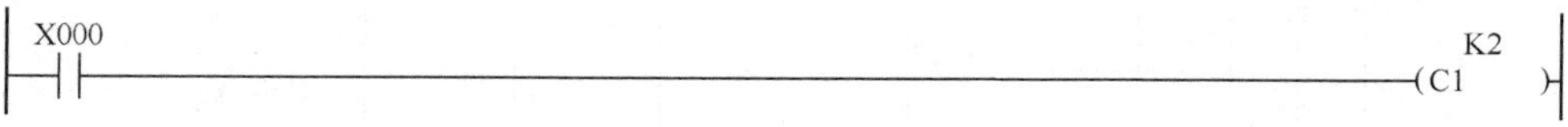

X000
K2
C1

图 7-10　计数器控制梯形图程序

② 第 1 次按下按钮时，计数器加 1，当前值为 1，C1 状态位为 0，Y000 输出为 1。为保证只有按下按钮瞬间，此逻辑行才可能接通，可在前面加 X000 的脉冲上升沿指令进行约束。奇数次按下按钮瞬间梯形图程序如图 7-11 所示。

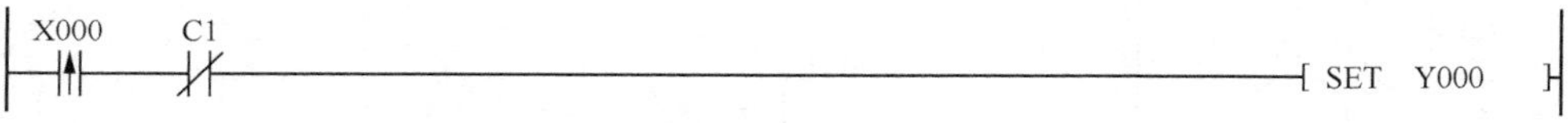

X000
C1
SET　Y000

图 7-11　奇数次按下按钮瞬间梯形图程序

③ 第 2 次按下按钮时，计数器加 1，当前值为 2，C1 状态位为 1，Y000 输出为 0。偶数次按下按钮瞬间梯形图程序如图 7-12 所示。

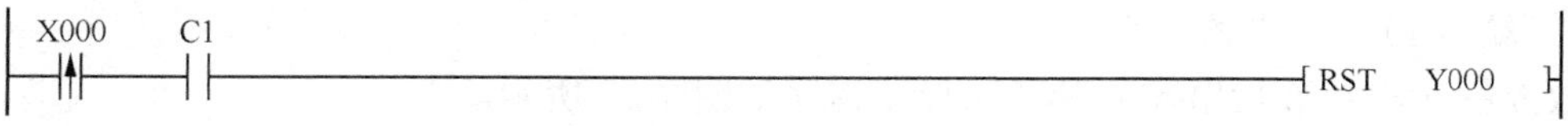

X000
C1
RST　Y000

图 7-12　偶数次按下按钮瞬间梯形图程序

④ 适当的时候应该让 C1 复位，否则 C1 状态位一直为 1，Y000 输出保持为 0。计数器复位梯形图程序如图 7-13 所示。

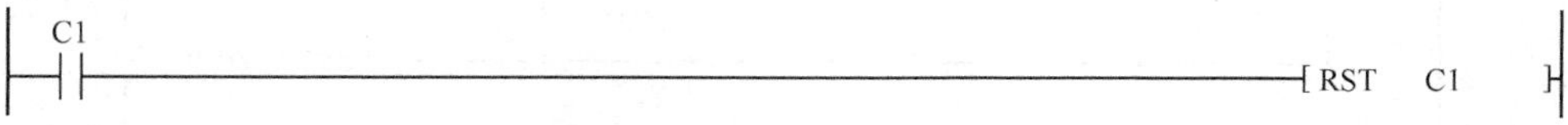

C1
RST　C1

图 7-13　计数器复位梯形图程序

此程序逻辑行顺序的不同会改变程序运行结果，请试着编写出完整的程序。

三、任务实施

1. 分配 PLC 输入/输出端口

单按钮启停控制 PLC 输入/输出端口分配如表 7-2 所示。

表 7-2　　　　　　　　单按钮启停控制 PLC 输入/输出端口分配表

输　入		输　出	
启动/停止按钮 SB1	X000	接触器线圈 KM1	Y000

2．设计电气原理图

单按钮启停控制电路很简单，相应的数控机床冷却液喷出控制参考电气原理图如图 7-14 所示。

数控机床冷却液喷出控制接线仿真

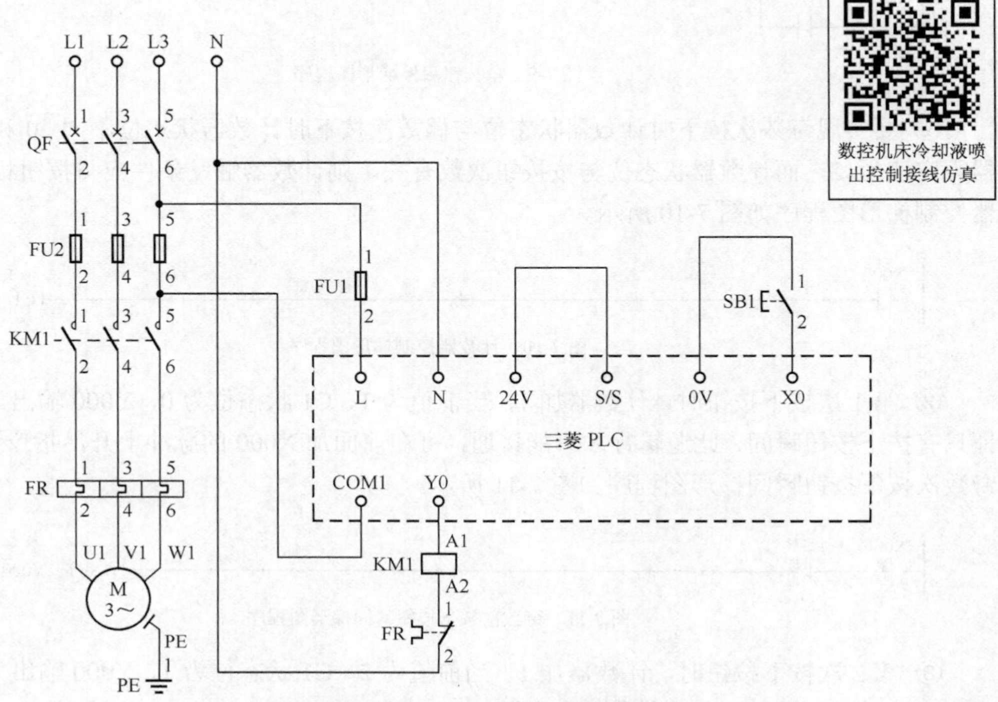

图 7-14　数控机床冷却液喷出控制参考电气原理图

3．编写 PLC 梯形图程序

数控机床冷却液喷出控制参考梯形图程序如图 7-15 所示。

图 7-15　数控机床冷却液喷出控制参考梯形图程序

四、每课一问

如果要实现第 1 次按下按钮 SB1 时，灯 HL1 亮；第 2 次按下按钮 SB1 时，灯 HL1 以 1Hz 频率闪烁；第 3 次按下按钮 SB1 时，灯 HL1 灭，如何编程实现？

五、知识延伸

1. PLC 控制与继电控制的区别

传统的继电控制系统，是由输入设备（按钮、开关等）、控制线路（由各类继电器、接触器、导线连接而成，执行某种逻辑功能的线路）和输出设备（接触器线圈、指示灯等）3 部分组成的。它是一种由物理器件连接而成的控制系统。

PLC 控制电路虽与继电控制电路类似，但其控制元器件和工作方式是不一样的，主要区别有以下几个方面。

（1）元器件不同

继电控制电路由各种硬件继电器组成，硬件继电器触点易磨损，而 PLC 控制电路由许多软继电器组成，这些软继电器实质上是存储器中的每一位触发器，可以置 0 或置 1，而软继电器在使用过程中不会出现磨损现象。

（2）工作方式不同

继电控制电路工作时，电路中的硬件继电器均处于受控状态，符合吸合条件的硬件继电器都会处于吸合状态，受各种条件制约不应吸合的硬件继电器也都同时处于断开状态，属于“并行”的工作方式。PLC 控制电路中各软继电器都处于周期循环扫描工作状态，受同一条件制约的各个软继电器的动作顺序取决于程序扫描顺序，属于“串行”的工作方式。

（3）元件触点数量的不同

继电控制电路中的硬件继电器的触点数量有限，一般只有 4～8 对，PLC 控制电路中的软继电器的触点数量无限，在编程时可无限制使用，可常开又可常闭。

（4）控制电路实施方式不同

继电控制电路是依靠硬件接线来实施控制功能的，控制功能固定，当要修改控制功能时，必须重新接线。PLC 控制电路由软件编程来实施，可在线修改，并可根据实际要求灵活实施控制功能。

2. PLC 控制优势

为适应工业环境，与一般控制装置相比较，PLC 控制具有以下优势。

（1）可靠性高，抗干扰能力强

高可靠性是电气控制设备的关键性能。PLC 由于采用了现代大规模集成电路技术及严格的生产工艺制造，且内部电路采用了先进的抗干扰技术，因此具有很高的可靠性。使用 PLC 构成的控制系统，和同等规模的继电控制系统相比，电气接线及开关接点已减少到数百分之一甚至数千分之一，故障概率也就大大降低。此外，PLC 带有硬件故障自我检测功能，出现故障时可及时发出警报信息。在应用软件中，应用者还可以编入外围器件的故障自诊断程序，使系统中除 PLC 以外的电路及设备也获得故障自诊断保护。这样，整个系统将拥有极高的可靠性。

（2）配套齐全，功能完善，适用性强

PLC 发展到今天，已经形成了各种规模的系列化产品，可以用于各种规模的工业控制场合。除了逻辑处理功能以外，PLC 大多具有完善的数据运算能力，可用于各种数字控制领域。多种多样的功能单元大量涌现，使 PLC 渗透到了位置控制、温度控制、数控机床等各种工业控制中。加上 PLC 通信能力的增强及人机界面技术的发展，使通过 PLC 组成各种控制系统变得非常容易。

（3）易学易用，深受工程技术人员欢迎

PLC 是面向工矿企业的工控设备。它连接容易，编程语言容易被工程技术人员接受。梯形图语言的图形符号和表达方式与继电控制系统电路图非常相似，方便不熟悉电子电路、不懂计算机原理和汇编语言的人从事工业控制。

（4）设计轻松，维护方便，改造容易

PLC 用存储逻辑代替接线逻辑，大大减少了控制设备外部的接线，使控制系统的设计及建造的周期大为缩短，日常维护也变得容易，更重要的是使同一设备经过改变程序而改变生产过程成为可能，特别适用于多品种、小批量的生产场合。

（5）体积小，能耗低

PLC 采用了半导体集成电路，其体积小、重量轻、结构紧凑、能耗低、便于安装，是机电一体化的理想控制器。对于复杂的控制系统，使用 PLC 后，可以减少大量的中间继电器和时间继电器，小型 PLC 的体积仅相当于几个继电器的大小，因此可将控制柜的体积大大缩小。

拓展阅读　　中国数控机床的发展

在国家政策的支持及国内企业不断追求创新的背景下，中国数控机床行业发展迅速，行业规模不断扩大，在国际市场中的地位也逐渐提升。

“04 专项”（“高档数控机床与基础制造装备”科技重大专项）对高档数控机床技术和产业发展发挥了重要推动作用，加快了高档数控机床、数控系统和功能部件的技术研发步伐，促进了机床企业与航空航天、汽车、船舶和发电等领域的用户企业的结合。一批高档数控机床（如车铣复合加工中心、大型龙门式 5 轴联动加工中心、多主轴镜像铣削机床等）实现了从“无”到“有”，并成功应用于重点领域和重点工程的实际生产。

近些年来，我国一批数控机床企业在国内外市场产生重要影响，如北京精雕、大连光洋、科德数控、上海拓璞、纽威数控（苏州）、宁波海天精工、武汉华中数控、广州数控等，它们是中国数控机床产业发展新的有生力量。

六、习题

1．脉冲上升沿指令操作的软元件有上升沿（从________改变到________）时，该指令处接通________个扫描周期。

2．交替输出指令 ALT 的作用是：输入条件为 ON 时，输出位元件状态________。

3．上升沿（下降沿）微分输出指令与脉冲上升沿（脉冲下降沿）指令在应用上有什么不同？

4．在复杂的电气控制中，采用 PLC 控制比传统的继电控制有哪些优越性？

5．使用上升沿指令设计梯形图，要求在 X000 波形的上升沿，使 M0 在一个扫描周期内为 ON。

6．请根据图 7-16 所示梯形图程序画出对应的时序图。

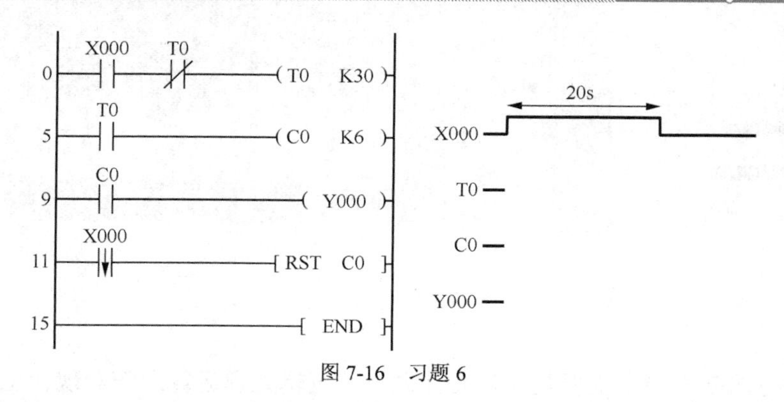

图 7-16　习题 6

7. 第 1 次按下按钮 SB1（X0）时，红灯（Y0）亮，松开按钮，红灯灭；第 2 次按下按钮 SB1（X0）时，绿灯（Y1）亮，松开按钮，绿灯灭；第 3 次按下按钮 SB1（X0）时，黄灯（Y2）亮，松开按钮，黄灯灭；再按按钮重复以上循环。请编写其梯形图程序。

8. 第 1 次按下按钮 SB1（X0）时，白灯（Y0）亮；第 2 次按下按钮 SB1（X0）时，黄灯（Y1）亮；第 3 次按下按钮 SB1（X0）时，白灯、黄灯同时亮；再按按钮重复以上循环，按下按钮 SB2（X1）时停止循环。请编写其梯形图程序。

模块二 功能指令篇

模块一学习的基本指令主要是对位元件做一些逻辑处理运算。随着现代工业的发展，很多场合需要对数据进行处理，PLC 仅有基本指令是远远不够的。为此，PLC 生产厂家在 PLC 中引入了众多的应用指令，也称为功能指令。功能指令实际上就是许多封装好的功能不同的子程序，多用于表达数据的运算、数据的传递、数据的比较、进制的转换等操作。

本模块共包含 9 个工作任务，通过流水灯控制、霓虹灯控制、竞赛抢答器控制等典型案例，引出了数据寄存器、位组件等字元件概念，介绍了数据传送类、移位类、运算类和比较类功能指令的应用，强调了进制转换、数码管显示等控制系统的接线和编程方法。

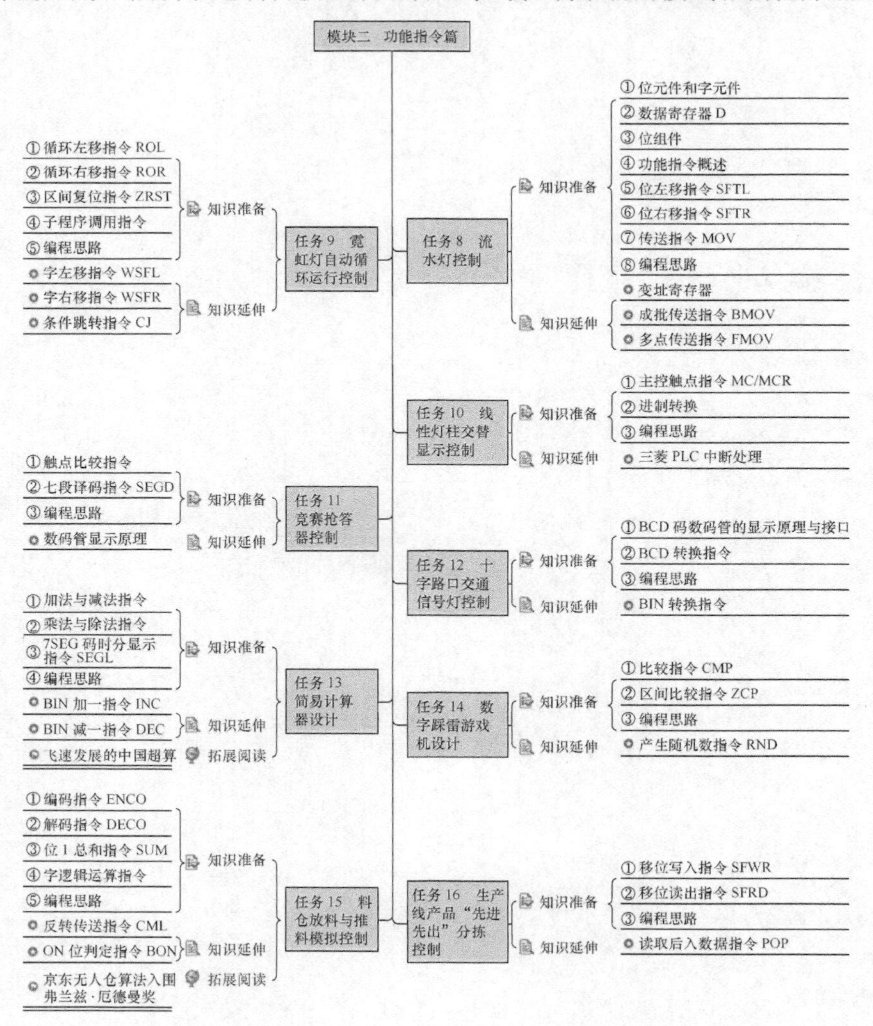

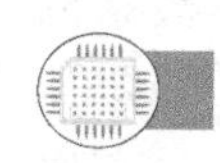

任务 8　流水灯控制

一、任务描述

流水灯就是一组灯在控制系统的控制下按照设定的顺序和时间来点亮和熄灭，以形成一定的视觉效果，常见于街上的店面招牌上。

某流水灯控制要求为：有 10 个彩灯 HL0～HL9，按下启动按钮 SB，彩灯 HL0～HL9 每隔 1s 轮流点亮一次，即 HL0 先亮 1s，然后 HL1 亮 1s，接下来 HL2 亮 1s，……，最后 HL9 亮 1s，如此完成一次运行。每按一次启动按钮 SB 可以执行一次。请进行输入/输出端口分配、电气原理图设计，完成流水灯控制硬件接线，并完成流水灯控制梯形图程序的编写、下载与调试任务。

学习目标

1. 理解位元件和字元件的内涵；
2. 掌握位组件的定义、位元件组合原则及其应用；
3. 熟悉数据寄存器 D 的种类及性质；
4. 了解功能指令的基本格式及相关参数的意义；
5. 掌握传送指令 MOV 及其应用；
6. 掌握位左移指令 SFTL 及其应用；
7. 掌握位右移指令 SFTR 及其应用；
8. 理解运用移位指令编写流水灯控制程序的思路。

流水灯控制任务描述

二、知识准备

1. 位元件和字元件

基于计算机技术的 PLC 内部是以二进制来记录和处理数据的，数据存储的最小单位称为位，一个位只有 0 和 1 两种状态。触点的闭合/断开、线圈的通电/断电刚好对应两个状态，用一个位表达就已经足够。前面任务中介绍的输入继电器 X、输出继电器 Y、辅助继电器 M 等编程元件的值就是用一个二进制位表示的，这些编程元件统称为位元件。

很多工程控制任务中，还需要对一些大于 1 的数据进行处理，如电梯层数、选手编号、实时温度等，位元件显然无法满足要求。PLC 提供了用于存储数值型数据的软元件，这些软元件大多以字（16 位）为存储单位，统称为字元件。三菱的编程字元件包括数据寄存器、位组件、变址寄存器、文件寄存器和指针等。

数据寄存器 D

2. 数据寄存器 D

数据寄存器是 PLC 编程中应用较广泛的数据类软元件。FX_{3U} 中的数据寄存器都是 16 位（最高位为符号位，可处理数据范围为−32 768～+32 767）

的，也可用两个相邻的数据寄存器合并起来存储 32 位数据（最高位为符号位，可处理数据范围为−2 147 483 648～+2 147 483 647），如 D0 和 D1 组合成 1 个双字元件。三菱 PLC 规定，双字元件的存放原则是“低对低，高对高”，即低位组件 D0 存储 32 位数据的低 16 位，高位组件 D1 存储 32 位数据的高 16 位。16 位字元件和 32 位双字元件各位的权值如图 8-1 所示。

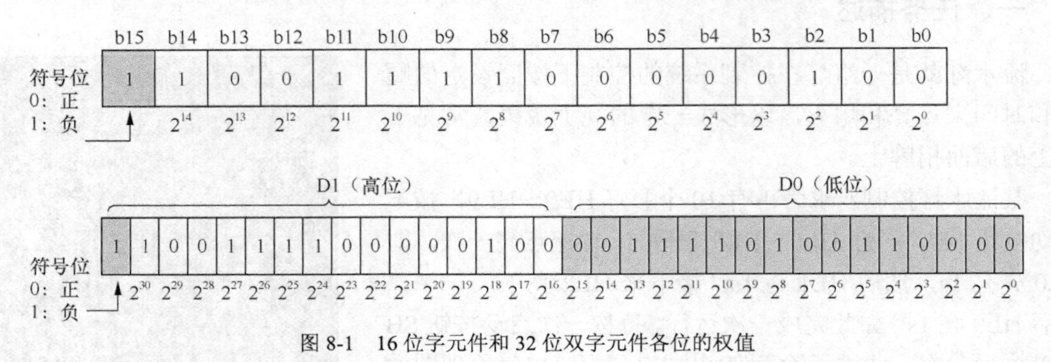

图 8-1　16 位字元件和 32 位双字元件各位的权值

数据寄存器主要包括通用数据寄存器、停电保持用数据寄存器、停电保持专用数据寄存器和特殊数据寄存器。

（1）通用数据寄存器（D0～D199）

通用数据寄存器中的数据一旦被写入，在其他数据被写入之前都不变化。在 PLC 从 RUN 模式进入 STOP 模式以及停电时，通用数据寄存器中的所有数据都被清除为 0。但是，如果特殊辅助继电器 M8033 为 ON，在 PLC 从 RUN 模式进入 STOP 模式时，数据也能保持。

（2）停电保持用数据寄存器（D200～D511）

停电保持用数据寄存器具有停电保持功能，当 PLC 从 RUN 模式进入 STOP 模式时，停电保持用数据寄存器的值保持不变。通过设定参数，停电保持用数据寄存器可以更改为非停电保持型。

（3）停电保持专用数据寄存器（D512～D7999）

停电保持专用数据寄存器具有停电保持功能，当 PLC 从 RUN 模式进入 STOP 模式时，停电保持专用数据寄存器的值保持不变，但停电保持特性不能通过设定参数进行变更。通过设定参数，可以将 D1000 以后的数据寄存器以 500 点为单位作为文本寄存器。

（4）特殊数据寄存器（D8000～D8511）

特殊数据寄存器是指写入特定目的的数据，或预先写入特定内容的数据寄存器。该内容在每次上电时会被设置为初始值。

位组件及其应用

3. 位组件

位组件是指通过位元件组合方式形成的新元件。位元件组合是指将多个位元件按照 4 位一组的原则进行组合，从而可以对 X、Y、M、S 元件进行批量操作。

位组件的格式为：K*n*+组件的起始地址。其中，“K”表示后面的 *n* 为十进制数，“*n*”表示组数，一组有 4 个位元件。例如，K1X000 表示 1 组 4 位 X 组成位组件 X003～X000，其中 X000 为最低位，X003 为最高位；K2X000 表示 2 组 8 位 X 组成位组件 X007～X000，其中 X000 为最低位，X007 为最高位；K3M0 表示 3 组 12 位 M 组成位组件 M11～M0，其中 M0 为最低位，M11 为最高位。

与功能指令（如传送指令 MOV）结合使用，位组件为三菱 PLC 编程提供了极大的便利。如按下某按钮（X000）时，需要灯 HL1（Y000）、HL2（Y001）、HL3（Y002）为 1，HL4（Y003）为 0，其程序可简化为 1 条，如图 8-2 所示。

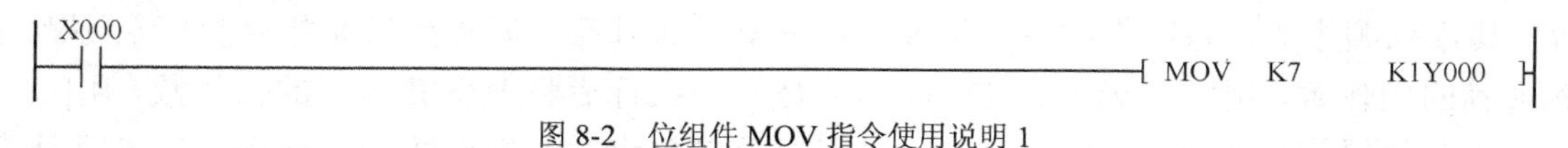

图 8-2　位组件 MOV 指令使用说明 1

当一个 16 位数据传送到不足 16 位的位组件（如 K1M0、K2M0、K3Y000）时，将只传送 16 位数据中的相应低位数据，高位数据将不传送。32 位数据传送也一样，如图 8-3 所示。如果 D0 存储数据为 0111100101110000，K2M0 保存的数据为其低 8 位：01110000。

图 8-3　位组件 MOV 指令使用说明 2

当将不足 16 位的位组件数据传送到一个 16 位的数据寄存器时，位组件数据将被传送到 16 位数据寄存器的相应低位，而高位填充 0，如图 8-4 所示。

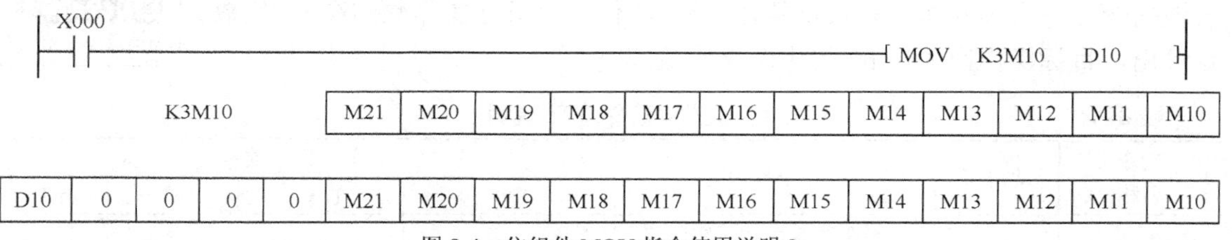

图 8-4　位组件 MOV 指令使用说明 3

4. 功能指令概述

FX_{3U} 系列共包含 300 多条功能指令，其基本格式如图 5-5 所示。

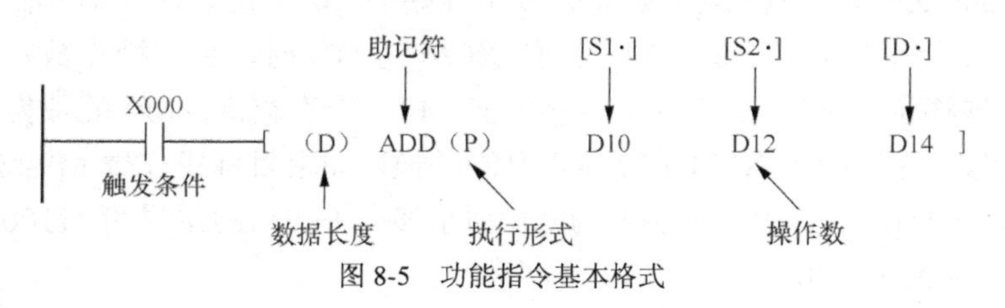

图 8-5　功能指令基本格式

功能指令概述

（1）助记符

功能指令的助记符为该指令的英文缩写词，便于大家快速记忆和明白该指令的大致意义。如加法指令“ADDITION”简写为“ADD”，传送指令“MOVE”简化为“MOV”。

（2）数据长度

功能指令根据处理数据的长度分为 16 位指令和 32 位指令。32 位指令用助记符前加 D 表示，无 D 符号的为 16 位指令。对于 32 位指令，相邻的两个数据寄存器组合成实际操作数。

（3）执行形式

功能指令有脉冲执行型和连续执行型两种。脉冲执行型功能指令用助记符后加 P 表示，无 P 符号的为连续执行型功能指令。功能指令为脉冲执行型时，触发条件由 OFF 变为 ON 时执行一次。而功能指令为连续执行型时，触发条件为 ON 的每一个扫描周期都要执行。根据工程实际，很多功能指令如加 1 指令、移位指令等，一般要求触发条件满足时执行一次，而不是每一个扫描周期都要执行，因此使用连续执行方式时应特别注意。

（4）操作数

操作数是功能指令涉及或产生的数据。操作数分为源操作数、目标操作数及其他操作数。其排列顺序为：源操作数→目标操作数→其他操作数。源操作数是指令执行后不改变其内容的操作数，用[S·]表示。目标操作数是指令执行后将改变其内容的操作数，用[D·]表示。其他操作数用 m 与 n 表示，常用来表示常数或对源操作数和目标操作数进行补充说明。表示常数时，K 后面为十进制数，H 后面为十六进制数。一条功能指令中，源操作数、目标操作数及其他操作数可以不止一个，也可以一个都没有。当源操作数多时，可后加序号来区别，如[S1·]、[S2·]；当目标操作数多时，也可后加序号来区别，如[D1·]、[D2·]。

5. 位左移指令 SFTL

位左移指令 SFTL

位左移指令 SFTL 的作用是：将指定长度的位组件（目标操作数）每次左移指定长度。其助记符、指令作用和操作数如表 8-1 所示。目标操作数为从[D·]开始的 n1 个位组件，而源操作数为从[S·]开始的 n2 个位组件。触发该指令时，目标操作数的数据整体左移 n2 位，原目标操作数的高 n2 位数据溢出，目标操作数的低 n2 位由源操作数填充。

表 8-1　位左移指令 SFTL 说明

指令名称	助记符	指令作用	操作数			
			S·	D·	n1	n2
位左移指令	SFTL	将指定长度的位组件每次左移指定长度	X、Y、S、M	Y、S、M	K、H	K、H

位左移指令 SFTL 的使用说明如图 8-6 所示。程序中的源操作数是从 X000 开始的 2 个位元件，即从低到高为 X000-X001；目标操作数是从 M0 开始的 10 个位元件，即从低到高为 M0-M9，n2 操作数 K2 表示每次左移 2 位。触发条件 X020 为 ON 时，目标操作数中每位左移 2 位，即原 M7 的数据移位到 M9，M6 的数据移位到 M8，依次类推，M0 的数据移位到 M2，而 M1 和 M0 则由源操作数中的 X001 和 X000 复制替换。如果目标操作数 M9-M0 的二进制值为 1111100010，而 X001-X000 的二进制值为 00，则左移位 1 次后的结果为 1110001000，左移位 2 次后的结果为 1000100000。

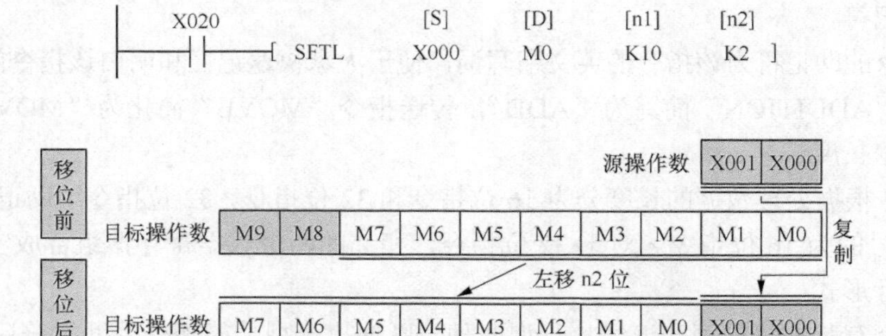

图 8-6　SFTL 使用说明

需要特别说明的是，如果采用连续执行方式，X020 为 ON 时，每个扫描周期都要左移位一次，不符合实际应用，所以一般采用脉冲执行方式，即 SFTLP。

6. 位右移指令 SFTR

位右移指令 SFTR

位右移指令 SFTR 的作用是：将指定长度的位组件（目标操作数）每次右移指定长度。其助记符、指令作用和操作数如表 8-2 所示。目标操作数为从[D・]开始的 n1 个位组件，而源操作数为从[S・]开始的 n2 个位组件。触发该指令时，目标操作数的数据整体右移 n2 位，原目标操作数的低 n2 位数据溢出，目标操作数高 n2 位由源操作数填充。

表 8-2　　位右移指令 SFTR 说明

指令名称	助记符	指令作用	操作数			
			S・	D・	n1	n2
位右移指令	SFTR	将指定长度的位组件每次右移指定长度	X、Y、S、M	Y、S、M	K、H	K、H

位右移指令 SFTR 的使用说明如图 8-7 所示。程序中的源操作数是从 X000 开始的 2 个位元件，即从低到高为 X000-X001；目标操作数是从 M0 开始的 10 个位元件，即从低到高为 M0-M9，n2 操作数 K2 表示每次右移 2 位。触发条件 X020 为 ON 时，目标操作数中每位右移 2 位，即原 M9 的数据移位到 M7，M8 的数据移位到 M6，依次类推，M2 的数据移位到 M0，而 M9 和 M8 则由源操作数中的 X001 和 X000 复制替换。如果目标操作数 M9-M0 的二进制值为 1111100010，而 X001-X000 的二进制值为 00，则右移位 1 次后的结果为 0011111000，右移位 2 次后的结果为 0000111110。与位左移指令类似，位右移指令一般也采用脉冲执行方式，即 SFTRP。

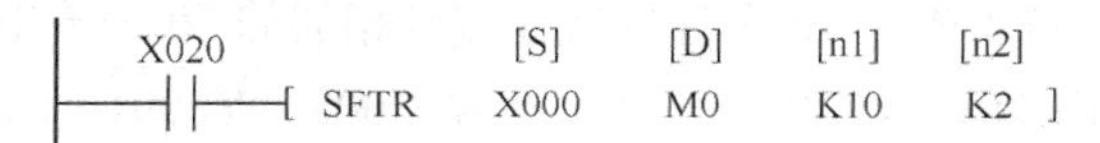

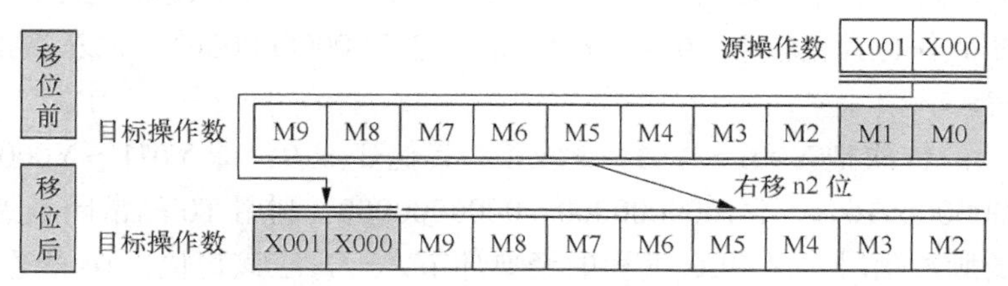

图 8-7　SFTR 指令使用说明

7. 传送指令 MOV

传送指令 MOV

传送指令 MOV 的作用是：将源操作数内的数据传送到指定的目标操作数内。传送指令相关助记符、指令作用、操作数如表 8-3 所示。触发条件（如 X000）为 ON 时，目标操作数的值等于源操作数的值。触发条件（如 X000）为 OFF 时，目标操作数的值不变化。MOV 指令分 16 位和 32 位传送，使用前缀 D（DMOV）表示 32 位操作方式。MOV 指令也可以分为连续执行和脉冲执行方式，增加后缀 P（MOVP）表示脉冲执行方式，只有驱动条件由 OFF 变为 ON 时，才进行一次传送。

表 8-3　　传送指令 MOV 说明

指令名称	助记符	指令作用	操作数	
			S・	D・
传送指令	MOV	将源操作数中的数据传送到指定目标操作数	KnX、KnY、KnS、KnM、T、C、D、K、H、V、Z	KnY、KnS、KnM、T、C、D、V、Z

MOV 指令应用示例如图 8-8 所示。第 1 行 MOV 指令的作用是：X000 为 ON 时，将常数 K7 传送给位组件 K1Y000，即 Y000、Y001 和 Y002 等于 1，而 Y003 等于 0；第 2 行 MOV 指令的作用是：X001 为 ON 时，将计数器 C0 的当前值传送给数据寄存器 D0；第 3 行 MOVP 指令的作用是：X002 由 OFF 变成 ON 的瞬间，将定时器 T0 的当前值传送给数据寄存器 D2；第 4 行 DMOV 指令的作用是：X003 为 ON 时，将常数 K50000 传送给 D10 双字元件（即 D11，D10）。

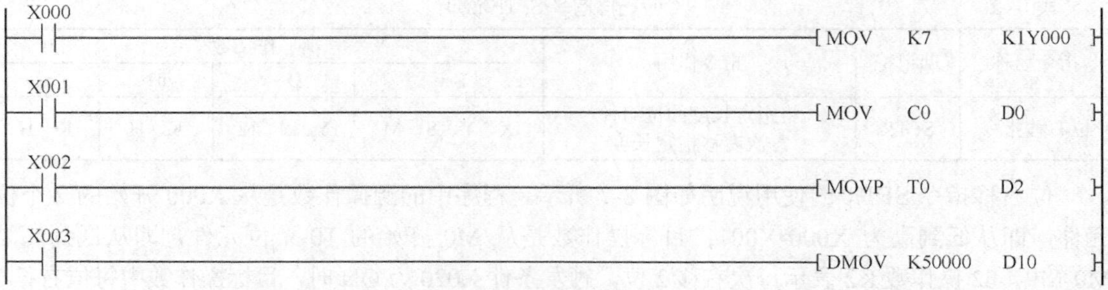

```
X000
─┤├──────────────[MOV   K7      K1Y000]
X001
─┤├──────────────[MOV   C0      D0    ]
X002
─┤├──────────────[MOVP  T0      D2    ]
X003
─┤├──────────────[DMOV  K50000  D10   ]
```

图 8-8　MOV 指令应用示例

8. 编程思路

显然利用 10 个定时器控制可以实现 10 个灯依次点亮，但很麻烦，利用功能指令更方便。

流水灯控制编程思路

（1）I/O 端口分配要注意首先把 10 个灯依次连接到相邻的 10 个输出端口，如 HL0～HL9 依次对应输出端口 Y000～Y011（不含 Y008、Y009，下同）。

（2）按下按钮时，进行初始化工作。如刚按下按钮时，Y000 必须马上变成 1，而其他的 Y 保持为 0，即 Y011～Y000 的状态为 0000000001；位左移指令里面的源操作数应设为 0 等。

（3）每隔 1s 依次把 Y001～Y011 变成 1，其他变成 0，即 Y011～Y000 的状态依次为 0000000001、0000000010、…、1000000000、0000000000（利用 T0 的常闭触点触发 T0 线圈，产生固定周期的脉冲信号，是 PLC 编程的经典环节之一，应该记住。T0 的作用为 1s 产生一个脉冲，用于触发位左移指令，M0 为系统启动标志位）。定周期脉冲产生与位左移梯形图程序如图 8-9 所示。

图 8-9　定周期脉冲产生与位左移梯形图程序

（4）启动标志位及时复位。为了满足第 2 次按下按钮时，流水灯仍能够正常工作，需要在恰当的时候复位 M0。显然 Y011 由“1”变成“0”的瞬间复位 M0 比较合适。启动标志位复位梯形图程序如图 8-10 所示。

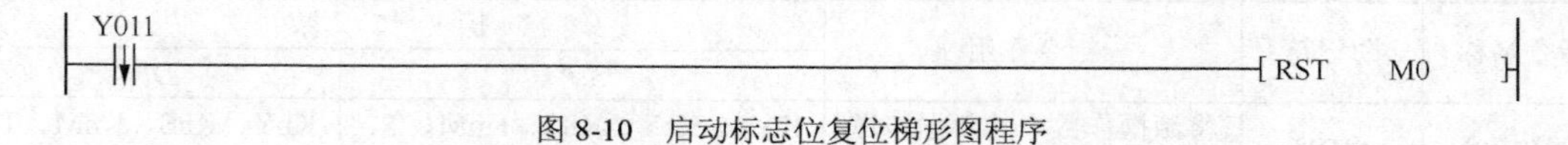

图 8-10　启动标志位复位梯形图程序

三、任务实施

1. 分配 PLC 输入/输出端口

流水灯控制 PLC 输入/输出端口分配如表 8-4 所示。注意：10 个灯的输入端口最好连续分配。

表 8-4　　流水灯控制 PLC 输入/输出端口分配表

输　入		输　出	
启动按钮 SB	X000	灯 HL0	Y000
		灯 HL1	Y001
		灯 HL2	Y002
		灯 HL3	Y003
		灯 HL4	Y004
		灯 HL5	Y005
		灯 HL6	Y006
		灯 HL7	Y007
		灯 HL8	Y010
		灯 HL9	Y011

2. 设计电气原理图

流水灯控制参考电气原理图如图 8-11 所示。注意：输出侧的公共端 COM1、COM2 和 COM3 必须短接。

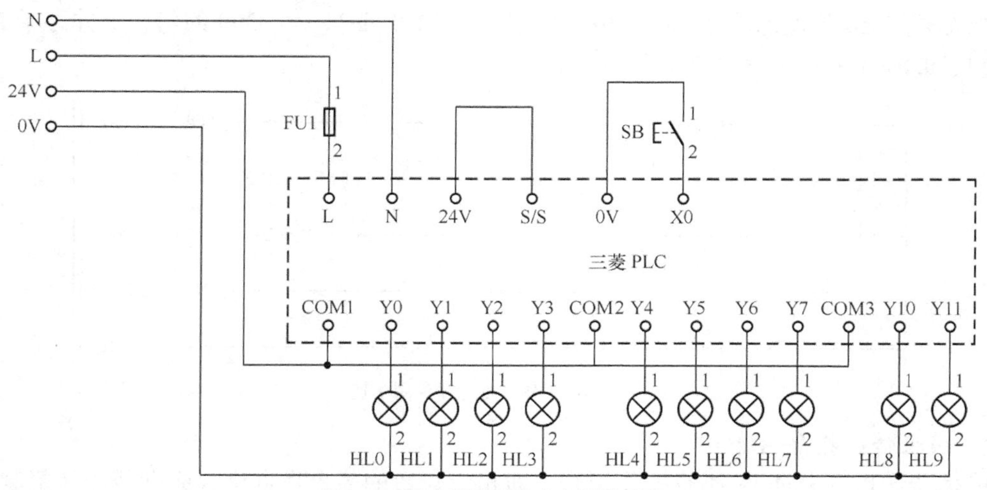

图 8-11　流水灯控制参考电气原理图

3. 编写 PLC 梯形图程序

流水灯控制参考 PLC 梯形图程序如图 8-12 所示。思考一下：要实现 1s 左移一次，还有其他更简便的方法吗？

四、每课一问

如果任务要求改为：按下启动按钮 SB1，灯 HL0～HL9 依次点亮，并不断循环，按下停止按钮 SB2，所有灯灭。程序如何编制？

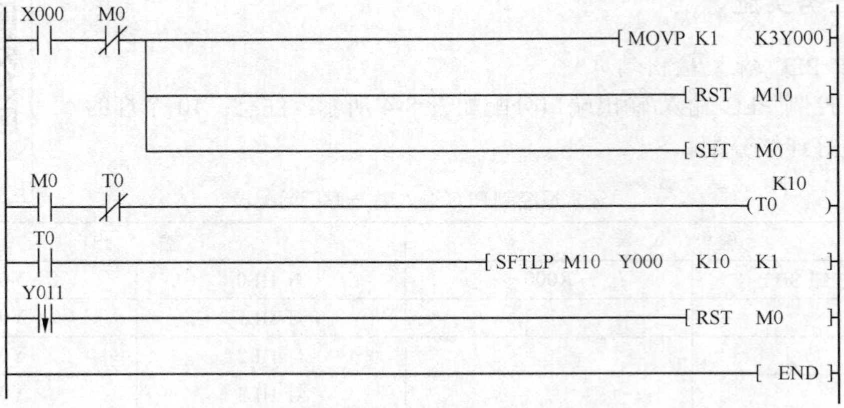

图 8-12　流水灯控制 PLC 梯形图程序

五、知识延伸

1. 变址寄存器

三菱 PLC 变址寄存器分两种，即 V（16 位字元件）、Z（16 位字元件）。变址寄存器 V、Z 实际上是一种特殊用途的寄存器，其作用是改变元件的编号（变址），例如 V0=5，若执行 D20V0，则实际被执行的元件为 D25［D（20+5）］。变址寄存器可以像其他数据寄存器一样读写，需要进行 32 位读写时，可将 V、Z 串联使用（Z 为低位，V 为高位）。

变址寄存器与循环指令 FOR 配合使用，可以大大简化程序，如图 8-13 所示。该程序通过变址寄存器 Z0 数值的改变，将 D200 的值依次与 D0、D1、…、D99 的值相加并存于 D200，即达到了 D0+D1+…+D99+D200 的目的。

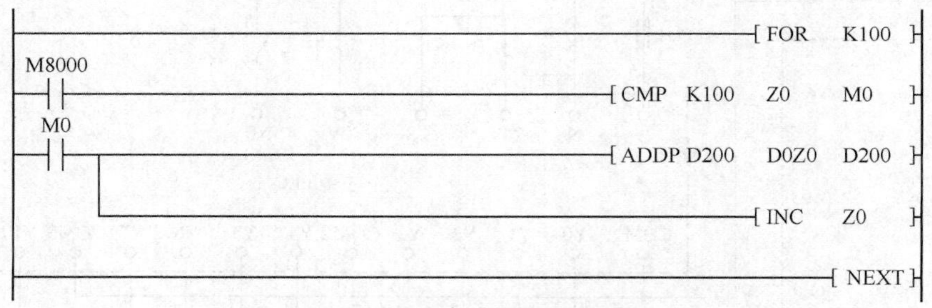

图 8-13　变址寄存器使用示例

2. 成批传送指令 BMOV

成批传送指令 BMOV 指令的作用是：对指定点数的多个数据进行成批传送（复制）。成批传送指令相关助记符、指令作用、操作数如表 8-5 所示。

表 8-5　成批传送指令 BMOV 说明

指令名称	助记符	指令作用	操作数		
			S·	D·	n
成批传送指令	BMOV	多个数据进行成批传送	KnX、KnY、KnS、KnM、T、C、D	KnY、KnS、KnM、T、C、D	D、K、H

通过控制 BMOV 指令的方向反转标志位 M8024，可以在 1 个程序中实现双向传送，如图 8-14 所示。

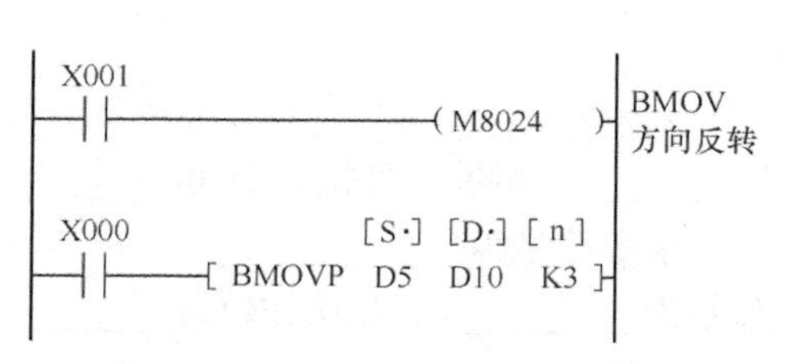

BMOV 方向反转标志位	传送方向	S· D·
M8024：OFF	S·→D·	D5→D10 D6→D11 D7→D12
M8024：ON	S·←D·	D5←D10 D6←D11 D7←D12

图 8-14 BMOV 指令双向传送示例

当源操作数和目标操作数为位组件时，源操作数和目标操作数要采用相同的位数，如图 8-15 所示。

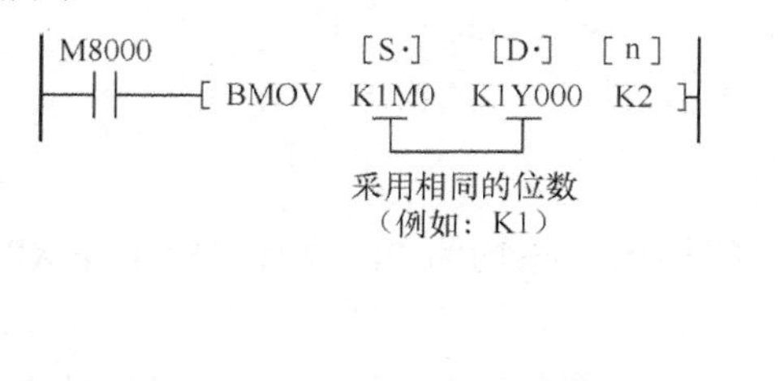

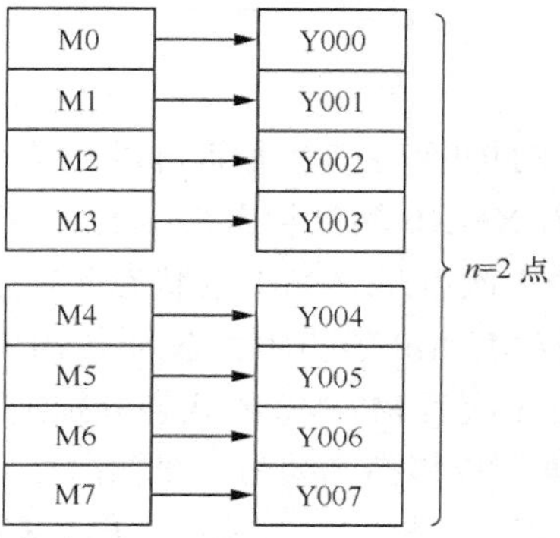

图 8-15 位组件 BMOV 指令传送示例

3. 多点传送指令 FMOV

多点传送指令 FMOV 的作用是：将同一数据传送到指定点数的软元件中。多点传送指令相关助记符、指令作用、操作数如表 8-6 所示。

表 8-6 多点传送指令 FMOV 说明

指令名称	助记符	指令作用	操作数		
			S·	D·	n
多点传送指令	FMOV	将同一数据传送到指定点数的软元件中	KnX、KnY、KnS、KnM、T、C、D、V、Z、K、H	KnY、KnS、KnM、T、C、D、V、Z	K、H

多点传送指令 FMOV 的使用示例如图 8-16 所示。

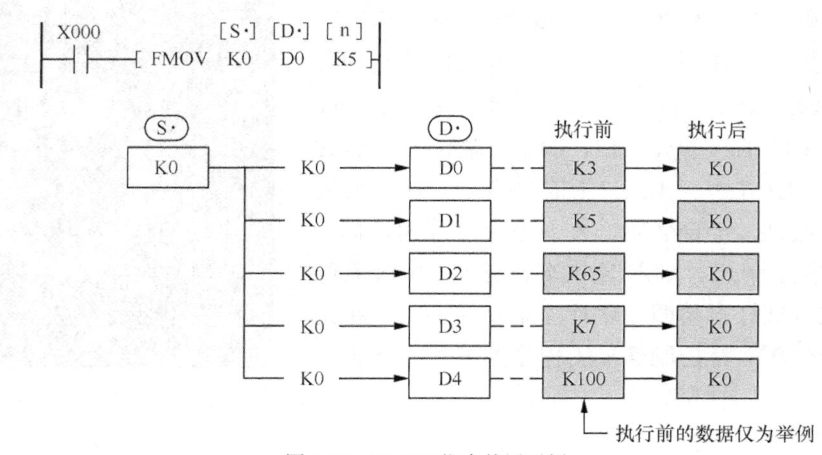

图 8-16 FMOV 指令使用示例

六、习题

1．位左移指令符号为________，它的执行方式为________，触发条件接通期间，________扫描周期需要移位，所以一般采用________执行方式，指令符号为________。

2．指令语句“SFTRP M0 Y000 K10 K1”中，源操作数为________，目标操作数为________，K10 是指________，K1 是指________。

3．试分析图 8-17 所示梯形图程序的含义。

```
   X001
|--| |------------------[SFTRP  M0    Y000    K8    K1  ]-|
```

图 8-17　习题 3

4．SFTRP 和 SFTR 是否可以互换？为什么？

5．若 X3-X0 的位状态为 1111，Y27-Y10 的初始状态均为 0，执行“SFTLP X0 Y0 K16 K4”指令 1 次后 Y27-Y10 的状态分别是什么？

6．若 M7-M0 的初始状态为 10101010，X1-X0 的位状态为 11，执行“SFTRP X0 M0 K8 K2”指令 3 次后 M7-M0 的状态分别是什么？

7．使用位移指令编写一段输出控制程序，假设有 5 个指示灯，从左到右以 0.5s 的时间间隔依次点亮，到达最右端后，再从右到左依次点亮，如此循环。

8．有 HL0～HL15 共 16 个彩灯，按下启动按钮后，HL0～HL3 亮 2s，然后 HL4～HL7 亮 2s，接着 HL8～HL11 亮 2s，最后 HL12～HL15 亮 2s，请使用位移指令实现控制。

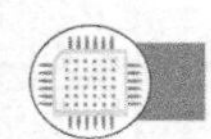

任务 9　霓虹灯自动循环运行控制

一、任务描述

霓虹灯是城市的“美容师”，每当夜幕降临时，华灯初上，五颜六色的霓虹灯就把城市装扮得格外美丽。

某组霓虹灯控制要求为：16 个彩灯组成一环形灯圈。按下启动按钮 SB1 时，彩灯按正序即 L1、L2、…、L15、L16 依次亮 2s，一直循环。按下启动按钮 SB2 时，彩灯按正序即 L1、L2、…、L15、L16 依次亮 1s，然后按反序即 L16、L15、…、L2、L1 依次亮 1s，接下来又正、反序轮流点亮，一直循环。按下停止按钮 SB3 时，霓虹灯全部熄灭。请进行输入/输出端口分配、电气原理图设计，完成霓虹灯自动循环运行控制硬件接线，并完成霓虹灯自动循环运行控制梯形图程序的编写、下载与调试任务。

霓虹灯自动循环运行控制任务描述

学习目标

1. 掌握循环左移指令 ROL 的含义及应用；
2. 掌握循环右移指令 ROR 的含义及应用；
3. 掌握互锁编程方法；
4. 掌握区间复位指令 ZRST 的含义及应用；
5. 初步建立子程序调用概念；
6. 正确使用子程序调用指令。

二、知识准备

循环左移指令 ROL

1. 循环左移指令 ROL

循环左移指令 ROL 的作用是：将 16 位或 32 位数据进行向左循环移位操作。循环左移指令的助记符、指令作用和操作数如表 9-1 所示。循环左移指令触发后，将字元件或双字元件中的各位向左循环移动 *n* 位，即从低位移向高位，高位溢出的数据循环进入低位。如果目标操作数为位组件，则只有 K4（16 位指令）和 K8（32 位指令）有效，如 K4M0、K8Y010 等。

表 9-1　循环左移指令 ROL 说明

指令名称	助记符	指令作用	操作数	
			D·	n
循环左移指令	ROL	将 16 位或 32 位数据进行向左循环移位操作	KnY、KnM、KnS、T、C、D、V、Z	K、H

循环左移指令 ROL 的使用说明如图 9-1 所示。触发条件 X020 由 OFF 变成 ON 时，D15～D0 中的各位数据左移 4 位，原目标操作数中的高 4 位溢出，按照“先出先进”原则，原来高 4 位溢出的数据循环移位后成为目标操作数的低 4 位。最后溢出的位数据 0 进入进位标志位 M8022。按照工程实际需求，循环左移指令 ROL 一般采用脉冲执行方式，即 ROLP。

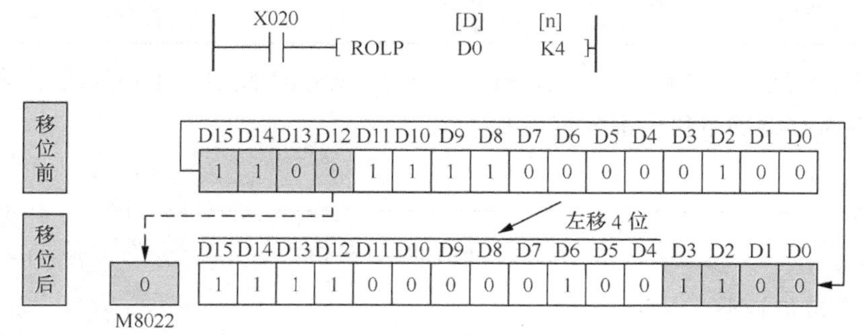

图 9-1　ROL 指令使用说明

循环右移指令 ROR

2. 循环右移指令 ROR

循环右移指令 ROR 的作用是：将 16 位或 32 位数据进行向右循环移位操作。循环右移指令的助记符、指令作用和操作数如表 9-2 所示。循环右移指令触发后，将字元件或双字元件中的各位数据向右循环移动 *n* 位，即从高位移向低位，低位溢出的数据循环进入高位。如果目标操作数为位组件，则只有 K4（16 位指令）和 K8（32 位指令）有效，如 K4Y0、K8M0 等。

表 9-2　　循环右移指令 ROR 说明

指令名称	助记符	指令作用	操作数	
			D	n
循环右移指令	ROR	将 16 位或 32 位数据向右循环移位	KnY、KnM、KnS、T、C、D、V、Z	K、H

循环右移指令 ROR 的使用说明如图 9-2 所示。触发条件 X000 由 OFF 变成 ON 时，Y17～Y0 中的各位数据均右移 4 位，原目标操作数中的低 4 位溢出，按照“先出先进”原则，原来低 4 位溢出的数据循环移位成为目标操作数的高 4 位。最后溢出的位数据 0 进入进位标志位 M8022。按照工程实际需求，循环右移指令 ROR 一般采用脉冲执行方式，即 RORP。

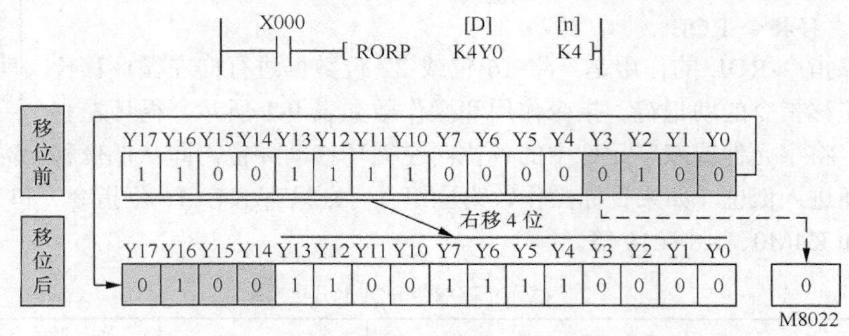

图 9-2　ROR 指令使用说明

3. 区间复位指令 ZRST

区间复位指令 ZRST 的作用是：将 2 个指定的软元件之间所有元件全部执行复位操作。其助记符、指令作用和操作数如表 9-3 所示。

表 9-3　　区间复位指令 ZRST 说明

指令名称	助记符	指令作用	操作数	
			D1·	D2·
区间复位指令	ZRST	将 2 个指定的软元件之间所有元件全部复位	Y、S、M、T、C、D	

ZRST 指令应用示例如图 9-3 所示。PLC 上电时，M8002 接通一个扫描周期，将 D0～D100 共 101 个数据寄存器的数值全部复位为 0。

图 9-3　ZRST 指令应用示例

4. 子程序调用指令

一个完整的程序可以分为主程序区、子程序区、中断程序区等。子程序一方面可以使程序更简洁易懂；另一方面，因为主程序区的程序时刻在扫描执行，而子程序和中断程序只有满足触发条件才会执行，从而在不需要执行子程序的时候减少扫描的程序步数，降低扫描周期。编写子程序时，需要用到 CALL（FNC 01）指令、SRET（FNC 02）指令和 FEND（FNC 06）指令，3 条指令说明如表 9-4 所示。

表 9-4　　子程序调用指令说明

指令名称	助记符	指令作用	操作数
子程序调用	CALL	调用子程序	指针 P
子程序返回	SRET	子程序返回标志	无
主程序结束	FEND	主程序结束标志	无

子程序调用指令使用说明如图 9-4 所示。为了区别于主程序，编写 PLC 程序时，主程序排在前面，子程序排在后面，并以主程序结束指令 FEND 将两部分程序隔开。程序执行时，首先扫描用户程序段 1 的程序，当调用子程序条件满足时，转入子程序，从子程序第一条指令执行到最后一条指令，接着返回主程序继续扫描用户程序段 2。如果调用子程序条件不成立，则 PLC 不扫描用户子程序段，而是执行完用户程序段 1 后直接扫描用户程序段 2。

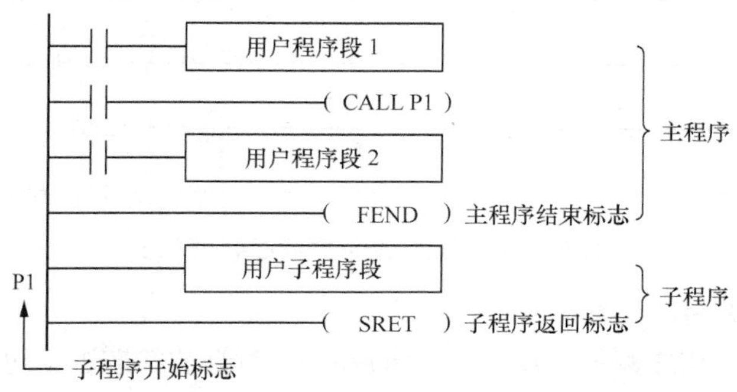

图 9-4　子程序调用指令使用说明

子程序调用时应注意如下几点。

（1）子程序写在主程序结束指令后面，以标号 P 开头，以子程序返回指令 SRET 结束。CALL 指令中，操作数（P）的编号重复也无妨。但同一标号的指针（子程序名称）只能使用一次。

（2）FX_{3U} 中子程序调用指令 CALL 的操作数为 P0～P4095（P63 除外），P63 为 CJ（FNC 00）专用（END 跳转），所以不可以作为 CALL（FNC 01）指令的指针使用。

（3）子程序内的 CALL 指令最多允许使用 4 次，整体而言最多允许 5 层嵌套。

（4）在子程序内被置 ON 的软元件，在程序结束后也被保持。此外，对定时器和计数器执行 RST 指令后，定时器和计数器的复位状态也被保持，如图 9-5 所示。

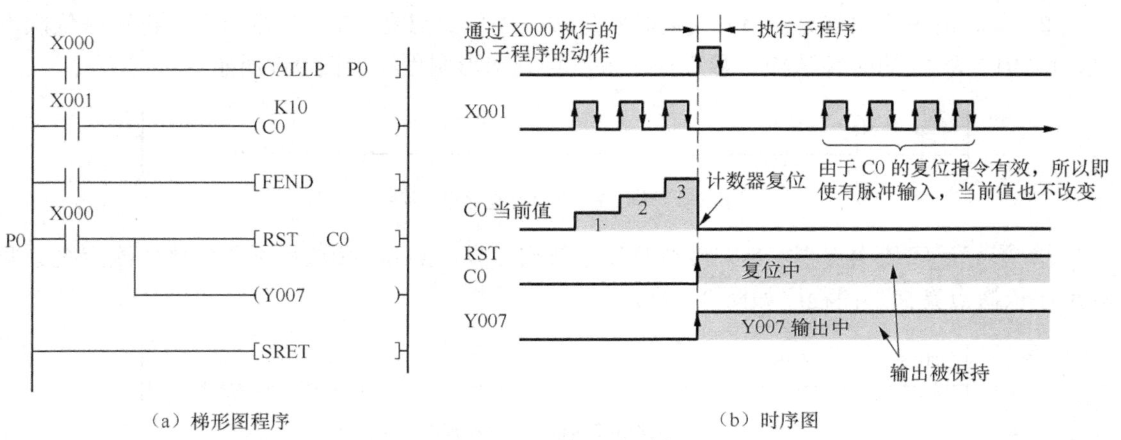

图 9-5　子程序调用示例

5. 编程思路

霓虹灯自动循环控制编程思路

（1）按下启动按钮 SB1 时，置位子程序 P0（第一种显示方式）调用标志位 M4，调用 P0。按下启动按钮 SB2 时，置位子程序 P1（第二种显示方式）调用标志位 M5，调用 P1。两者不能同时接通，也不能直接切换，需要按下停止按钮 SB3 后才能切换。程序中，X000、X001、X002 也可直接用常开触点。霓虹灯自动循环控制主梯形图程序如图 9-6 所示。

```
X000   M5
-|↑|---|/|-----------------------[SET   M4     ]
X001   M4
-|↑|---|/|-----------------------[SET   M5     ]
M4
-| |-----------------------------[CALL  P0     ]
M5
-| |-----------------------------[CALL  P1     ]
X002
-|↑|--+--------------------[ZRST  M4     M6     ]
      |
      +--------------------[MOV   K0     K4Y000 ]
```

图 9-6　霓虹灯自动循环控制主梯形图程序

（2）子程序 P0 编写。

① 按下启动按钮 SB1 瞬间（或 M4 接通瞬间），对灯的状态进行初始化，即 Y000 为 1，其他为 0（利用 MOVP 指令）。

② 构造 2s 出现一个脉冲的时序，其对应的梯形图程序如图 9-7 所示。

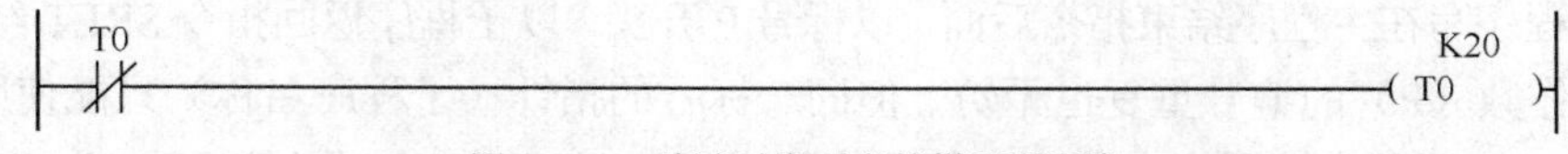

图 9-7　2s 脉冲时序对应的梯形图程序

③ 彩灯正序依次点亮并一直循环（直接利用循环左移指令对 K4Y000 进行操作即可）。

（3）子程序 P1 编写。

① 按下启动按钮 SB2 瞬间，对灯的状态进行初始化，即 Y000 为 1，其他为 0（利用 MOVP 指令）。

② 彩灯正序依次点亮：M6 接通时彩灯按正序依次点亮，Y017 接通后不再正序依次点亮，M8013 为 1s 的时钟脉冲。彩灯正序依次点亮梯形图程序如图 9-8 所示。

```
M8013   M6    Y017
-| |----| |---|/|----------------[ROLP  K4Y000  K1 ]
```

图 9-8　彩灯正序依次点亮梯形图程序

③ 彩灯反序依次点亮：M7 接通时反序依次点亮，Y000 接通后不再反序依次点亮。彩灯反序依次点亮梯形图程序如图 9-9 所示。

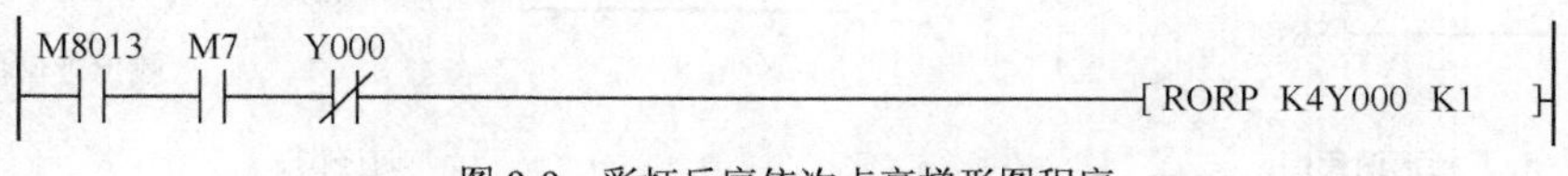

图 9-9　彩灯反序依次点亮梯形图程序

④ 彩灯正序依次点亮和反序依次点亮的条件需进行切换（难点）。彩灯正序依次点亮使Y017通电（M8013的上升沿），利用M8013的下降沿（0.5s后）切换到反序依次点亮，再过0.5s后（M8013又一个上升沿到来），Y017移位到Y016亮，M6为正序依次点亮标志位。反序切换到正序的原理一样。正反序切换梯形图程序如图9-10所示。

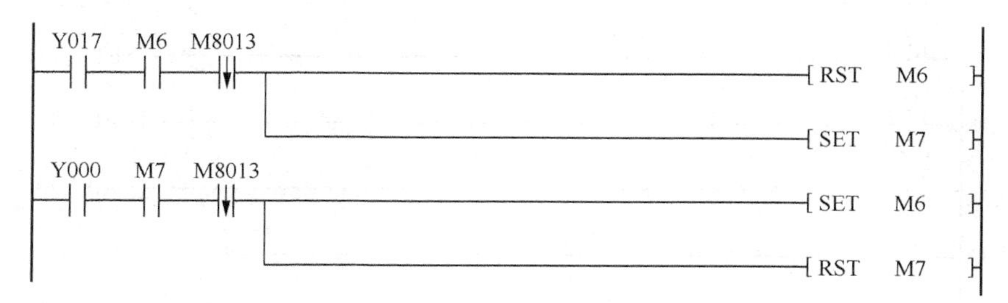

图9-10　正反序切换梯形图程序

三、任务实施

1. 分配PLC输入/输出端口

霓虹灯自动循环控制PLC输入/输出端口分配表如表9-5所示。

2. 设计电气原理图

霓虹灯自动循环控制参考电气原理图如图9-11所示。

表9-5　霓虹灯自动循环控制PLC输入/输出端口分配表

输　入		输　出	
启动按钮SB1	X000	灯HL1	Y000
启动按钮SB2	X001	灯HL2	Y001
停止按钮SB3	X002	……	……
		灯HL8	Y007
		灯HL9	Y010
		灯HL10	Y011
		……	……
		灯HL16	Y017

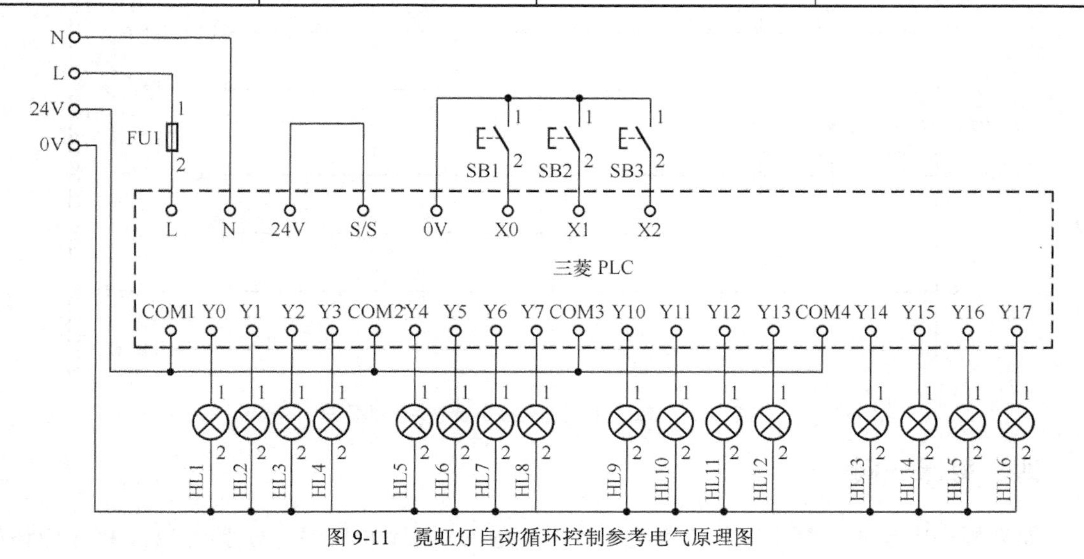

图9-11　霓虹灯自动循环控制参考电气原理图

3. 编写 PLC 梯形图程序

霓虹灯自动循环运行控制参考梯形图程序如图 9-12 所示。

```
* 方式的切换和停止，M4 为第一种方式，调用 P0；M5 为第二种方式，调用 P1
0     X000(↑)  M5(/)                  [SET   M4]
4     X001(↑)  M4(/)                  [SET   M5]
8     M4                              [CALL  P0]
12    M5                              [CALL  P1]
16    X002(↑)                         [ZRST  M4     M6]
                                      [MOV   K0     K4Y000]
28                                    [FEND]
P0 29 M4                              [MOVP  K1     K4Y000]
36    T0(/)                           (T0    K20)
40    T0                              [ROLP  K4Y000 K1]
46                                    [SRET]
P1 47 M5(↑)                           [MOV   K1     K4Y000]
                                      [SET   M6]
* 左移亮
56    M8013  M6  Y017(/)              [ROLP  K4Y000 K1]
* 右移亮
64    M8013  M7  Y000(/)              [RORP  K4Y000 K1]
* 左移到最后一位，触发右移标志
72    Y017  M6  M8013(↓)              [RST   M6]
                                      [SET   M7]
* 右移到最后一位，触发左移标志
78    Y000  M7  M8013(↓)              [SET   M6]
                                      [RST   M7]
84                                    [SRET]
85                                    [END]
```

图 9-12　霓虹灯自动循环控制参考梯形图程序

四、每课一问

如果程序中要求彩灯正序依次点亮时 Y017 亮 2s（正序和反序时分别亮 1s），程序应该如

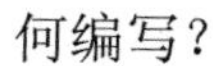

何编写？

五、知识延伸

1. 字左移指令 WSFL

字左移指令 WSFL 的作用是：将字数据信息左移指定个数的字。其助记符、指令作用和操作数如表 9-6 所示。

表 9-6　字左移指令 WSFL 说明

指令名称	助记符	指令作用	操作数			
			S·	D·	n1	n2
字左移指令	WSFL	将字数据信息左移指定个数的字	KnX、KnY、KnM、KnS、T、C、D	KnY、KnM、KnS、T、C、D	K、H	K、H

字左移指令 WSFL 使用说明如图 9-13 所示。程序中的源操作数是从[S·]开始的 *n*2 个位元件，目标操作数是从[D·]开始的 *n*1 个位元件，n2 操作数表示每次左移 2 个字。

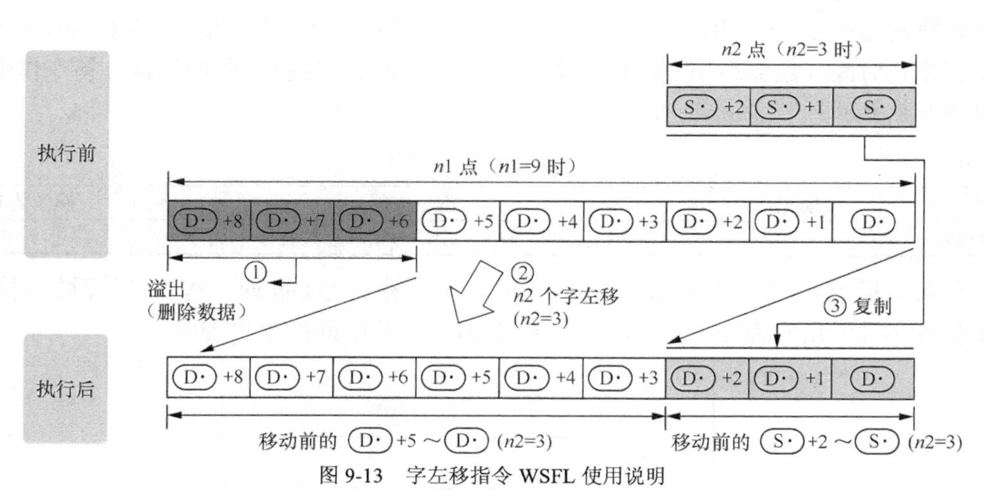

图 9-13　字左移指令 WSFL 使用说明

2. 字右移指令 WSFR

字右移指令 WSFR 的作用是：将字数据信息右移指定个数的字。其助记符、指令作用和操作数如表 9-7 所示。

表 9-7　字右移指令 WSFR 说明

指令名称	助记符	指令作用	操作数			
			S·	D·	n1	n2
字右移指令	WSFR	将字数据信息右移指定个数的字	KnX、KnY、KnM、KnS、T、C、D	KnY、KnM、KnS、T、C、D	K、H	K、H

字右移指令 WSFR 使用说明如图 9-14 所示。程序中的源操作数是从[S·]开始的 *n*2 个位元件，目标操作数是从[D·]开始的 *n*1 个位元件，n2 操作数表示每次右移 2 个字。

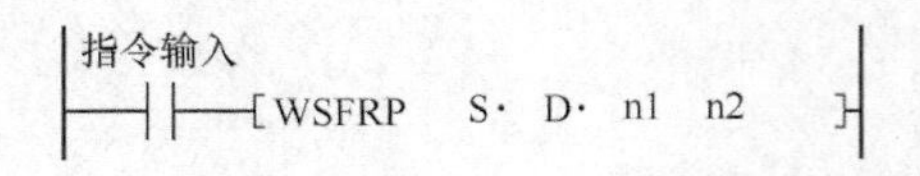

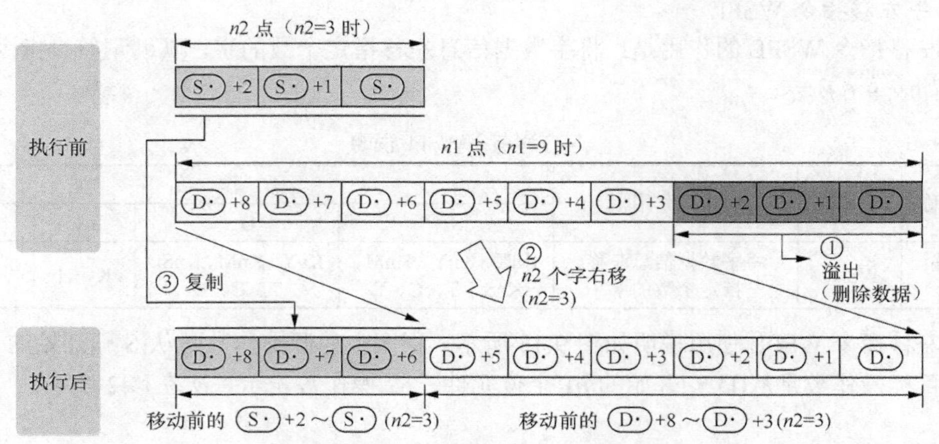

图 9-14 字右移指令 WSFR 使用说明

3. 条件跳转指令 CJ

条件跳转指令 CJ 的作用是：使 CJ、CJP 指令开始到指针（P）为止的顺控程序不执行，可以缩短循环时间（运算周期）和允许使用双线圈。条件跳转指令的助记符、指令作用、操作数如表 9-8 所示。

表 9-8 条件跳转指令 CJ 说明

指令名称	助记符	指令作用	操作数 D
条件跳转指令	CJ	使 CJ 开始到指针（P）为止的顺控程序不执行	指针 P

条件跳转指令 CJ 使用说明如图 9-15 所示。指令输入为 ON 时，程序直接跳转到标记 P 处，不执行中间的用户程序。指令输入为 OFF 时，执行中间的用户程序。

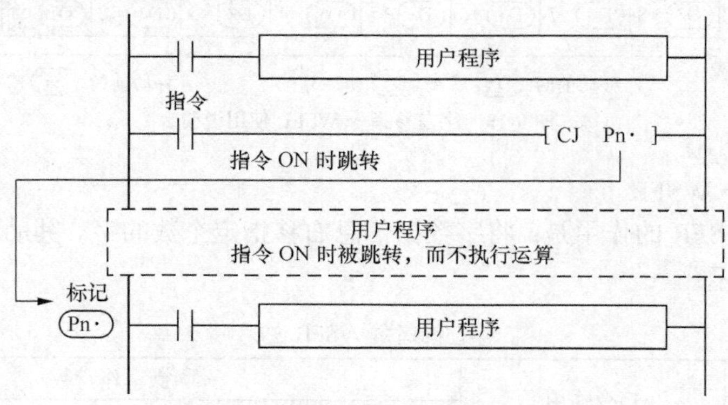

图 9-15 条件跳转指令 CJ 使用说明

使用条件跳转指令时需要注意以下几点。

（1）由于 CJ 指令具有选择程序段的功能，因此，因跳转而不会被同时执行的程序段中允许存在双线圈输出。

（2）指针范围为 P0～P4095，其中 P63 为 END 跳转。

（3）无论触发条件状态是否发生变化，处于被跳过程序段中的Y、M和S保持跳转发生前的状态不变。

（4）被跳过的程序段中定时器T和计数器C，其当前值寄存器被锁定，跳转发生后其当前值保持不变。跳转停止开始执行T和C程序段时，当前值开始更新。另外，T和C的复位指令具有优先权，也就是说使复位指令位于被跳过的程序段时，执行条件一旦满足，T和C将立即复位。

（5）可以有多条跳转指令使用同一标号。

六、习题

1．循环左移指令ROL能使________位数据、________位数据向左循环移位。按照工程实际需求，循环右移指令ROR一般采用________执行方式。

2．子程序调用指令助记符是________，子程序以________开头，以________结束，子程序编写在________指令后面。

3．试分析图9-16所示梯形图程序的含义。

4．试分析图9-17所示梯形图程序的含义，并画出对应的时序图。

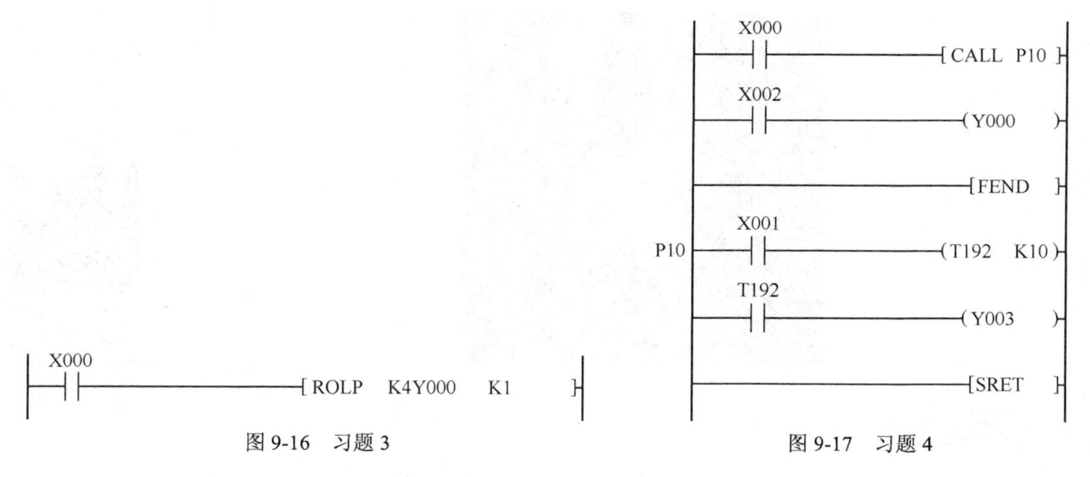

图9-16　习题3　　图9-17　习题4

5．以下哪些可以作为循环移位指令的目标操作数？

K2Y000　K4Y000　K4X000　K4M0　K8S20　D0　C0　T0

6．循环移位指令为什么通常使用脉冲执行方式？

7．移位指令和循环移位指令在使用时有什么区别？

8．总结CALL、SRET指令的用法及注意事项。

9．设D0循环前为H1A2B，则执行一次“ROLP　D0　K4”指令后，D0数据为多少？进位标志位M8022为多少？

10．使用移位指令编写一段输出控制程序，假设有5个指示灯，从左到右以0.5s的时间间隔依次点亮，到达最右端后，再从右到左依次点亮，如此循环。试编写梯形图程序。

11．现有16个彩灯，摆放成圆形，按下启动按钮，彩灯以顺时针方向间隔1s轮流点亮，循环3次后彩灯转换成逆时针方向间隔2s轮流点亮，循环3次后自动停止工作。按下停止按钮，立即停止工作。试编写梯形图程序。

12．报警电路要求启动之后，报警灯以 1Hz 频率闪烁，蜂鸣器响。报警灯闪烁 30 次之后熄灭，蜂鸣器响声停止，间歇 5s。如此进行 3 次，报警灯自动熄灭。试用调用子程序的方法编写梯形图程序。

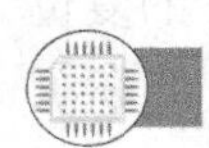

任务 10　线性灯柱交替显示控制

一、任务描述

某线性灯柱交替显示的灯具由 8 条线性灯柱 HL1、HL2、HL3、HL4、HL5、HL6、HL7、HL8 以及圆心 Q 组成。其控制要求为：按下启动按钮 SB1，线性灯柱以 2s 的周期依次显示字母 X、K、L，Y，即字母 X 显示 2s 后灭，然后 K 显示 2s 后灭，依次类推，一直循环。奇数次按下暂停按钮 SB2 时，线性灯柱循环显示暂停，保持当前显示字母不变。偶数次按下暂停按钮 SB2 时，线性灯柱继续循环显示。按下停止按钮 SB3 时，线性灯柱灭。请进行输入/输出端口分配、电气原理图设计，完成线性灯柱交替显示控制硬件接线，并完成线性灯柱交替显示控制梯形图程序的编写、下载与调试任务。

线性灯柱交替显示控制任务描述

学习目标

1. 灵活运用循环右移指令 ROR 和循环左移指令 ROL；
2. 掌握主控触点指令 MC/MCR 及其应用；
3. 熟练完成二进制、十进制和十六进制的转换。

二、知识准备

主控触点指令 MC/MCR 应用

1．主控触点指令 MC/MCR

在用 PLC 编程时，经常会遇到多个线圈同时受一个或一组触点控制的情况，如果在每一个线圈控制逻辑行中都串入同样的触点，将多占用存储单元，使程序运行速度下降，应用主控触点指令能优化这类电路结构。主控触点指令由主控指令 MC 与主控复位指令 MCR 组成，两者成对出现。MC 代表主控触点指令控制程序块的起点，MCR 表示主控触点指令控制程序块的终点。

MC/MCR 指令使用示例如图 10-1 所示。M100 为使用主控指令的主控触点，读取模式下与梯形图逻辑行的其他触点垂直，相当于控制一段电路（MC 与 MCR 之间）的总开关。X000 为 OFF 时，X000 的常闭触点闭合，扫描 MC 与 MCR 之间的逻辑行，即当 X001 为 ON 时，Y000 为 1，而 Y001 一直为 1。X000 为 ON 时，X000 的常闭触点断开，不扫描 MC 与 MCR 之间的逻辑行，而 Y000 与 Y001 都为 0。执行 MC 指令后，母线移动到 MC 触点之后，继续执行其他逻辑行的指令。

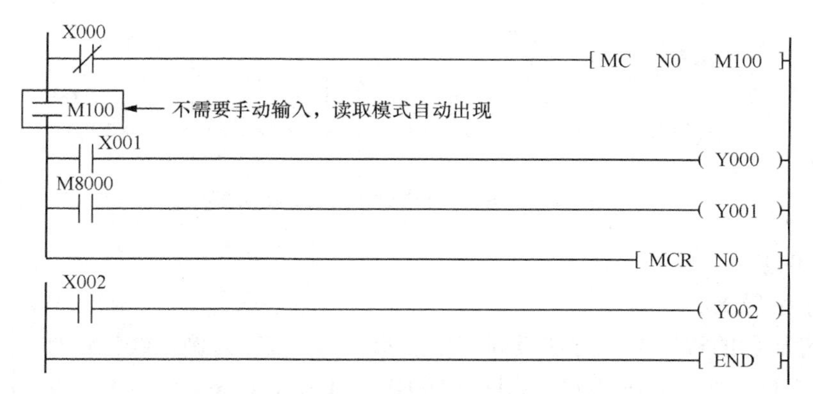

图 10-1 MC/MCR 指令使用示例

需要注意：当不扫描 MC 与 MCR 之间的逻辑行时，普通定时器和用 OUT 指令驱动的元件线圈复位；而积算定时器、计数器及用 SET/RST 指令驱动的元件保持当前状态。当采用 MC 指令嵌套时，嵌套级 N 的编号按顺序增大（N0→N7）。采用 MCR 指令返回时，从大的嵌套级开始消除（N7→N0），最大可嵌套 8 级。

2. 进制转换

PLC 编程中，常数不能直接输入二进制数，只能采用十进制数（K）和十六进制数（H）表示。一般情况下，十进制数表示更符合我们的生活习惯，但二进制数的位数达到一定值时，转换成十进制数的计算量太大，宜采用十六进制数表示。对于任何一种进制——*X* 进制，均表示每一位置上的数运算时都是逢 *X* 进一位。我们常用的进制有二进制、八进制、十进制、十六进制。二进制是逢二进一，八进制是逢八进一，十进制是逢十进一，十六进制是逢十六进一。

（1）二进制数转换成十进制数

二进制数转换成十进制数的方法是：将二进制数每位的数值乘以 2 的相应幂次，并依次相加即可。从右往左，每位对应的幂次依次是 0、1、2、3、…。其转换方法如图 10-2 所示，二进制数 00110110 变成十进制数就是 K54。

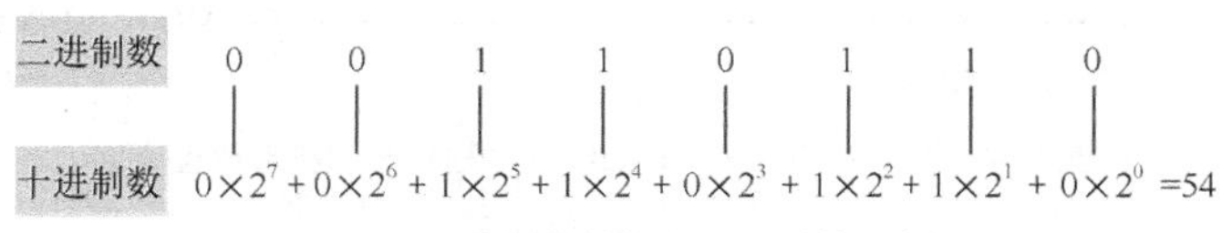

图 10-2 二进制数转换成十进制数示意图

（2）二进制数转换成十六进制数

十六进制数每一位均可以是 0、1、2、3、4、5、6、7、8、9、A、B、C、D、E、F 这 16 个大小不同的数（或字母），其中，用 A、B、C、D、E、F（字母使用大写）这 6 个字母来分别表示十进制数 10、11、12、13、14、15。将二进制数转换为等值的十六进制数采用的方法是“四位一组法”，因为四位二进制数恰好有 16 个状态，分别对应十六制数的 16 个数码。“四位一组法”就是从低位到高位依次将每 4 位二进制数划分为 1 组，高位不足 4 位的前面加 0 补足 4 位，然后将每 1 组用对应的十六进制数的数码表示，就可得到相应的十六进制数。其转换方法如图 10-3 所示，二进制数 00111110 变成十六进制数就是 H3E。

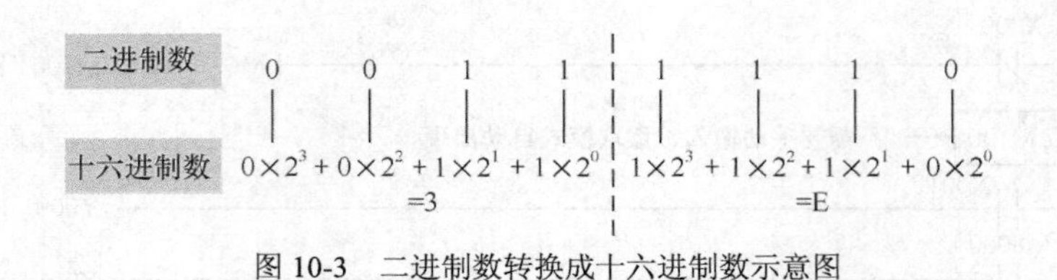

图 10-3　二进制数转换成十六进制数示意图

3. 编程思路

（1）显示字母 X、K、L、Y

线性灯柱交替显示控制编程思路

所有字母显示的程序编写方法类同。以显示字母“X”为例，线性灯柱状态如图 10-4（a）所示。圆心 Q、线性灯柱 HL2、HL4、HL6、HL8 亮，对应的输出 Y001、Y003、Y005 和 Y007 和 Y010 为 1，其余输出为 0，则 K4Y000 的状态用二进制数表示为“0000 0001 1010 1010”，转换成十六进制数为“H01AA”（即 H1AA），则显示字母“X”的梯形图程序如图 10-4（b）所示（M0 为显示字母“X”的标志位）。

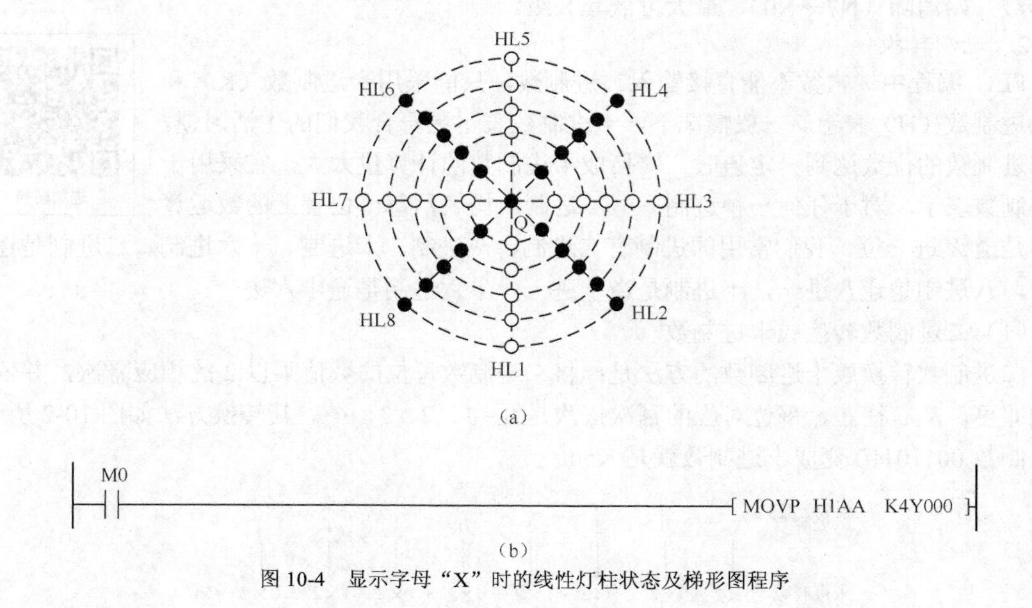

图 10-4　显示字母“X”时的线性灯柱状态及梯形图程序

（2）循环显示

分别利用 M0、M4、M8 和 M12 的常开触点控制线性灯柱显示字母“X”“K”“L”“Y”，而 M0、M4、M8 和 M12 则利用循环左移指令实现依次为 1，循环往复，程序如图 10-5 所示。（一次移 4 位有什么优势？）

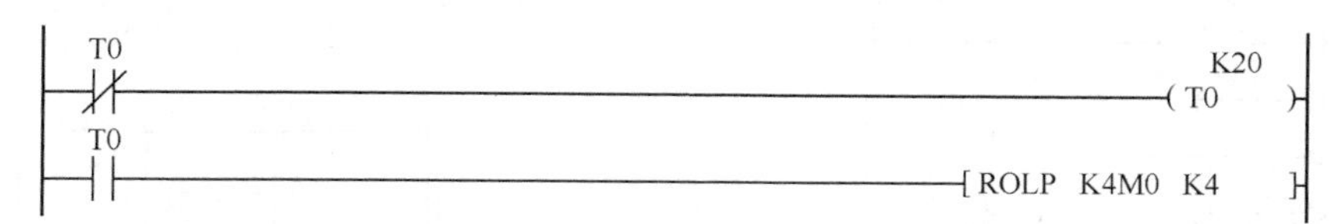

图 10-5 循环显示梯形图程序

（3）单按钮启停控制

任务中要求第 1 次按下暂停按钮时，灯柱暂停循环，再次按下暂停按钮，灯柱又恢复循环显示，说明奇数次按下和偶数次按下暂停按钮的时候，其控制的对象状态（M21）是不同的，即典型的单按钮启停控制。单按钮启停控制梯形图程序如图 10-6 所示。

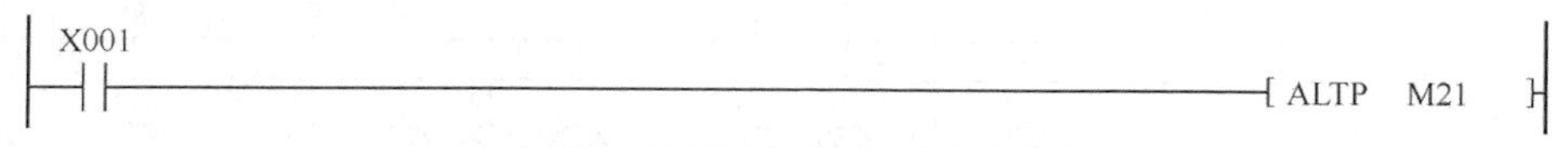

图 10-6 单按钮启停控制梯形图程序

（4）暂停实现

利用主控指令 MC，把循环显示字母的程序放到主控指令内部。主控指令 MC 的触发条件通过对 M21 的常闭触点和 M20 的常开触点的控制即可实现（即系统已经启动，而没有处于停止状态）。暂停实现梯形图程序如图 10-7 所示。

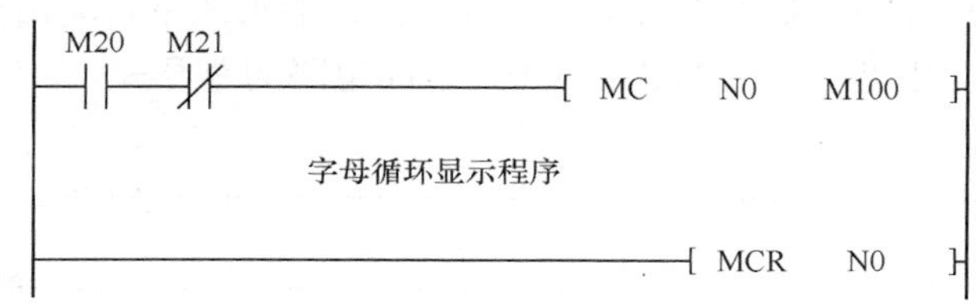

图 10-7 暂停实现梯形图程序

（5）启动停止实现

启动时需显示“X”，直接用 MOVP 指令赋值给 K4Y000，另需置位系统启动标志 M20。而停止时，利用 ZRST 或 MOV 指令把 Y 和 M 复位为 0 即可。

线性灯柱交替显示控制云平台仿真实践

三、任务实施

1. 分配 PLC 输入/输出端口

线性灯柱交替显示控制 PLC 输入/输出端口分配如表 10-1 所示。

表 10-1 线性灯柱交替显示控制 PLC 输入/输出端口分配表

输入		输出	
启动按钮 SB1	X000	灯柱 HL1	Y000
暂停按钮 SB2	X001	灯柱 HL2	Y001
停止按钮 SB3	X002	……	……
		灯柱 HL8	Y007
		圆心 Q	Y010

2. 设计电气原理图

线性灯柱交替显示控制参考电气原理图如图 10-8 所示。

N
L
24V
0V
FU1
SB1
SB2
SB3
L
N
24V
S/S
0V
X0
X1
X2
三菱 PLC
COM1
Y0
Y1
Y2
Y3
COM2
Y4
Y5
Y6
Y7
COM3
Y10
Q
HL1
HL2
HL3
HL4
HL5
HL6
HL7
HL8

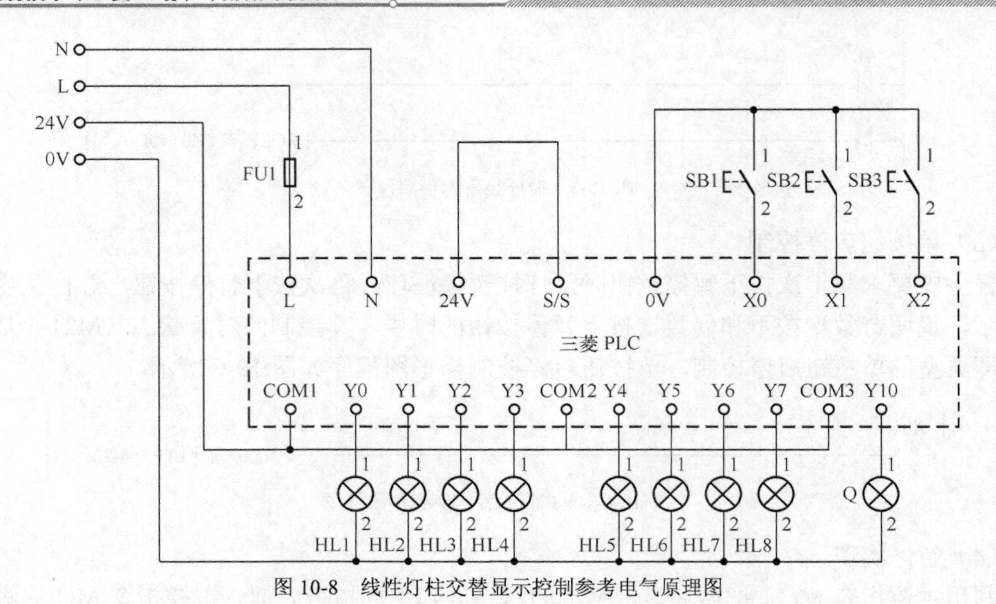

图 10-8　线性灯柱交替显示控制参考电气原理图

3. 编写 PLC 梯形图程序

线性灯柱交替显示控制参考梯形图程序如图 10-9 所示。M100 为使用主控指令的主控触点，母线上的 M100 常开触点是不需要手动输入的，读取模式下自动出现，与梯形图程序逻辑行的其他触点垂直，相当于控制 MC 与 MCR 之间电路的总开关。

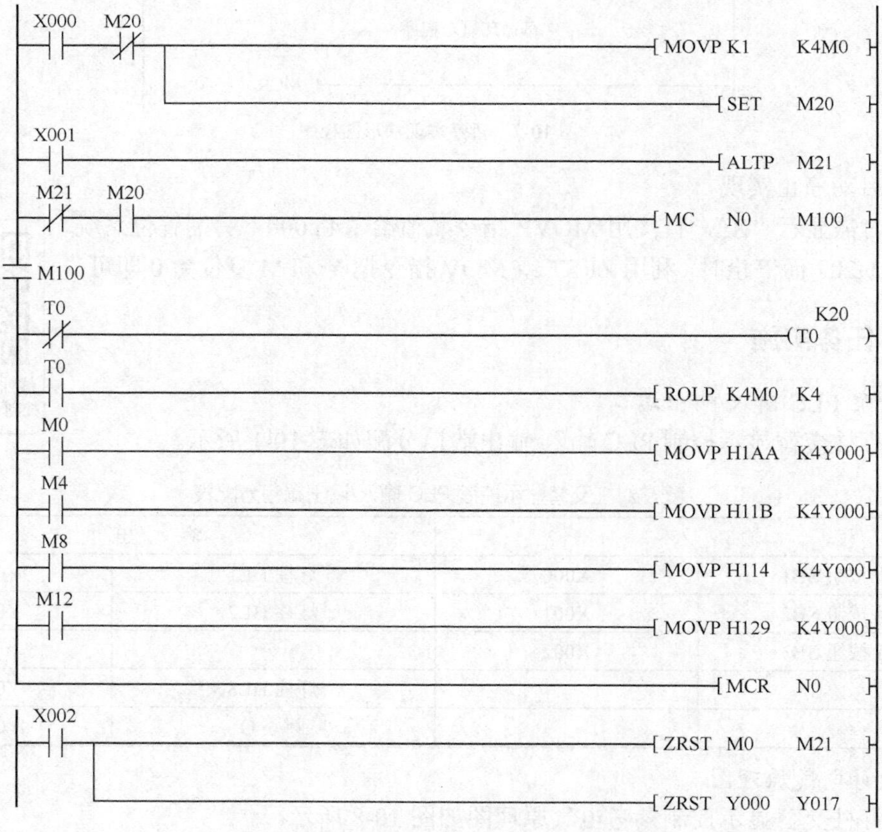

X000
M20
MOVP K1 K4M0
SET M20
X001
ALTP M21
M21
M20
MC N0 M100
M100
T0
K20
T0
T0
ROLP K4M0 K4
M0
MOVP H1AA K4Y000
M4
MOVP H11B K4Y000
M8
MOVP H114 K4Y000
M12
MOVP H129 K4Y000
MCR N0
X002
ZRST M0 M21
ZRST Y000 Y017

图 10-9　线性灯柱交替显示控制参考梯形图程序

四、每课一问

如果不用主控触点指令，程序应该如何编写？

五、知识延伸

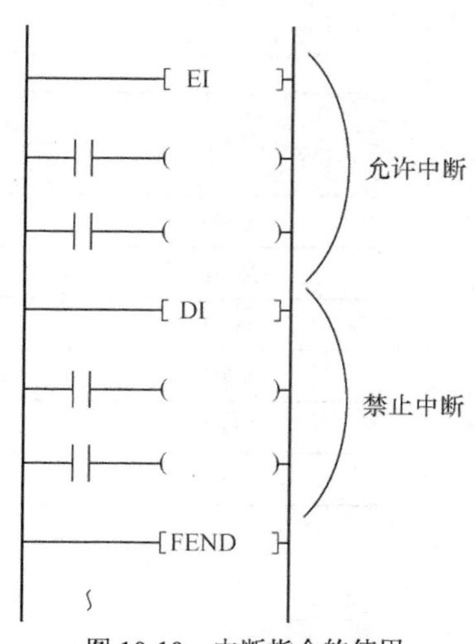

图 10-10 中断指令的使用

三菱 PLC 中断处理

三菱 FX 系列 PLC 可处理 3 种方式的中断事件：输入中断、定时中断和高速计数器中断。发生中断事件时，三菱 CPU 立即停止执行当前的工作，转而执行预先写好的中断程序。中断指令不受 PLC 扫描工作方式的影响，所以三菱 PLC 能迅速响应该中断事件。

（1）中断指令

与中断有关的指令包括中断返回指令 IRET、允许中断指令 EI 和禁止中断指令 DI，均无操作数，分别占用一个程序步。中断指令的使用如图 10-10 所示。

PLC 通常处于禁止中断的状态，指令 EI 和 DI 之间的程序段为允许中断的区间，当程序执行到该区间时，如果中断源产生中断，CPU 将停止执行当前的程序，转去执行相应的中断子程序，执行到中断子程序中的 IRET 指令时，返回原断点，继续执行原来的程序。

中断程序从它唯一的中断指针开始，到第一条 IRET 指令结束。中断程序应放在 FEND 指令之后，IRET 指令只能在中断程序中使用。特殊辅助继电器 M805△为 ON 时（△=0～ 8 ），禁止执行相应中断 I △□□（□□是与中断有关的数字）。

M8059 为 ON 时，关闭所有的计数器中断。如果有多个中断信号依次发出，则优先级按发生的先后为序，发生越早的优先级越高。若同时发出多个中断信号，则优先中断指针号小的。

执行一个中断子程序时，其他中断被禁止，在中断子程序中编入 EI 和 DI，可实现双重中断，只允许两级中断嵌套。如果中断信号在禁止中断区间出现，该中断信号被储存，并在 EI 指令之后响应该中断。不需要关闭中断时，只使用 EI 指令，可以不使用 DI 指令。

（2）中断指针

中断指针用来指明某一中断源的中断程序入口，执行到 IRET（中断返回）指令时返回主程序。中断指针需在 FEND 指令之后使用。

输入中断用来接收特定的输入地址号的输入信号。输入中断指针为 I□0□，与最高位 X000～X005 的元件号相对应。最低位为 0 时表示下降沿中断，反之为上升沿中断。例如中断指针 I001 之后的中断程序在输入信号 X000 的上升沿时执行。同一个输入中断源只能使用上升沿中断或下降沿中断，例如不能同时使用中断指针 I000 和 I001。输入中断指针列表如图 10-11 所示。

FX_{3N}系列 PLC 有 3 点定时中断，中断指针为 I6□□～I8□□，低两位是以 ms 为单位的定时时间。定时中断使 PLC 以指定的周期定时执行中断子程序，循环处理某些任务，处理时间不受 PLC 扫描周期的影响。定时中断指针列表如图 10-12 所示。

I□0□

0：下降沿中断　1：上升沿中断

根据输入 X000 ～ X005 为 0 ～ 5

输入编号	指针编号		中断禁止标志位
	上升沿中断	下降沿中断	
X000	I001	I000	M8050
X001	I101	I100	M8051
X002	I201	I200	M8052
X003	I301	I300	M8053
X004	I401	I400	M8054
X005	I501	I500	M8055

图 10-11　输入中断指针列表

I□□□

定时器时间 10 ～ 99ms

定时器中断指针 6，7，8

每隔指定的中断循环时间（10 ～ 99ms），执行中断子程序。
在可编程控制器的运算周期以外，需要循环中断处理的控制中使用。

输入编号	中断周期 /ms	中断禁止标志位
I6□□	在指针编号的□□中，输入 10 ～ 99 的整数。 例如：I610= 每 10ms 的定时器中断	M8056
I7□□		M8057
I8□□		M8058

图 10-12　定时中断指针列表

FX_{3N} 系列 PLC 有 6 点计数中断，中断指针为 I0□0（□=1～6）。计数器中断与 HSCS（高速计数器比较置位）指令配合使用，根据高速计数器的计数当前值与计数设定值的关系来确定是否执行相应的中断服务程序。计数器中断指针列表如图 10-13 所示。

I 0□0

计数器中断指针（1 ～ 6）

指针编号	中断禁止标志位
I010，I020，I030，I040，I050，I060	M8059

图 10-13　计数器中断指针列表

六、习题

1．主控触点指令中，MC、MCR 指令总是________出现，且在 MC、MCR 指令区内可以嵌套，但最多只能嵌套________级。

2．将下列数据转换为二进制数。

14　32　H16　H2A　H0A2B1

3．当 PLC 执行指令“MOV K27 K2Y000”后，Y000～Y007 的位状态是什么？

4．当 PLC 执行指令“DMOV HB5C9A D10”后，D10、D11 中存储的数据各是多少？

5．现有两个双手按钮式安全装置，即当 X000 和 X001 均为 1 或者当 X000 和 X002 均为 1 时启动，如何实现启停控制？

6. 试分析图 10-14 所示梯形图程序中的 Y000、Y001 什么时候得电。

7．用传送指令使按下 X000 时，Y000～Y017 所有灯都亮，按下 X001 时，Y000～Y017 所有灯都灭。

8．现有一套霓虹灯控制系统，由 8 条线性灯柱 HL1、HL2、HL3、HL4、HL5、HL6、HL7、HL8 以及圆心 Q 组成。其控制要求为：按下按钮 SB1，灯柱显示“十”字，按下停止按钮时，灯柱不显示。当按下按钮 SB2 时，灯柱显示“米”字，按下停止按钮时，灯柱不显示。请完成 PLC 梯形图程序的编写。

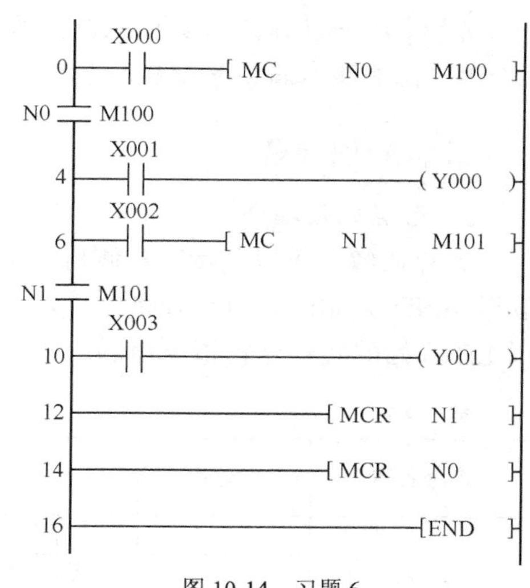

图 10-14　习题 6

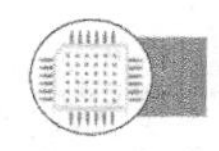

任务 11　竞赛抢答器控制

一、任务描述

抢答器是一种应用非常广泛的电子电气设备，在知识竞赛、文体娱乐活动抢答环节中，能准确、公正、直观地判断出抢答者的座位号。

竞赛抢答器控制任务描述

某竞赛抢答器控制要求如下。

（1）在答题过程中，当主持人按下开始答题按钮 SB5 后，4 位选手开始抢答，抢先按下按钮的选手号码显示在数码管显示屏上，同时有工作指示灯 HL1 亮，其他选手的按钮不起作用。

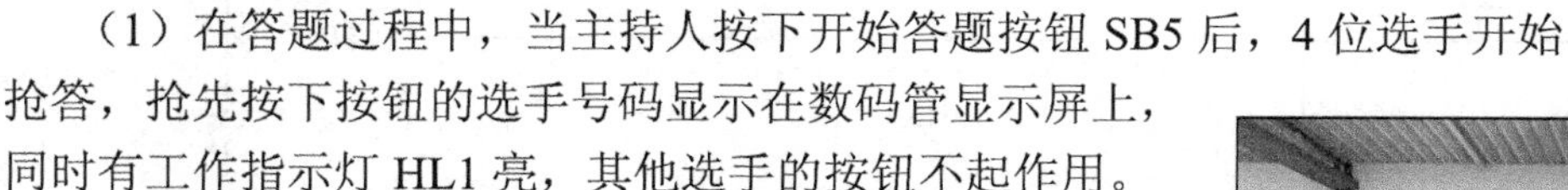

（2）如果主持人未按下开始抢答按钮就有选手抢先答题，则认为犯规，犯规选手的号码闪烁显示（闪烁周期为 1s），同时犯规指示灯 HL2 闪烁（闪烁周期与显示屏上犯规选手号码的闪烁周期相同）。

（3）当主持人按下复位按钮 SB6 时，系统进行复位，显示屏和所有灯熄灭，重新准备开始抢答。

请进行输入/输出端口分配、电气原理图设计，完成竞赛抢答器控制硬件接线，并完成竞赛抢答器控制梯形图程序的编写、下载与调试任务。

学习目标

1．积累互锁等经典编程技巧；

2．掌握经典编程基本思路；

3．掌握触点比较指令及其应用；

4. 掌握七段译码指令 SEGD 及其应用；
5. 比较基本指令与功能指令编程的优缺点。

二、知识准备

1. 触点比较指令

触点比较指令包含接在左侧母线上以 LD 开始的触点比较指令、与别的触点或电路块串联以 AND 开始的触点比较指令以及与别的触点或电路块并联以 OR 开始的触点比较指令。以 LD 开始的触点比较指令为例，其指令助记符、指令作用和操作数如表 11-1 所示。

表 11-1　以 LD 开始的触点比较指令说明

指令名称	助记符	指令作用	操作数	
			S1·	S2·
触点比较指令	LD=	源操作数 S1=S2，则导通	KnX、KnY、KnM、KnS、T、C、D、V、Z、K、H	
	LD<>	源操作数 S1≠S2，则导通		
	LD>	源操作数 S1>S2，则导通		
	LD>=	源操作数 S1≥S2，则导通		
	LD<	源操作数 S1<S2，则导通		
	LD<=	源操作数 S1≤S2，则导通		

触点比较指令使用说明如图 11-1 所示。第 1 逻辑行的意思为：如果 T0 的当前值小于 200，则 Y000 为 ON。第 2 逻辑行的意思为：如果 X000 为 ON，且 D0 的值大于或等于 100，则 M1 为 ON。第 3 逻辑行的意思为：如果 X001 和 M20 为 ON，或者 C0 的当前值等于 5，则 Y001 为 ON。

```
|[<    T0     K200 ]-----------------------------(Y000 )-|
| X000
|-| |-[>=   D0     K100 ]------------------------(M1   )-|
| X001   M20
|-| |----| |----+--------------------------------(Y001 )-|
|               |
|[=    C0     K5   ]-+
```

图 11-1　触点比较指令使用说明

2. 七段译码指令 SEGD

七段译码指令 SEGD

SEGD 指令的作用：将源操作数的低 4 位值（0～F）按照七段译码表译为七段码显示用的数据，并保存到目标操作数的低 8 位中。七段译码指令的助记符、指令作用和操作数如表 11-2 所示。

表 11-2　七段译码指令 SEGD 说明

指令名称	助记符	指令作用	操作数	
			S·	D·
七段译码指令	SEGD	将源操作数低 4 位按照译码表进行译码，并传送到目标操作数	KnX、KnY、KnS、KnM、T、C、D、K、H、V、Z	KnY、KnS、KnM、T、C、D、V、Z

SEGD 指令的使用和对应译码表如图 11-2 所示。X000 为 ON 时，将 K1 解码成七段显示数据 00000110（对应译码表 B7～B0），并将二进制数 00000110 传送到 Y007～Y000。如果数码管的 B0～B6 分别连接到输出点 Y000～Y006，则 Y001 与 Y002 对应的数码管 B1 和 B2 段亮，其他数码管段灭，数码管显示 1。

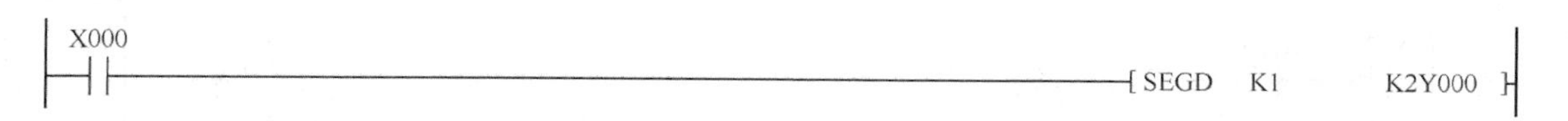

S·					七段码的构成	D·											显示数据
十六进制数	b3	b2	b1	b0		B15	…	B8	B7	B6	B5	B4	B3	B2	B1	B0	
0	0	0	0	0		–	…	–	0	0	1	1	1	1	1	1	0
1	0	0	0	1		–	…	–	0	0	0	0	0	1	1	0	1
2	0	0	1	0		–	…	–	0	1	0	1	1	0	1	1	2
3	0	0	1	1		–	…	–	0	1	0	0	1	1	1	1	3
4	0	1	0	0		–	…	–	0	1	1	0	0	1	1	0	4
5	0	1	0	1		–	…	–	0	1	1	0	1	1	0	1	5
6	0	1	1	0	B0	–	…	–	0	1	1	1	1	1	0	1	6
7	0	1	1	1	B5 B6 B1	–	…	–	0	0	1	0	0	1	1	1	7
8	1	0	0	0	B4 B2	–	…	–	0	1	1	1	1	1	1	1	8
9	1	0	0	1	B3	–	…	–	0	1	1	0	1	1	1	1	9
A	1	0	1	0		–	…	–	0	1	1	1	0	1	1	1	A
B	1	0	1	1		–	…	–	0	1	1	1	1	1	0	0	b
C	1	1	0	0		–	…	–	0	0	1	1	1	0	0	1	C
D	1	1	0	1		–	…	–	0	1	0	1	1	1	1	0	d
E	1	1	1	0		–	…	–	0	1	1	1	1	0	0	1	E
F	1	1	1	1		–	…	–	0	1	1	1	0	0	0	1	F

图 11-2　七段译码指令 SEGD 格式及对应译码表

3. 编程思路

（1）基本指令

竞赛抢答器编程思路

竞赛抢答器的控制关键在于正常抢答和犯规抢答的区分，有两种基本思路。第一种思路（常规思路）：利用启保停电路，主持人按下启动按钮而没有按下复位按钮，则允许抢答继电器得电（M0=1）；然后把 M0 的常开触点和常闭触点分别作为正常抢答和犯规抢答的条件，如果选手按下抢答按钮时，其他选手没有抢答成功，且 M0 的常开触点接通则为正常抢答，而如果选手按下抢答按钮时，其他选手没有抢答成功，且 M0 的常闭触点接通则为犯规抢答。第二种思路：不管是正常抢答还是犯规抢答，先确定是哪个选手最先按下按钮的，则定义为抢答成功；然后根据抢答成功是在抢答开始之前还是之后，来判断为正常抢答或犯规抢答（注意，允许抢答继电器状态除了跟主持人是否按下按钮有关外，还与此时是否已经有人抢答成功有关）。第二种思路的主要编程内容如下。

① 抢答实现（不管是正常抢答还是犯规抢答）。抢答实现梯形图程序如图 11-3 所示。M0～M3 分别代表选手 1～选手 4 抢答成功的标志。

② 允许抢答继电器控制。如果主持人按下按钮时，已经有人抢答成功，则此轮允许抢答继电器不通电，如果没有人抢答成功，则允许抢答继电器通电。其中，M11 为有人抢答成功标志，M10 为允许抢答继电器标志。允许抢答继电器控制梯形图程序如图 11-4 所示。

③ 正常抢答与犯规抢答的区分。如果允许抢答继电器为 1，则为正常抢答，调用子程序 P0；否则就为犯规抢答，调用子程序 P1。子程序调用梯形图程序如图 11-5 所示。

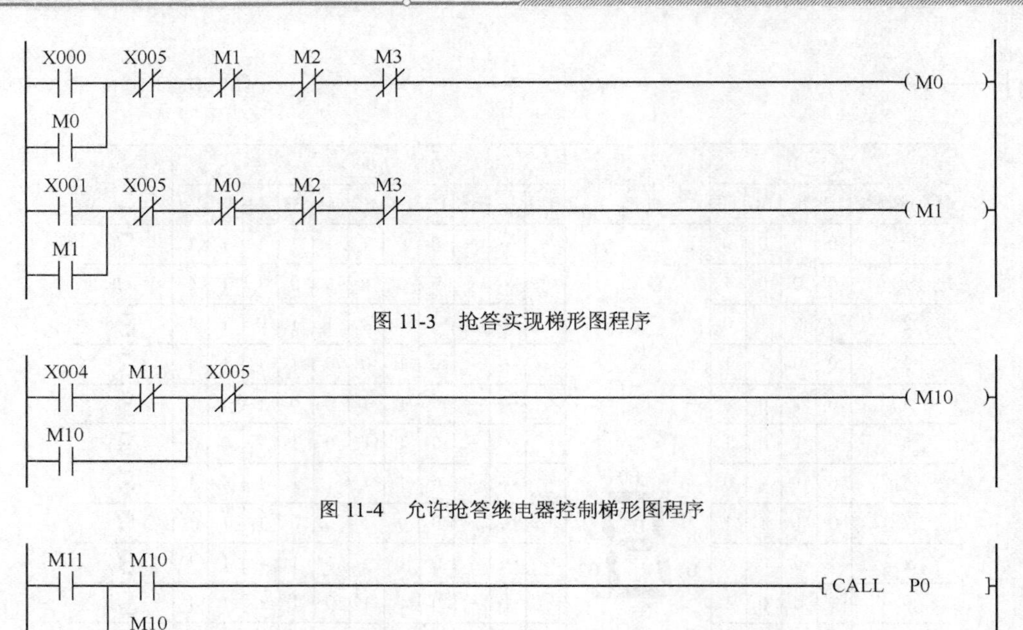

图 11-3　抢答实现梯形图程序

图 11-4　允许抢答继电器控制梯形图程序

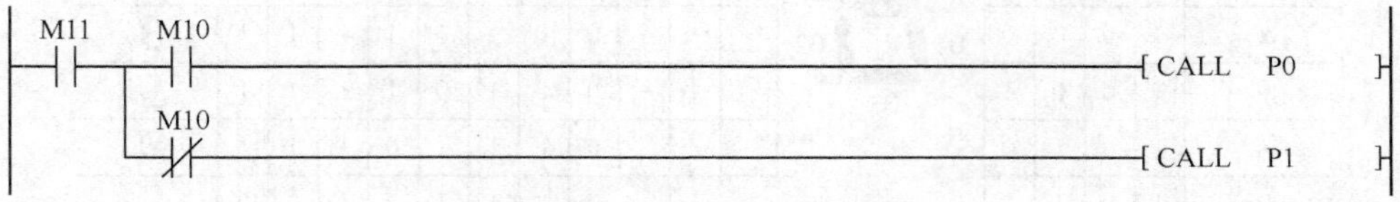

图 11-5　子程序调用梯形图程序

④ 号码显示闪烁实现。号码显示用 SEGD 指令，然后通过 M8013 每隔 0.5s 强行让显示管的所有 Y 都变成 0，则数码管实现数字的闪烁显示（0.5s 正常显示，0.5s 熄灭）。

（2）功能指令

① 若犯规标志 M1 不接通，则按下开始抢答按钮 X004，置位允许抢答标志 M0。允许抢答梯形图程序如图 11-6 所示。

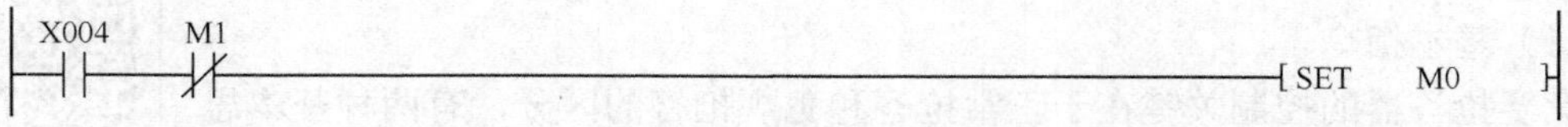

X004　M1　[SET　M0]

图 11-6　允许抢答梯形图程序

② 允许抢答标志未接通时，若获取到选手抢答按钮信号（K1X000 大于 0，说明有人按下了按钮），置位犯规标志 M1。犯规抢答梯形图程序如图 11-7 所示。

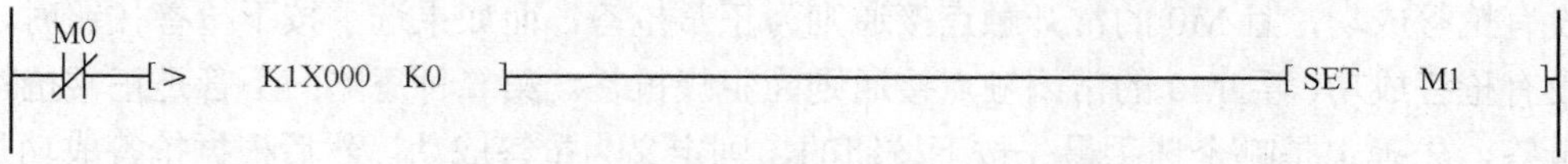

M0　[>　K1X000　K0]　[SET　M1]

图 11-7　犯规抢答梯形图程序

③ 正常抢答时，若选手按钮有信号，复位抢答标志 M0，并置位正常抢答绿灯。正常抢答梯形图程序如图 11-8 所示。

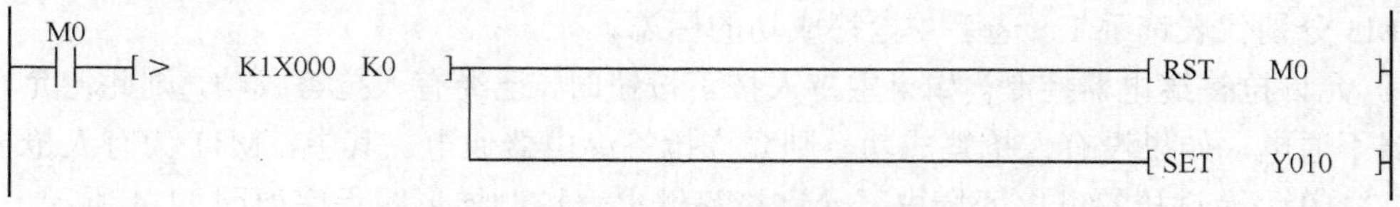

M0　[>　K1X000　K0]　[RST　M0]

[SET　Y010]

图 11-8　正常抢答梯形图程序

④ 若犯规标志 M1（犯规抢答）或者绿灯 Y010 接通（正常抢答），将获取第一个抢答选

手按钮信号，并置位 M10～M13 中的 1 位。确定抢答选手梯形图程序如图 11-9 所示。

M1
Y010
MOV K1X000 K1M10

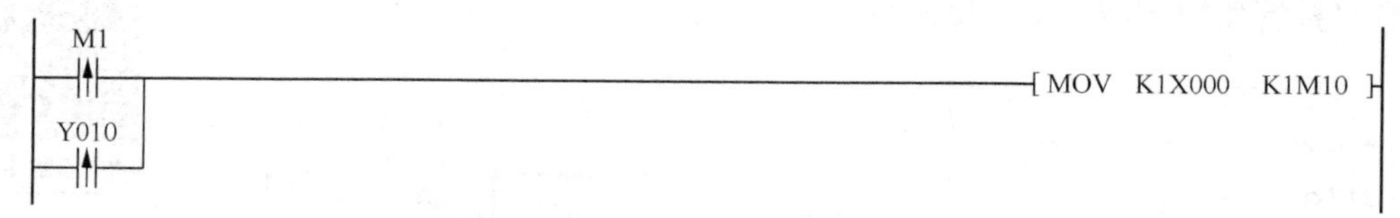

图 11-9　确定抢答选手梯形图程序

⑤ 数码管处理梯形图程序如图 11-10 所示。其中，第 1 逻辑行执行结果为：正常抢答和犯规抢答都一致显示号码。第 2 逻辑行执行结果为：犯规情况下，通过 M8013 每隔 0.5s 强行让数码管的所有 Y 都变成 0，即数码管熄灭。整体执行结果就是：正常抢答，屏幕一直显示选手号码；犯规抢答，屏幕上闪烁显示选手号码。其中，D0 存储的是抢答成功的选手号码，显然可以根据 M10～M13 的值进行赋值操作。

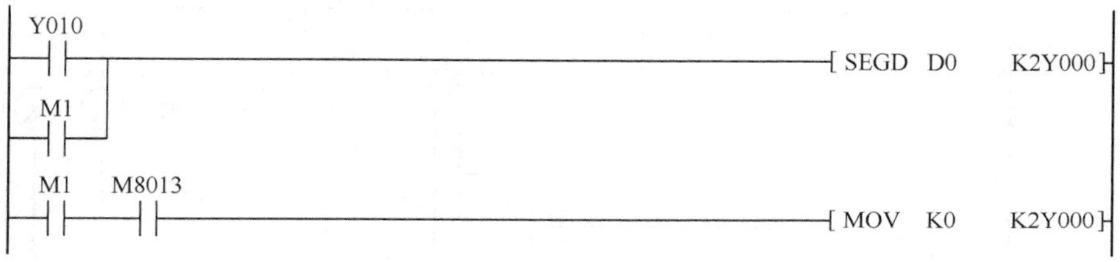

Y010
SEGD D0 K2Y000
M1
M1 M8013
MOV K0 K2Y000

图 11-10　数码管处理梯形图程序

⑥ 复位。一轮抢答结束，全体复位，其梯形图程序如图 11-11 所示。

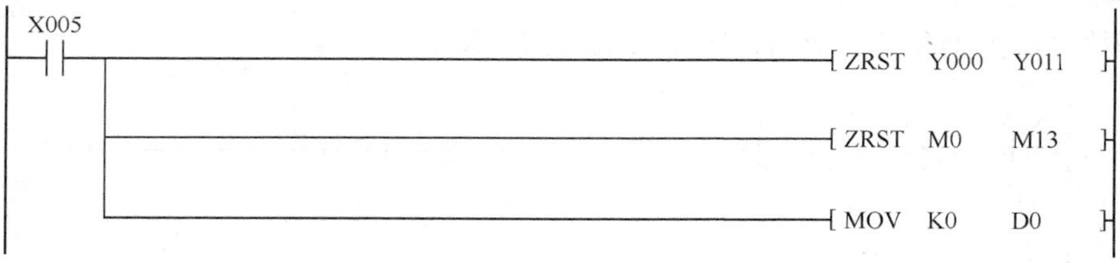

X005
ZRST Y000 Y011
ZRST M0 M13
MOV K0 D0

图 11-11　复位梯形图程序

三、任务实施

1. 分配 PLC 输入/输出端口

竞赛抢答器控制 PLC 输入/输出端口分配如表 11-3 所示。

表 11–3　竞赛抢答器控制 PLC 输入/输出端口分配表

输　入		输　出	
选手 1 抢答按钮 SB1	X000	数码管 B0 段	Y000
选手 2 抢答按钮 SB2	X001	数码管 B1 段	Y001
选手 3 抢答按钮 SB3	X002	数码管 B2 段	Y002
选手 4 抢答按钮 SB4	X003	数码管 B3 段	Y003
开始答题按钮 SB5	X004	数码管 B4 段	Y004
复位按钮 SB6	X005	数码管 B5 段	Y005
		数码管 B6 段	Y006
		绿灯 HL1	Y010
		红灯 HL2	Y011

竞赛抢答器接线仿真

2. 设计电气原理图

竞赛抢答器控制参考电气原理图如图 11-12 所示。

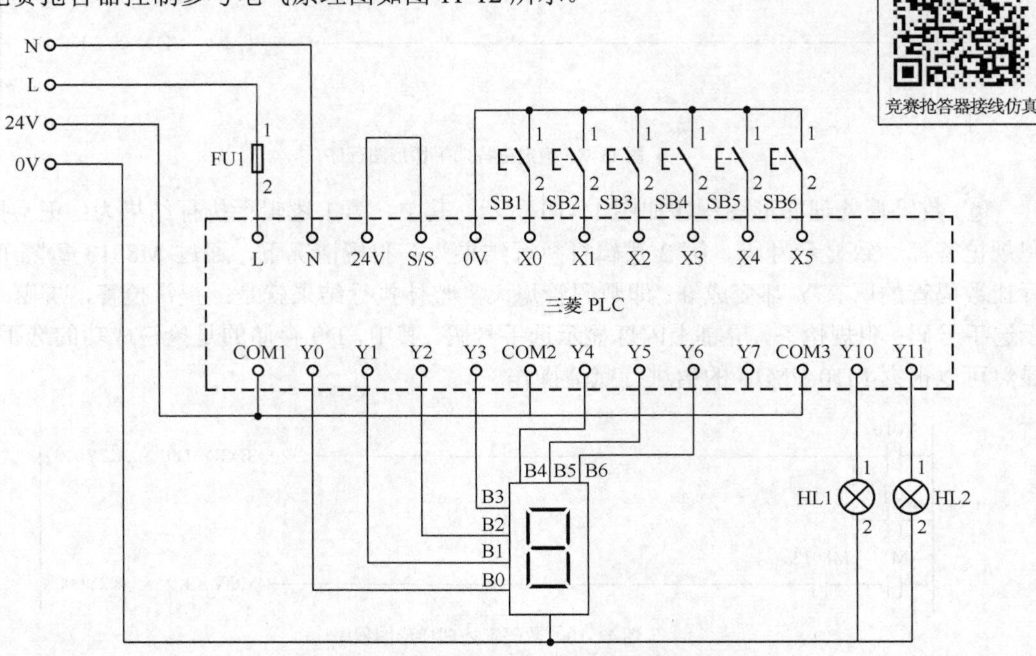

图 11-12　竞赛抢答器控制参考电气原理图

3. 编写 PLC 梯形图程序

竞赛抢答器控制参考梯形图程序如图 11-13 所示。

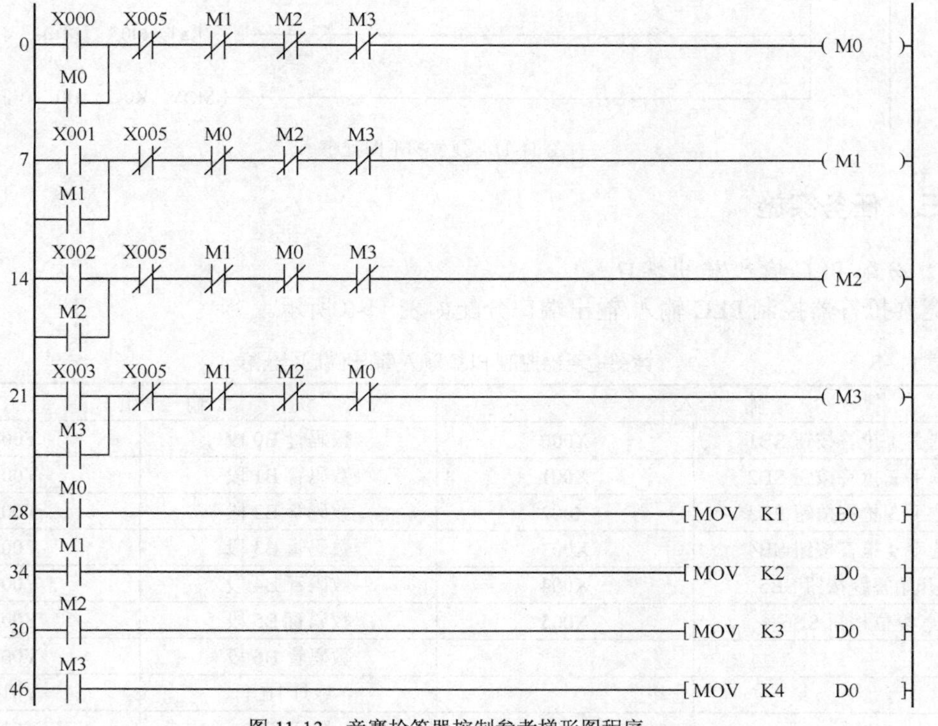

图 11-13　竞赛抢答器控制参考梯形图程序

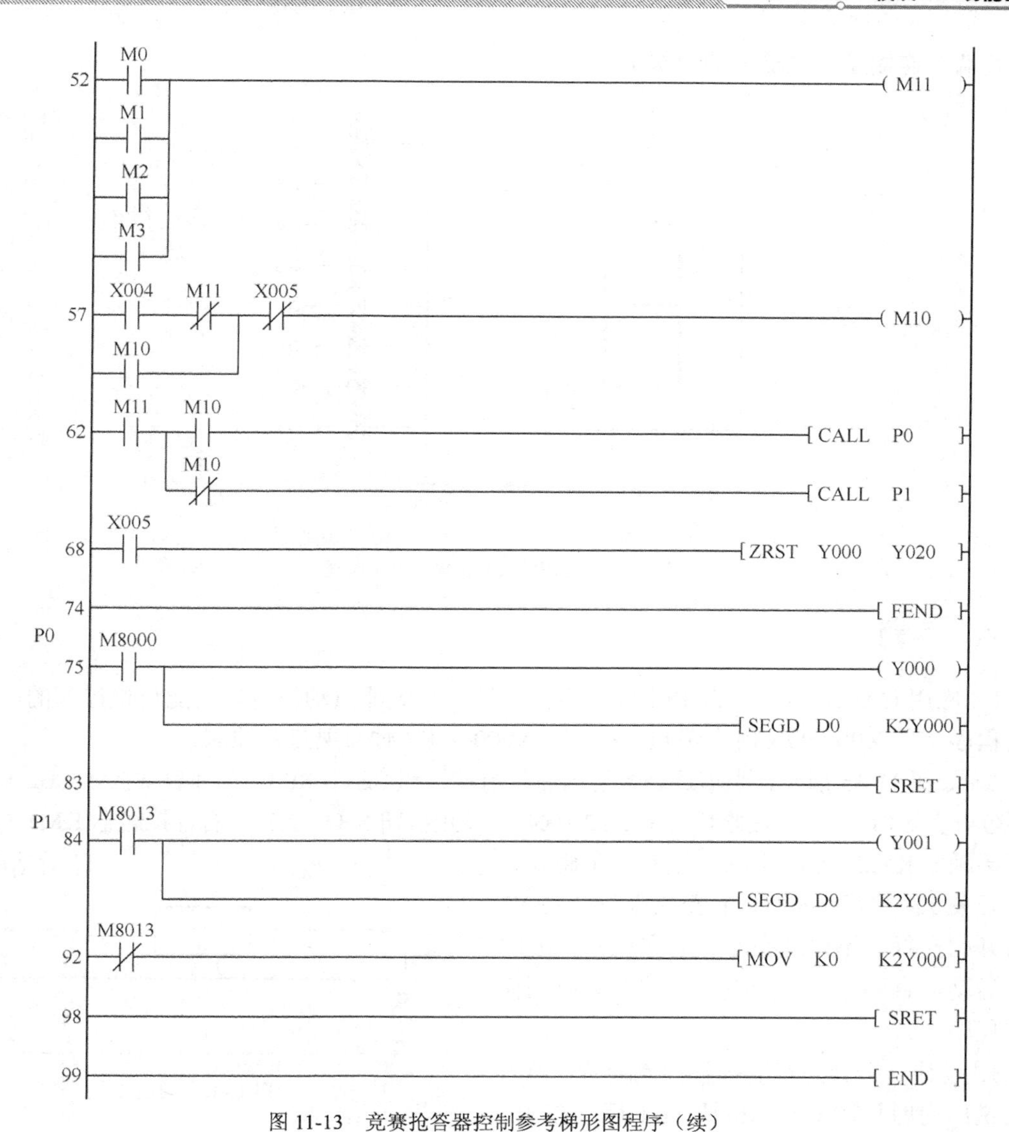

图 11-13　竞赛抢答器控制参考梯形图程序（续）

四、每课一问

如果选手 1 和选手 3 同时按下抢答按钮，会发生什么情况？

五、知识延伸

数码管显示原理

一般的七段数码管有 7 个发光二极管（三横四纵），通过控制各发光二极管的亮灭，可以显示十进制数字 0～9 和英文字母 A～F。如我们需要显示 2，则 B0(a)、B1(b)、B3(d)、B4(e)和 B6(g)几个发光二极管亮，而其他发光二极管灭。数码管分为共阴极和共阳极两大类：共阴极接法时，0V 为公共端；共阳极接法时，正极为公共端；共阴极接法的引脚图和原理图如图 11-14 所示。a～g 分别为 7 个发光二极管的正极端，dp 为显示小数点的正极端，而 Gnd

为公共端，连接发光二极管的负极端。

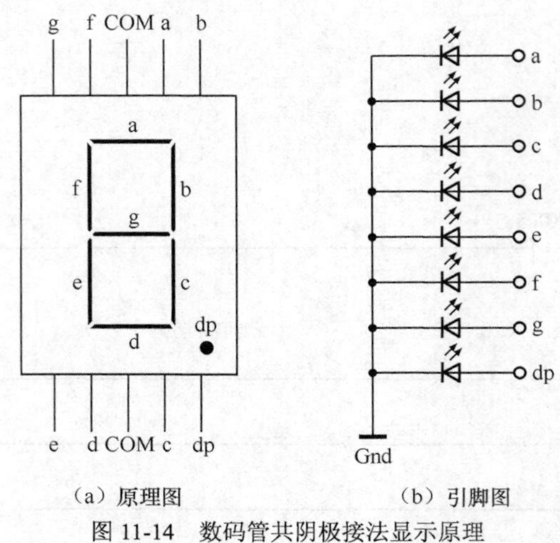

（a）原理图　　　　（b）引脚图

图 11-14　数码管共阴极接法显示原理

六、习题

1．应用 CALL、SRET 及 FEND 指令，设计一个既能点动控制，又能自锁控制的电动机控制程序，使 X000=ON 时实现点动控制，X000=OFF 时实现自锁控制。

2．如图 11-15 所示，小车运行系统由右行启动按钮 SB1（X0）、左行启动按钮 SB2（X1）、右限位开关 ST1（X3）、左限位开关 ST2（X4）、停止按钮 SB3（X2）、右行接触器 KM1（Y0）、左行接触器 KM2（Y1）构成。送料小车碰到左限位开关 X4 后开始右行，行至右限位开关 X3 处时开始左行，不停地在左、右限位开关之间往复运动，直到按下停止按钮。试编写控制梯形图程序。

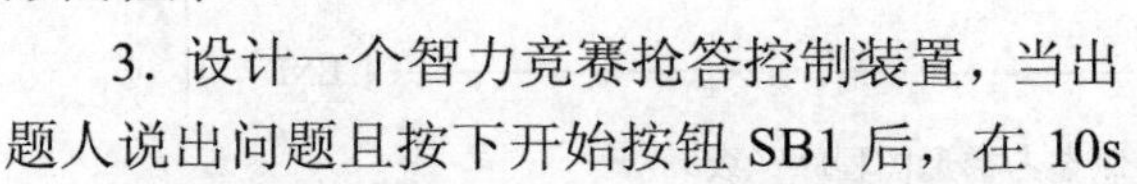

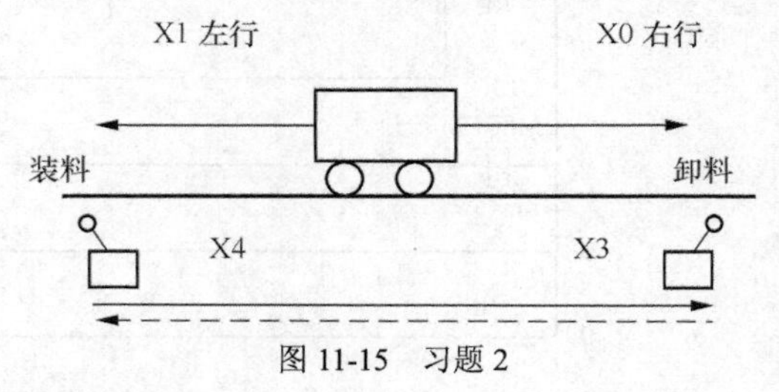

图 11-15　习题 2

3．设计一个智力竞赛抢答控制装置，当出题人说出问题且按下开始按钮 SB1 后，在 10s 之内，4 位参赛选手中只有最早按下抢答按钮的选手抢答有效，抢答桌上的灯亮 3s，赛场上的音响装置响 2s，且使按钮 SB1 复位（断开保持回路），使定时器复位。10s 后抢答无效，按钮 SB1 及定时器复位。

4．如果犯规指示灯闪烁周期为 2s，或者其他任意时间，应怎么实现？

5．某包装机，当光电开关检测到空包装箱放在指定位置时，按一下启动按钮，包装机按下面的动作顺序开始运行。

（1）料斗开关打开，物料落进包装箱。当箱中物料达到规定重量时，重量检测开关动作使料斗开关关闭，并启动封箱机对包装箱进行 5s 的封箱处理。封箱机用单线圈的电磁阀控制。

（2）当搬走处理好的包装箱，再搬上一个空箱时（均为人工搬），又重复上述过程。

（3）当成品包装箱满 50 个时，包装机自动停止运行。

试写出 I/O 分配表，画出接线图，并编写程序。

6．3 组抢答选手：儿童组 2 人、青年学生组 1 人和教授组 2 人，进行抢答比赛。儿童组任一人按按钮均可抢答，青年组一人按按钮可抢答，教授组需要两人同时按按钮才可抢答。在主持人按下按钮，同时宣布开始后 10s 内有人抢答，则对应桌面前幸运彩球转动表示祝贺，先按按钮的对应组抢答成功，10s 内无人抢答则主持人按复位键开始新的题目，进行抢答。试用经验法设计梯形图程序，并写出 I/O 分配表。

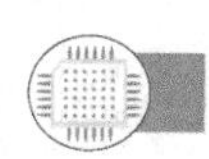

任务 12　十字路口交通信号灯控制

一、任务描述

交通信号灯是生活中用于控制交通秩序的器件，处处可见。

十字路口交通信号灯控制任务描述

某十字路口交通信号灯的控制要求为：按下启动按钮 SB1 时，东西方向绿灯亮，并维持 15s，同时南北方向红灯亮，并维持 20s。15s 后，东西方向绿灯闪烁，闪烁 3s 后熄灭，东西方向绿灯熄灭时，东西方向黄灯亮。2s 后，东西方向黄灯熄灭，东西方向红灯亮，保持 15s，同时，南北方向红灯熄灭，南北方向绿灯亮，保持 10s。南北方向绿灯亮 10s 后，开始闪烁 3s。之后南北方向黄灯亮，维持 2s 后熄灭，这时南北方向红灯亮，东西方向绿灯亮，周而复始。按下停止按钮 SB2 时，所有灯熄灭。南北方向及东西方向均有两位数码管倒计时显示牌同时显示相应的指示灯剩余时间值。请进行输入/输出端口分配、电气原理图设计，完成十字路口交通信号灯控制硬件接线，并完成十字路口交通信号灯控制梯形图程序的编写、下载与调试任务。

学习目标

1. 掌握几种不同数码管的应用情境；
2. 掌握内置 BCD 译码器的数码管显示原理和接线方法；
3. 掌握 BCD 转换指令的使用；
4. 能够正确画出较复杂的时序图；
5. 根据时序图，明晰负载输出与定时器状态之间的逻辑关系，并通过编程实现；
6. 掌握定时器当前值与状态位的正确用法；
7. 比较基本指令与功能指令编程的优缺点。

二、知识准备

1. BCD 码数码管的显示原理与接口

数码管显示方式比较

常用七段数码管通过控制内部的 7 段发光体，可以显示 0～9、A～F 间的 15 个数码。普通七段数码管显示一位数字，需要用到 PLC 的 7 个输出点，这显然是不经济的。为此很多数码管模块内置相应译码电路，以减少 PLC 输出点使用。常用的为内置了 BCD 译码器电路的七段数码管。其控制 1 位数码管只需要 4 个 PLC 点位，在显示位数不太多的情况下应用比较广泛。还有一种为内置 BCD 译码器电路并带有锁存电路的七段数码管，其只需要 8 个 PLC 输出点分别控制代表 1、2、4、8 的 4 根线和代表位数个、十、百、千的 4 根线，再配合功能指令 SEGL（带锁存的七段码显示指令，见任务 13 的介绍）就可以轻松地控制 4 位数码管的显示，但注意 SEGL 指令需匹配晶体管输出型 PLC。

内置 BCD 译码器电路的 2 位七段数码管的接线端和显示情况如图 12-1 所示。

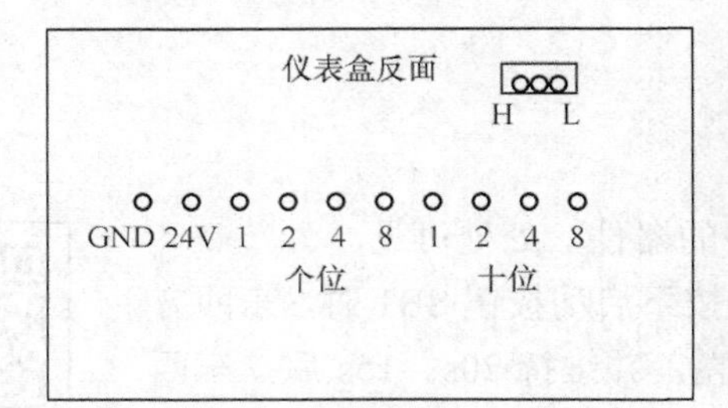

（a）接线端

（b）显示情况

图 12-1 内置 BCD 译码器电路的 2 位七段数码管

BCD 七段译码器是将 4 位二进制编码转化为十进制数码（BCD），并通过七段数码管显示相应数字的译码器，其输入为 4 位二进制数，输出为七段数码管各段的驱动信号 B0～B6。从而通过 4 位 PLC 输出点就可以控制一位数码管共 7 段二极管的亮灭状态。BCD 七段译码器真值表如表 12-1 所示。

表 12-1 BCD 七段译码器真值表

输入				七段码构成	输出							显示数据
8	4	2	1		B6	B5	B4	B3	B2	B1	B0	
0	0	0	0	B0 B5 B1 B6 B4 B2 B3	0	1	1	1	1	1	1	0
0	0	0	1		0	0	0	0	1	1	0	1
0	0	1	0		1	0	1	1	0	1	1	2
0	0	1	1		1	0	0	1	1	1	1	3
0	1	0	0		1	1	0	0	1	1	0	4
0	1	0	1		1	1	0	1	1	0	1	5
0	1	1	0		1	1	1	1	1	0	1	6
0	1	1	1		0	1	0	0	1	1	1	7
1	0	0	0		1	1	1	1	1	1	1	8
1	0	0	1		1	1	0	1	1	1	1	9

2. BCD 转换指令

BCD 码是十进制代码中最常用的一种。利用 4 个位元存储一个十进制的数值，使十进制数和二进制数之间的转换得以快捷地进行，但要注意二进制数是分块存在的。在这种编码方式中，4 个位元中每一位二进制代码的“1”都代表一个固定数值。将每位“1”所代表的二进制数加起来就可以得到它所代表的十进制数。因为代码中从左至右看，每一位“1”分别代表数字“8”“4”“2”“1”，故 BCD 码又名 8421 码。其中每一位“1”代表的十进制数称为这一位的权。

BCD 转换指令

BCD 转换指令的作用是：将源地址中的二进制数转换为 BCD 码并送到目标地址中。在带 BCD 译码的七段数码管显示器中显示数值时，可使用本指令。BCD 转换指令的助记符、指令作用和操作数如表 12-2 所示。

表 12-2　　BCD 指令说明

指令名称	助记符	指令作用	操作数	
			S·	D·
BCD 转换指令	BCD	将源地址二进制数转换为 BCD 码并送到目标地址	KnX、KnY、KnS、KnM、T、C、D、V、Z	KnY、KnS、KnM、T、C、D、V、Z

BCD 转换指令的使用说明如图 12-2 所示。X000 为 ON 时，执行 BCD 转换指令，将源操作数中的二进制数 0000000000111110 转换成十进制数为 K62，然后把个位上的“2”转变成 BCD 码的第 1 组位元 0010 并分别传送给 Y003～Y000，把十位上的“6”转变成 BCD 码的第 2 组位元 0110 并分别传送给 Y007～Y004。需要注意：若此例中 D0 中的数据大于 99，则只取其个位和十位上的数字进行转换。如 D0 中的值为 K123，与 D0 中的值为 K23 的转换结果一致。

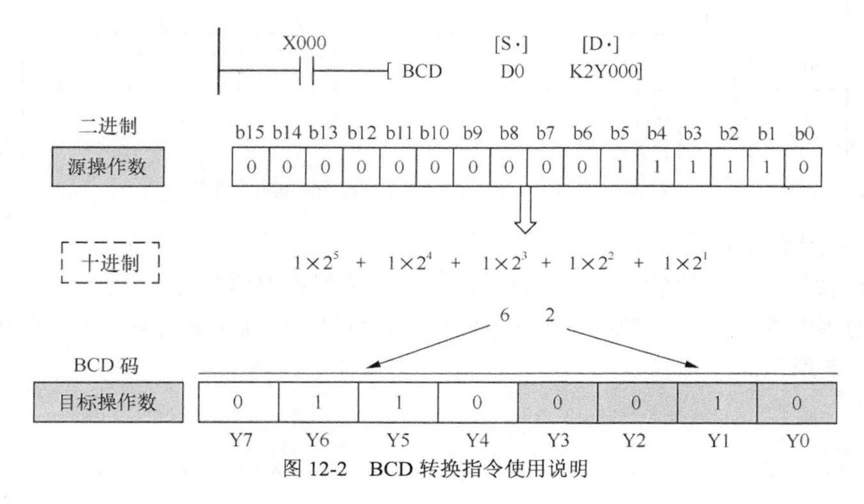

图 12-2　BCD 转换指令使用说明

3. 编程思路

对于交通信号灯控制这类涉及多个时间段又有多个输出的控制任务，首先应该根据控制任务要求画出时序图，如图 12-3 所示。

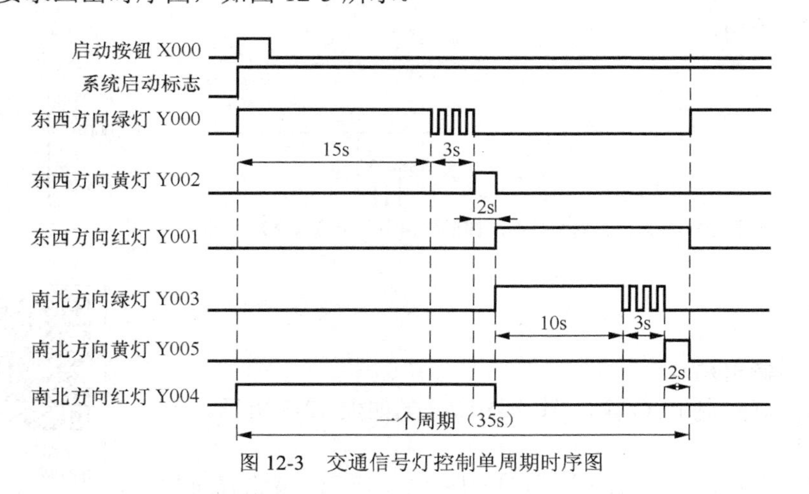

图 12-3　交通信号灯控制单周期时序图

十字路口交通信号灯控制编程思路

（1）基本指令实现

利用基本指令控制交通信号灯是一个典型的时序控制的例子。关键在于用定时器将灯状态变化的“时间点”表示出来。根据图 12-3 所示控制时序图，按一个周期 35s 计算，从按下启动按钮开始，其关键时间节点分别为 15s、18s、20s、30s、33s 和 35s，其对应的定时器分别用 T0～T5 表示。然后根据各灯应该在什么时间段为 1，写出交通信号灯输出程序。以东西方向绿灯（Y000）为例，其在两种情况下亮：①已经按下启动按钮，但 T0 未通电时长亮；②T0 已通电，而 T1 未通电时闪烁，其梯形图程序如图 12-4 所示。

图 12-4　东西方向绿灯控制梯形图程序（基本指令）

（2）功能指令实现

① 启动按钮按下后的状态用 M0 表示，用典型启保停电路即可。

② 通过 M0 控制定时器 T0，定时时间为 35s，每过 35s 就重新循环。定时器控制梯形图程序如图 12-5 所示。

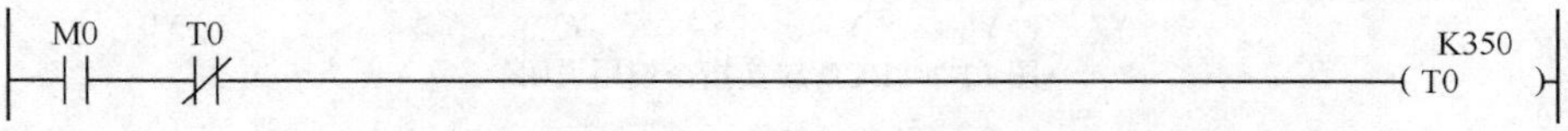

M0　T0　K350　T0

图 12-5　定时器控制梯形图程序

东西方向绿灯每个周期在 0～15s 长亮，然后在 15～18s 闪烁亮，利用触点比较指令编写的梯形图程序如图 12-6 所示。

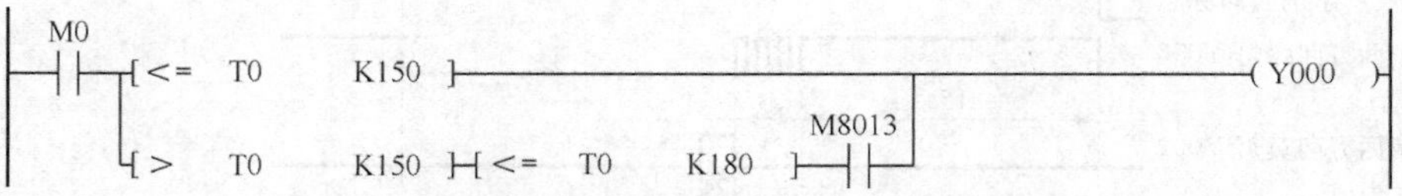

M0　[<=　T0　K150]　(Y000)
[>　T0　K150]　[<=　T0　K180]　M8013

图 12-6　东西方向绿灯控制梯形图程序（功能指令）

三、任务实施

十字路口交通信号灯控制云平台仿真实践

1. 分配 PLC 输入/输出端口

十字路口交通信号灯控制 PLC 输入/输出端口分配如表 12-3 所示。

2. 设计电气原理图

十字路口交通信号灯控制参考电气原理图如图 12-7 所示。南北方向数码管接线与东西方向数码管接线类似，可自行添加。

表 12-3　　十字路口交通信号灯控制输入/输出端口分配表

输入		输出	
启动按钮 SB1	X000	东西方向绿灯 HL1	Y000
停止按钮 SB2	X001	东西方向红灯 HL2	Y001
		东西方向黄灯 HL3	Y002
		南北方向绿灯 HL4	Y003
		南北方向红灯 HL5	Y004
		南北方向黄灯 HL6	Y005
		东西方向数码管个位数据线 1、2、4、8	Y010～Y013
		东西方向数码管十位数据线 1、2、4、8	Y014～Y017
		南北方向数码管个位数据线 1、2、4、8	Y020～Y023
		南北方向数码管十位数据线 1、2、4、8	Y024～Y027

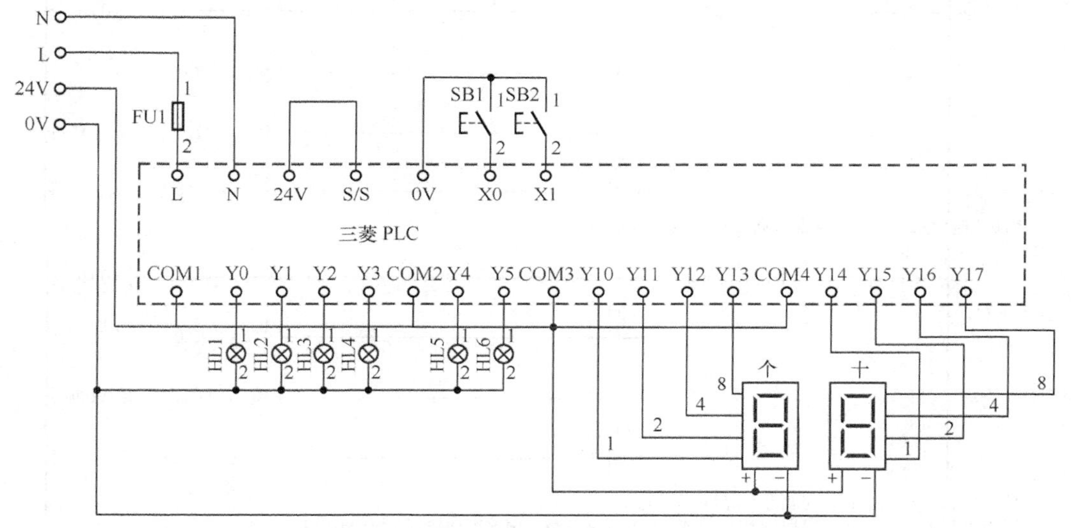

图 12-7　十字路口交通信号灯控制参考电气原理图

3. 编写 PLC 梯形图程序

编写较为复杂的程序时，一般在程序指令上方或下方简单注明其含义，通过注释一目了然，从而节省大量时间去阅读程序。带注释的十字路口交通信号灯控制参考梯形图程序如图 12-8 所示。

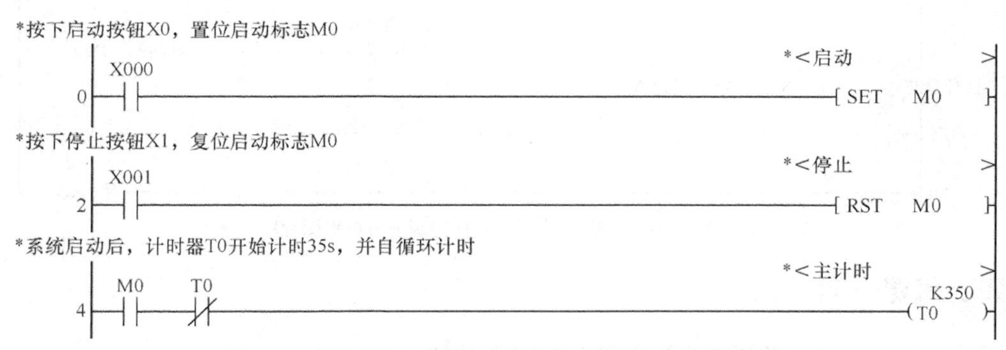

图 12-8　带注释的十字路口交通信号灯控制参考梯形图程序

```
*T0计时15s之前东西方向绿灯Y0长亮
*T0计时15～18s之间，启动T1和T2组成的0.5s闪烁电路，东西方向绿灯Y0闪烁
        M0
 9  ──┤├──[<=   T0   K150 ]──────────────────────────(Y000 )
           [>    T0   K150 ][<=  T0  K180 ]──┤├──┘
                                            M8013
        M0                 Y000
 29 ──┤├──[<=   T0   K150 ]──┤↑├──────────[MOV  K15   D10   ]
                            ├──────────────[BCD  D10   K2Y010]
                            │ M8013
                            └─┤↑├──────────[DEC  D10         ]
*T0计时18～20s之间，东西方向黄灯Y2亮
        M0
 54 ──┤├──[>    T0   K180 ][<=  T0  K200 ]───────────(Y002 )
*T0计时20s后，东西方向红灯Y1开始长亮
        M0
 66 ──┤├──[>    T0   K200 ]──────────────────────────(Y001 )
                            │ Y001
                            ├─┤↑├──────────[MOV  K15   D10   ]
                            ├──────────────[BCD  D10   K2Y010]
                            │ M8013
                            └─┤↑├──────────[DEC  D10         ]
*T0计时0～20s之间，南北方向红灯Y4保持长亮
        M0
 92 ──┤├──[<=   T0   K200 ]──────────────────────────(Y004 )
                            │ Y004
                            ├─┤↑├──────────[MOV  K20   D12   ]
                            ├──────────────[BCD  D12   K2Y020]
                            │ M8013
                            └─┤↑├──────────[DEC  D12         ]
*T0计时20～30s之间，南北方向绿灯Y3长亮
*T0计时30～33s之间，启动T4和T5组成的0.5s闪烁电路，南北方向绿灯Y3开始闪烁
        M0
118 ──┤├──[>    T0   K200 ][<=  T0  K300 ]───────────(Y003 )
           [>    T0   K300 ][<=  T0  K330 ]──┤├──┘
                                            M8013
        M0                                  Y003
143 ──┤├──[>    T0   K200 ][<=  T0  K300 ]──┤↑├──[MOV  K10   D12   ]
                                            ├──────[BCD  D12   K2Y020]
                                            │ M8013
                                            └─┤↑├──[DEC  D20         ]
*T0计时33s后，南北方向黄灯Y5开始保持长亮
        M0
173 ──┤├──[>    T0   K330 ]──────────────────────────(Y005 )

180 ─────────────────────────────────────────────────[END  ]
```

图 12-8　带注释的十字路口交通信号灯控制参考梯形图程序（续）

四、每课一问

倒计时能不能采用普通的七段数码管？如何实现？

五、知识延伸

BIN 转换指令

BIN 转换指令的作用是将十进制数（BCD）转换成二进制数（BIN）。在将数字式开关等以 BCD（十进制数）设定的数值转换成在可编程控制器的运算中可以处理的 BIN（二进制数）数据并可成功读取的情况下，可以使用本指令。BIN 转换指令的助记符、指令作用、操作数如表 12-4 所示。

表 12-4　BIN 转换指令要点

指令名称	助记符	指令作用	操作数	
			S·	D·
BIN 转换指令	BIN	将十进制数（BCD）转换成二进制数（BIN）	KnX、KnY、KnM、KnS、T、C、D、V、Z	KnY、KnM、KnS、T、C、D、V、Z

BIN 转换指令的使用说明如图 12-9 所示。X000 为 ON 时，执行 BIN 转换指令，将源操作数中的 BCD 码数 00110111 进行十进制转换成 K37，然后将十进制数转换成二进制数（BIN）00100101。

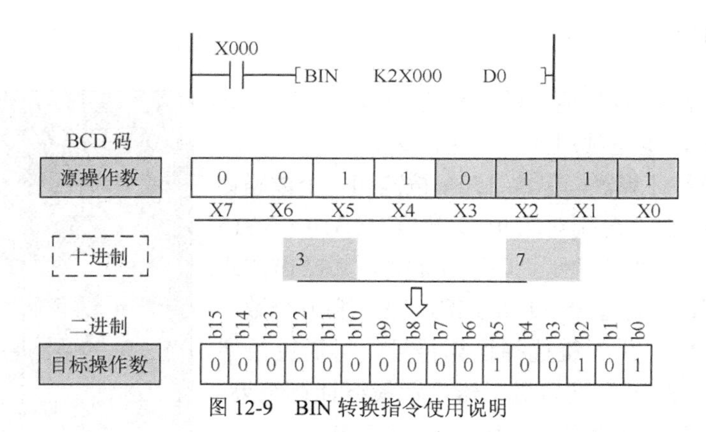

图 12-9　BIN 转换指令使用说明

六、习题

1．设计一个报警控制程序。输入信号 X000 为报警输入，当 X000 为 ON 时，报警信号灯 Y000 闪烁，闪烁周期为 1s（亮和灭的持续时间均为 0.5s），报警蜂鸣器 Y001 有声音输出。报警响应 X001 为 ON 时，报警灯由闪烁变为长亮且报警蜂鸣器停止发声。按下报警解除按钮 X002 时，报警灯熄灭。为测试报警灯和报警蜂鸣器的好坏，可用测试按钮 X003 随时测试。

2．设计一个彩灯控制系统，要求接上电源后，按下按钮 SB1 时，红、绿、黄 3 种彩灯依次循环点亮，每种彩灯点亮和熄灭的时间间隔为 0.5s。按下按钮 SB2 时，系统停止。

3．现提出一种按钮控制式交通信号灯控制方案。按钮控制式交通信号灯控制及路口示意图如图 12-10（a）所示。平时，车道方向始终亮绿灯，人行横道方向始终亮红灯。当有行人要通过时，先按下“通过”按钮，经 30s 延时，车道方向亮黄灯，再经延时 10s 后，车道方向亮红灯，再经延时 5s，人行横道方向亮绿灯，控制时序如图 12-10（b）所示。

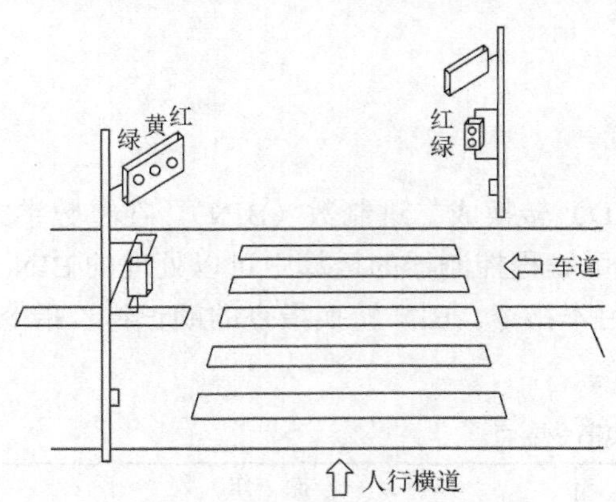

（a）按钮控制式交通信号灯控制及路口示意图

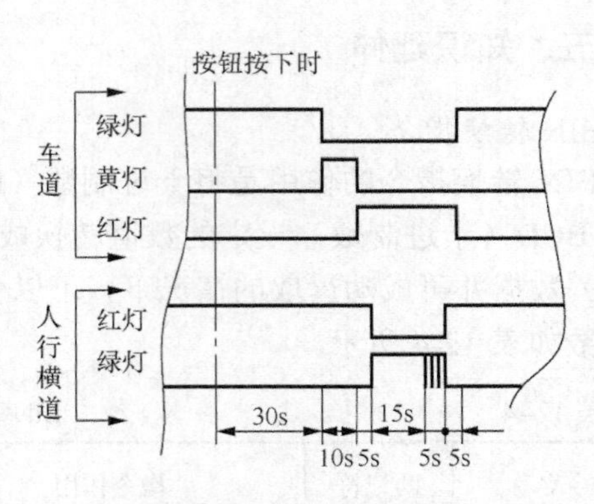

（b）按钮控制式交通信号灯控制时序图

图 12-10　习题 3

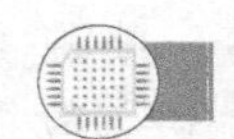

任务 13　简易计算器设计

一、任务描述

计算器是指能进行数学运算的手持电子装置，可广泛运用于商业交易中，也是常用的办公用品之一。

试设计一个简易计算器，包含 15 个按键和一个数码管显示器。按键 SB0～SB9 分别对应 0～9 数值，SB10～SB15 分别为"+""−""×""÷""=""C"功能键。其操作方式与普通计算器相同，即通过 0～9 数字键，输入第 1 个数，之后按"+""−""×""÷"键选择运算符号，再通过数字键输入第 2 个数，按"="键后显示器显示最终计算结果。按下"C"键，清除一位数字；长按 1.5s"C"键，清屏。请进行输入/输出端口分配、电气原理图设计，并完成简易计算器控制梯形图程序的编写、下载与调试任务。

学习目标

1. 掌握乘法与除法的运算指令；
2. 掌握带锁存 4 位七段数码管接线原理和 7SEG 码时分显示指令 SEGL；
3. 理解多位数输入原理与程序实现方式。

二、知识准备

1. 加法与减法指令

加法指令是指将指定源操作数地址中的数据相加，并将运算结果存到目标操作数中。减法指令是指将指定源操作数地址中的数据相减，并将运算结果存到目标操作数中。加法和减法指令的助记符、指令作用和操作数如表 13-1 所示。

表 13-1　　加法和减法指令说明

指令名称	助记符	指令作用	操作数		
			S1·	S2·	D·
加法指令	ADD	2 个值进行加法运算($A+B=C$)后得出结果	KnX、KnY、KnM、KnS、T、C、D、V、Z、K、H		KnY、KnM、KnS、T、C、D、V、Z
减法指令	SUB	2 个值进行减法运算($A-B=C$)后得出结果			

加法指令 ADD 的使用如图 13-1（a）所示（图中 ADDP 表示脉冲执行型的加法指令）。触发条件 X000 为 ON 时，源操作数 D0 与 D2 的数据相加，将结果存到目标操作数 D4 中。运算是代数运算，如 5+（−7）=−2。减法指令 SUB 的使用如图 13-1（b）所示（SUBP 表示脉冲执行型的减法指令）。触发条件 X000 为 ON 时，源操作数 D0 数据减去 D2 数据，将结果存到目标操作数 D4 中。运算是代数运算，如 5−（−7）=12。

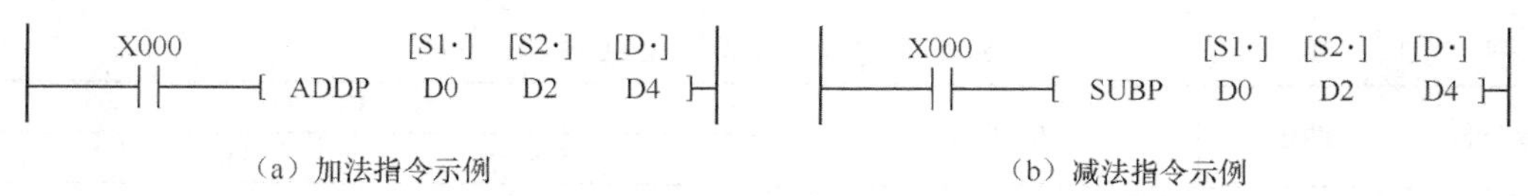

（a）加法指令示例　　（b）减法指令示例

图 13-1　加法与减法指令使用示例

执行加法和减法指令会影响 3 个常用标志位：M8020（零标志）、M8021（借位标志）和 M8022（进位标志）。如果运算结果为 0，则 M8020 置 1；如果运算结果超过 32 767（16 位）或 2 147 483 647（32 位），则 M8022 置 1；如果运算结果小于−32 767（16 位）或−2 147 483 647（32 位），则 M8021 置 1。

2. 乘法与除法指令

乘法指令是指将指定源操作数地址中的数据相乘，并将运算结果存到目标操作数中。除法指令是指将指定源操作数地址中的数据相除，并将商存到目标操作数，将余数存到目标操作数的下一个地址中。乘法与除法指令的助记符、指令作用和操作数如表 13-2 所示。

表 13-2　　乘法与除法指令说明

指令名称	助记符	指令作用	操作数		
			S1·	S2·	D·
乘法指令	MUL	2 个值进行乘法运算($A \times B=C$)后得出结果	KnX、KnY、KnM、KnS、T、C、D、Z、K、H		KnY、KnM、KnS、T、C、D、V、Z
除法指令	DIV	2 个值进行除法运算[$A \div B=C \cdots$(余数)]后得出结果			

乘法运算指令 MUL 的使用如图 13-2（a）所示。触发条件 X000 为 ON 时，源操作数 D0 数据（16 位）乘以 D2 数据（16 位），将结果存到目标操作数（D5，D4）（32 位）中。触发条件 X000 为 OFF 时，指令不执行，数据保持不变。MUL 指令一般采用脉冲执行方式，即 MULP。

除法运算指令 DIV 的使用如图 13-2（b）所示。触发条件 X000 为 ON 时，源操作数 D0 数据（16 位）除以 D2 数据（16 位），将商存到目标操作数 D4，而余数存到 D5。触发条件 X000 为 OFF 时，指令不执行，数据保持不变。DIV 指令一般也采用脉冲执行方式，即 DIVP。

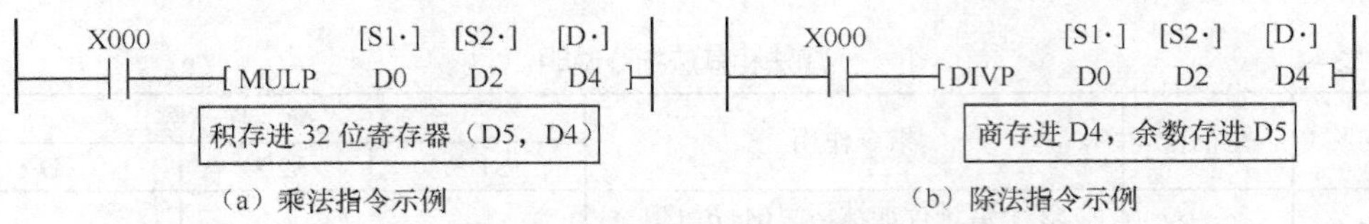

（a）乘法指令示例 （b）除法指令示例

图 13-2 乘法与除法指令使用示例

3. 7SEG 码时分显示指令 SEGL

7SEG 码时分显示指令 SEGL

7SEG 码时分显示指令 SEGL 的作用是：与带 BCD 译码以及锁存功能的数码管配合，控制 1 组或 2 组 4 位数带锁存的七段数码管显示。SEGL 指令分为 16 位和 32 位操作方式。当为 16 位 SEGL 指令时，目标操作数为从[D・]开始的 8 位输出继电器元件组合。当为 32 位 DSEGL 指令时，目标操作数为从[D・]开始的 12 位输出继电器元件组合。SEGL 指令的助记符、指令作用和操作数如表 13-3 所示。

表 13-3 7SEG 码时分显示指令 SEGL 说明

指令名称	助记符	指令作用	操作数		
			S・	D・	n
7SEG 码时分显示指令	SEGL	控制 4 位数带锁存的七段数码管显示	KnX、KnY、KnS、KnM、T、C、D、V、Z、K、H	Y	K、H

SEGL 指令的使用说明如图 13-3 所示。X000 为 ON 时，触发 SEGL 指令。PLC 将选通信号 Y004～Y007 采用时分方式依次输出为 1，源操作数[S・]中的二进制数据转换成 BCD 数据后，也按照时分方式将 Y000～Y003 依次输出每一位 BCD 码。即 PLC 按照一定的频率，首先将个位选通信号 Y004 置为 1（Y005～Y007 为 0），同时将源操作数个位数字“6”转换成 BCD 码 “0110”，并从 Y003～Y000 端口输出，完成数码管个位数的显示。然后将十位选通信号 Y005 置为 1（Y004、Y006、Y007 都为 0），同时将源操作数十位数字“5”转换成 BCD 码“0101”，并从 Y003～Y000 端口输出，完成数码管十位数的显示。采用同样的方式可以完成百位和千位数据的显示。由于 SEGL 采用时分方式依次输出，所以只适用于晶体管输出型的 PLC。

参数 n 需根据 PLC 的输出逻辑、七段数码管数据输入逻辑和选通信号逻辑进行设定。当控制 1 组数码管时，n 的设定范围为 K0～K3。当控制 2 组数码管时，n 的设定范围为 K4～K7。具体可参考 FX_{3U} 编程手册。如 PLC 输出类型为漏型（负逻辑），而数码管的数据输入逻辑和选通信号逻辑都为负逻辑时，则参数 n 应设定为 K0。其对应输出接线图如图 13-4 所示。

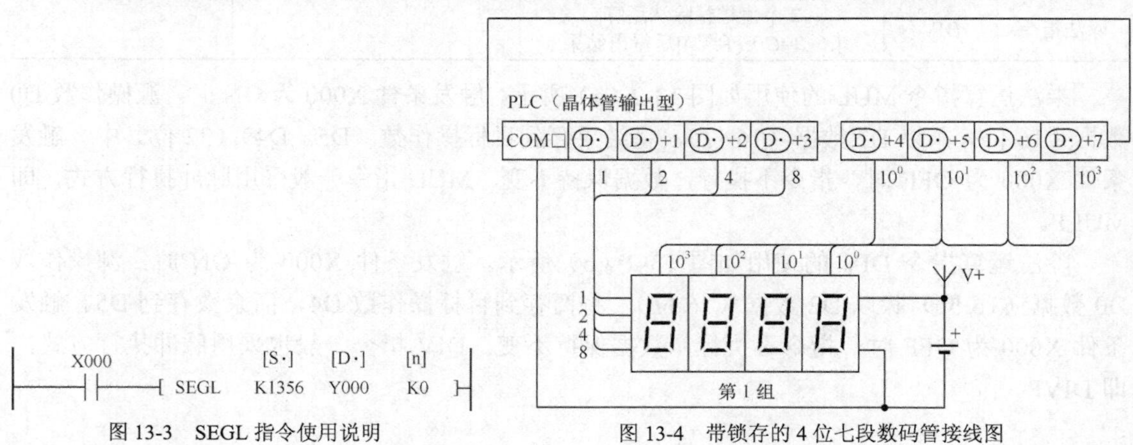

图 13-3 SEGL 指令使用说明 图 13-4 带锁存的 4 位七段数码管接线图

4. 编程思路

（1）多位数输入编程

多位数的输入关键在于进位的处理。输入数据时，我们一般按照从高位到低位的习惯，依次输入各位数字。如需要输入 122，我们的动作肯定是先后按下字母键“1”“2”“2”。输入数字时，当前值放在个位，而之前的数据都进 1 位（乘以 10 即可）。所以输入多位数时，需要依次执行乘法运算和加法运算，并将结果存储进同一个寄存器（如 D0，可记为输入暂存值）。其程序编写如图 13-5 所示。

```
X001
─┤├─┬──────────────[ MULP  D0   K10   D0 ]
    └──────────────[ ADDP  D0   K1    D0 ]
```

图 13-5　多位数输入编程梯形图程序

（2）“+”“−”“×”“÷”运算符号处理

后面按下“=”时，首先需要区分本次按下的运算符号是“+”“−”“×”还是“÷”，即需要对按下的运算符号做好记录，分别以 M0=1、M1=1、M2=1 和 M3=1 表示，通过置位指令实现，注意 M0、M1、M2 和 M3 之间应互锁。

其次，运算符号输入处在两次数字输入之间，如按下“−”键时，需要将之前输入的暂存值（D0）存进另一个寄存器（如 D10），作为被减数，然后把 D0 的数据清零，为输入下一个数据也就是减数（当然仍然是 D0）做准备。该程序如图 13-6 所示。

```
X012   M1    M2    M3
─┤↑├──┤/├───┤/├───┤/├──────────[ SET   M0  ]
 M0
─┤├─┬──────────────────────────[ MOVP  D0  D10 ]
 M1 │
─┤├─┼──────────────────────────[ MOVP  K0  D0  ]
 M2 │
─┤├─┤
 M3 │
─┤├─┘
```

图 13-6　运算符号处理梯形图程序

（3）“C”处理

短按“C”键的目的是撤销最后输入的数字，如本来输了“632”，想撤掉“2”，变成“63”，用除法（632÷10）就可以实现。长按“C”键（超过 1.5s），则可进行清零操作，读者可自行编程尝试。撤销处理梯形图程序如图 13-7 所示。

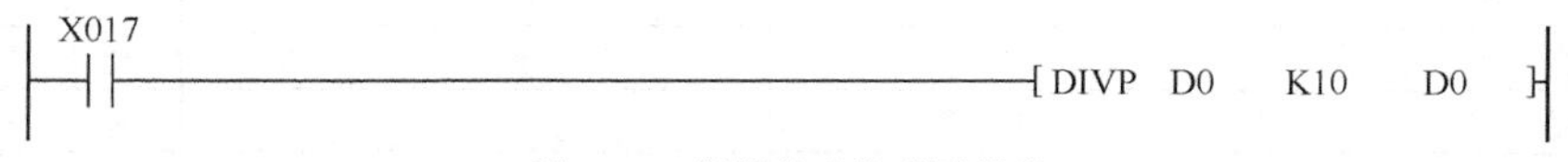

图 13-7　撤销处理梯形图程序

（4）“=”的处理

按下“=”的时候，首先把输入的暂存值存进 D20（第 2 个数），再根据记录的之前输入的运算符号“+”“−”“×”“÷”等进行相应计算即可。如之前输入的是“+”，则 M0 为 1，其常开触点接通，进行第 2 逻辑行的加法运算，计算结果存进 D0；如之前输入的是“-”，则 M1 为 1，其常开触点接通，进行第 3 逻辑行的减法运算；依次类推。为什么运算结果存储进 D0 呢？因为显示屏永远只显示 D0 的值，且运算结果存储进 D0，可作为下一次运算的第一个数，从而可进行累加运算。特别注意：不要忘记复位之前的运算符号记忆，为下次运算做准备。等号处理梯形图程序如图 13-8 所示。

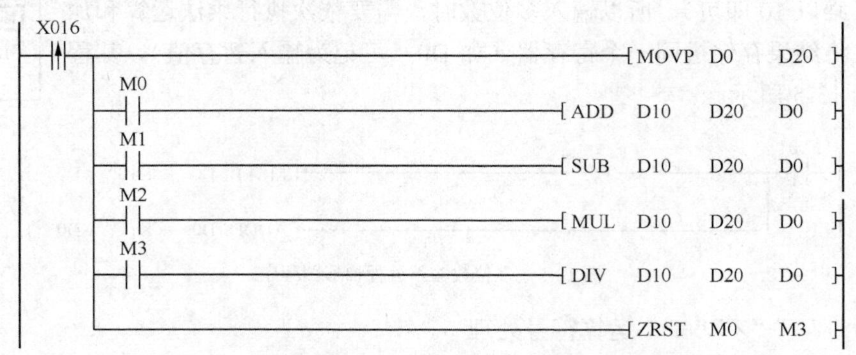

图 13-8 等号处理梯形图程序

（5）数字显示

数字显示直接利用 SEGL 指令即可。其程序编写如图 13-9 所示。

M8000 ［SEGL D0 Y000 K0］

图 13-9 数字显示梯形图程序

三、任务实施

1. 分配 PLC 输入/输出端口

简易计算器 PLC 输入/输出端口分配如表 13-4 所示。

表 13-4 简易计算器 PLC 输入/输出端口分配表

输入		输出	
按键“0”	X000	数据线 1	Y000
按键“1”	X001	数据线 2	Y001
……	……	数据线 3	Y002
按键“7”	X007	数据线 4	Y003
按键“8”	X010	个位选通线	Y004
按键“9”	X011	十位选通线	Y005
按键“+”	X012	百位选通线	Y006
按键“-”	X013	千位选通线	Y007
按键“×”	X014		
按键“÷”	X015		
按键“=”	X016		
按键“C”	X017		

2. 设计电气原理图

简易计算器参考电气原理图如图 13-10 所示。带 BCD 译码以及锁存功能的数码管一般需利用 7SEG 码时分显示指令 SEGL 驱动，由于 SEGL 指令采用时分方式依次输出，对 PLC 的扫描频率要求极高，所以只适用于晶体管输出型的 PLC。

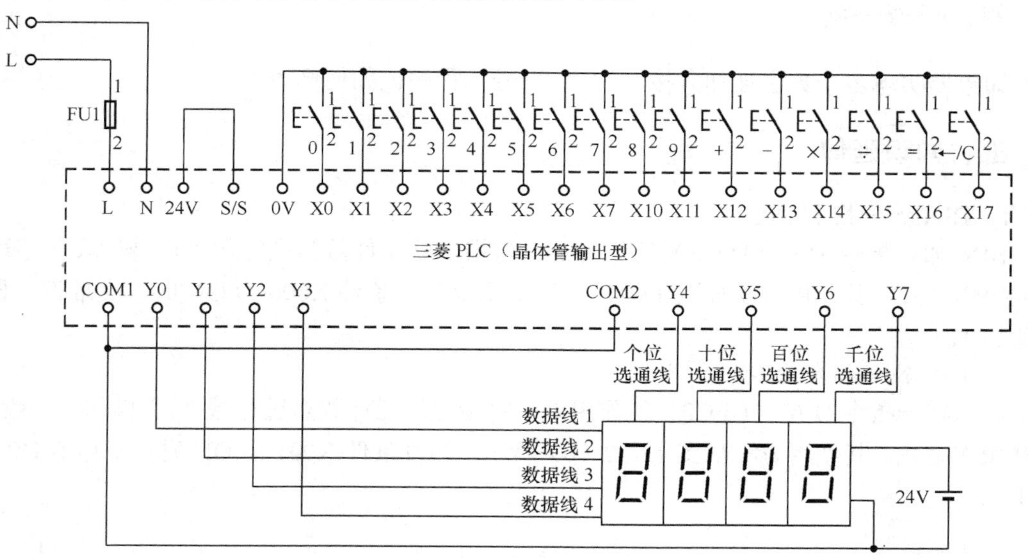

图 13-10　简易计算器参考电气原理图

3. 编写 PLC 梯形图程序

简易计算器参考梯形图程序如图 13-11 所示。

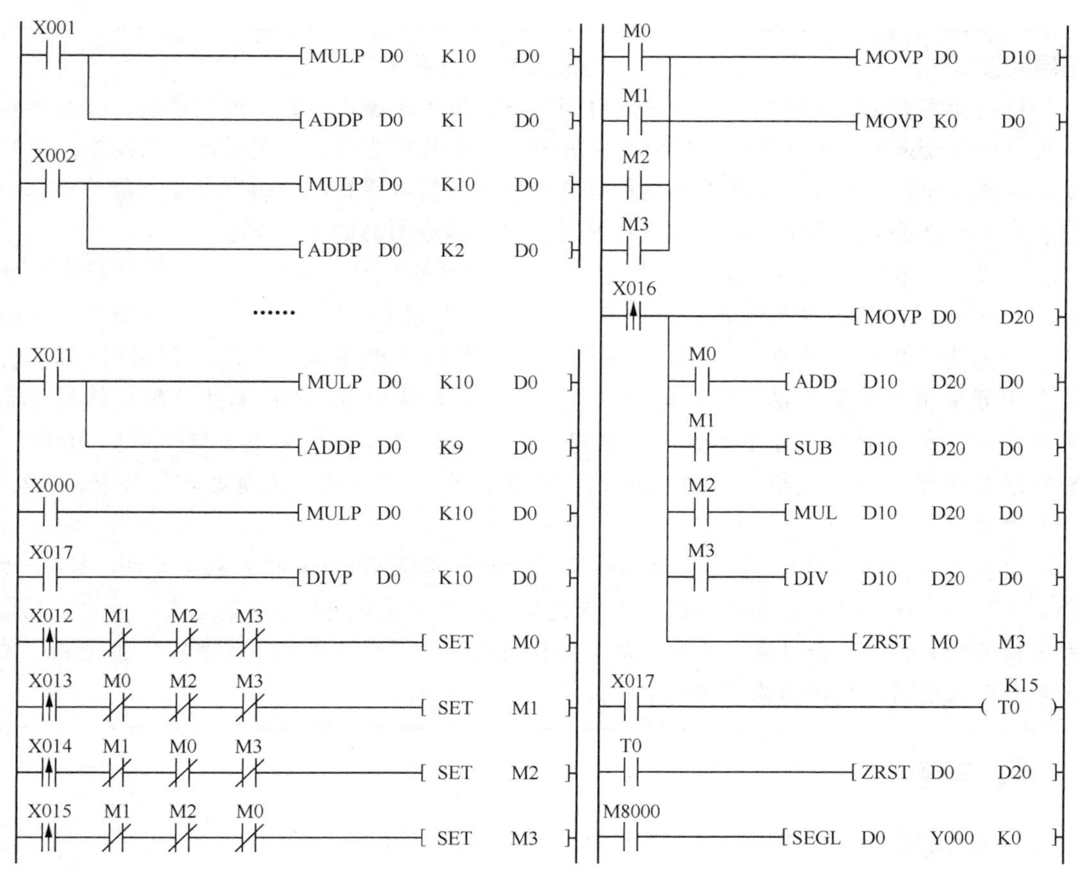

图 13-11　简易计算器参考梯形图程序

四、每课一问

如果要实现多个数字连加只按一次“=”号，程序该如何修改？

五、知识延伸

1. BIN 加一指令 INC

BIN 加一指令 INC（INCP）的作用是：将指定软元件数据进行加“1”操作，一般采用脉冲操作方式。其使用方法如图 13-12（a）所示。触发条件 X000 为 ON 时，变址寄存器 Z0 的值加 1。

2. BIN 减一指令 DEC

BIN 减一指令 DEC（DECP）的作用是：将指定软元件数据进行减“1”操作，一般采用脉冲操作方式。其使用方法如图 13-12（b）所示。触发条件 X001 为 ON 时，寄存器 D0 的值减 1。

X000 [INCP Z0]

（a）BIN 加一指令 INC 使用

X001 [DECP D0]

（b）BIN 减一指令 DEC 使用

图 13-12 BIN 加一指令 INC、BIN 减一指令 DEC 的使用

拓展阅读 **飞速发展的中国超算**

超级计算机（简称超算）是在一定时间阶段，世界范围内其运算速度最快、存储容量最大、功能最强的一类计算机。超级计算资源是一种战略资源，广泛用于航天航空、生物医药、能源开发、天气气候等国家高科技领域和尖端技术研究，对国家安全、经济和社会发展具有十分重要的意义，是国家科技发展水平和综合国力的重要标志。

从“十一五”起，我国先后研制了“天河”“神威”和“曙光”三大系列超级计算机，一次次刷新了世界超级计算机纪录。“神威 · 太湖之光”是我国第一台全部采用国产处理器构建的超级计算机。“神威 ·太湖之光”由 40 个运算机柜和 8 个网络机柜组成。每个运算机柜比家用的双门冰箱略大，打开柜门，4 块由 32 个运算插件组成的超节点分布其中。每个插件由 4 个运算节点板组成，一个运算节点板又含 2 块“申威 26010”高性能处理器。一台机柜就有 1 024 块处理器，整台“神威 · 太湖之光”共有 40 960 块处理器。

根据 2016 年 6 月 20 日发布的世界最新高性能计算机 TOP500 排名数据显示，“神威 ·太湖之光”浮点峰值运算速度高达每秒 12.5 亿亿次、持续运算速度 9.3 亿亿次、性能功耗比为每瓦 60.51 亿次，是世界上首台峰值运算速度超过十亿亿次的超级计算机，也是我国第一台全部采用国产处理器构建的超级计算机。

六、习题

1. 使用加法指令完成以下算式的计算，并总结其应用。

（1）6+7=

（2）10000+30000=

（3）40000+5000=

2．使用减法指令完成以下算式的计算，并总结其应用。

（1）17−6=

（2）36000−10000=

（3）10000−36000=

3．使用乘法指令完成以下算式的计算，并总结其应用。

（1）6×7=

（2）10×30000=

（3）40000×5=

4．使用除法指令完成以下算式的计算，并总结其应用。

（1）17÷6=

（2）36000÷10000=

（3）20000÷36=

5．使用 ADD 指令完成一条与 INC 指令相同功能的程序。

6．在图 13-13 所示的功能指令梯形图中，X000、（D）、（P）、D0、D4 分别代表什么？该指令有何功能？

```
   X000
──┤├──[（D）ADD（P）  D0   D2   D4   ]
```

图 13-13　习题 6

7．试分析图 13-14 所示梯形图程序的含义。

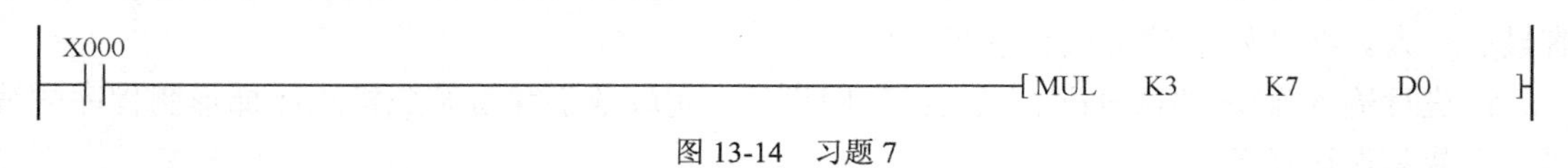

图 13-14　习题 7

8．试分析图 13-15 所示梯形图程序的含义。

图 13-15　习题 8

9．使用 MUL 指令完成 2 的 4 次方计算。

10．设计一程序，将 K85 传送到 D0，K23 传送到 D10，并完成以下操作。

① 求 D0 与 D10 的和，结果送到 D20 存储；

② 求 D0 与 D10 的差，结果送到 D30 存储；

③ 求 D0 与 D10 的积，结果送到 D40、D41 存储；

④ 求 D0 与 D10 的商和余数，结果送到 D50、D51 存储。

11．假设某停车场共有 35 个车位。在停车场入口处装设有一传感器，用来检测车辆进入的数目。在停车场出口处装设有一传感器，用来检测车辆出去的数目。要求当停车场内空余停车位大于或等于 5 个时亮绿灯，小于 5 个并大于或等于 1 个时红灯闪烁，当车位数为 0 时，红灯长亮。试用加法和减法指令完成车库指示程序的编写。

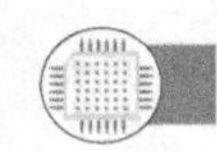

任务 14　数字踩雷游戏机设计

一、任务描述

有一数字踩雷游戏机，上有 1～9 的数字按键、开始按键、确认按键、一个 4 位数显和红绿黄 3 盏指示灯。游戏规则如下。

数字踩雷游戏机任务描述

（1）按下开始按键，系统自动生成一个 0～100 的随机数，作为数字雷，数显不显示。

（2）玩家通过数字按键输入数字（实时显示在数显上），按确认按键表示输入完毕。

（3）数字输入完成并确认后，将有一指示灯亮。如果数字处于雷区范围（雷区可根据情况设定）外，视为犯规，红灯闪烁。如果没犯规且输入值大于数字雷则绿色灯亮，输入值小于数字雷则黄色灯亮，输入值等于数字雷，视为踩雷，红灯长亮。

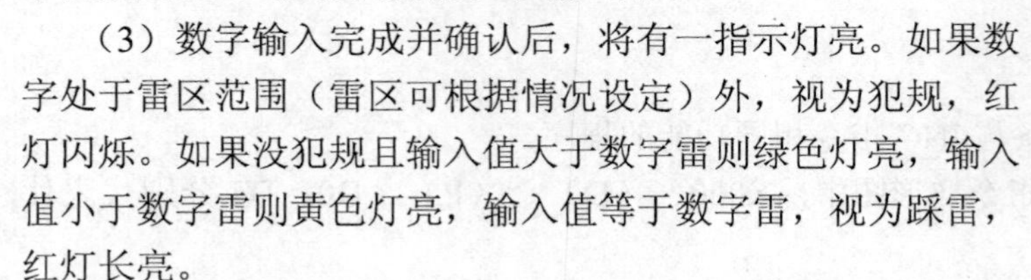

（4）雷区范围初始设定为 0～100，玩家踩雷后雷区需动态调整。例如，如果首位玩家输入的数为 50 并亮黄灯，意味着数字雷大于 50，雷区需调整为 51～100；如果第二位玩家输入的数为 78 并亮绿灯，意味着数字雷小于 78，雷区需调整为 51～77，依次类推。

（5）玩家轮流输入数值，当有人犯规或者踩雷则代表出局，其余玩家可继续游戏，直至剩最后一人。按开始按键可重玩游戏。

请进行输入/输出端口分配、电气原理图设计，完成数字踩雷游戏机控制梯形图程序的编写、下载与调试任务。

学习目标

1. 掌握比较指令 CMP 及其应用；
2. 掌握区间比较指令 ZCP 及其应用；
3. 掌握随机数产生编程方法。

二、知识准备

1. 比较指令 CMP

比较指令 CMP 的作用是：将 2 个源操作数的值进行比较，其结果（小、等于、大）影响 3 个位软元件状态。比较指令的助记符、指令作用和操作数如表 14-1 所示。

表 14-1　比较指令 CMP 说明

指令名称	助记符	指令作用	操作数		
			S1·	S2·	D·
比较指令	CMP	将两数进行比较，结果影响 3 个位软元件状态	KnX、KnY、KnS、KnM、T、C、D、V、Z、K、H		Y、S、M

比较指令 CMP 的使用说明如图 14-1 所示。触发条件 X000 为 ON 时，执行比较指令，如果源操作数[S2・]T0 的当前值小于源操作数[S1・]K50，则 M0=1；如果源操作数 T0 的当前值等于 K50，则 M1=1；如果源操作数 T0 的当前值大于 K50，则 M2=1。触发条件 X000 为 OFF 时，指令不执行，M0～M2 保持 X000 断开前的状态。如需清除比较结果，要使用复位指令 RST 或 ZRST。

X000　[S1·]　[S2·]　[D·]
CMP　K50　T0　M0
T0＜K50　M0=1
T0=K50　M1=1
T0＞K50　M2=1

图 14-1　比较指令 CMP 使用说明

2. 区间比较指令 ZCP

区间比较指令 ZCP 的作用是：将比较源的内容与下限值和上限值进行比较，其结果（比下限值小、区域内、比上限值大）影响 3 个位软元件状态。区间比较指令的助记符、指令作用和操作数如表 14-2 所示。

触发条件 X000 为 ON 时，执行区间比较指令，如果比较源 T0 的当前值小于区间下限 K50，则 M0=1；如果比较源 T0 的当前值处于 K50 与 K150 之间，则 M1=1；如果比较源 T0 的当前值大于区间上限 K150，则 M2=1，如图 14-2 所示。触发条件 X000 为 OFF 时，指令不执行，M0～M2 保持 X000 断开前的状态。源操作数[S1・]的值应比源操作数[S2・]的值小，如果大，则[S2・]被看作与[S1・]一样大。

表 14-2　区间比较指令 ZCP 说明

指令名称	助记符	指令作用	操作数			
			S1・	S2・	S・	D・
区间比较指令	ZCP	将比较源与两数组成区间进行比较，结果影响 3 个位软元件状态	KnX、KnY、KnS、KnM、T、C、D、V、Z、K、H			Y、S、M

3. 编程思路

（1）数字雷随机产生

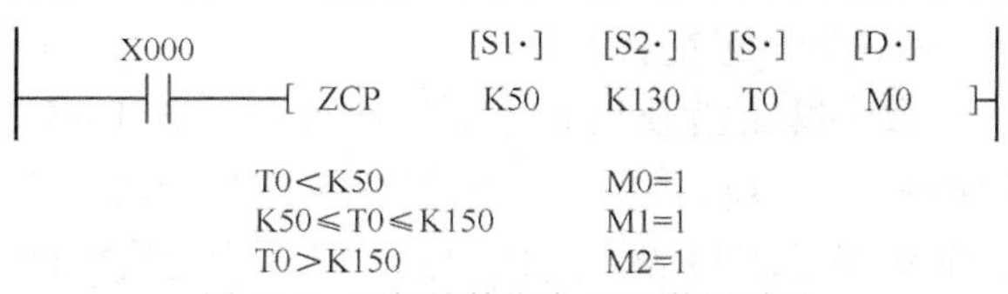

图 14-2　区间比较指令 ZCP 使用说明

利用 T0 的常闭触点控制设定值为 100 的 T0 定时器，定时器的当前值将在 0～100 间循环变化。按下开始按钮 SB1（X012）时，取定时器的当前值存进 D10，D10 的值是 0～100 间的一个随机数，即本轮游戏的数字雷。数字雷随机产生梯形图程序如图 14-3 所示。

数字踩雷游戏机编程思路

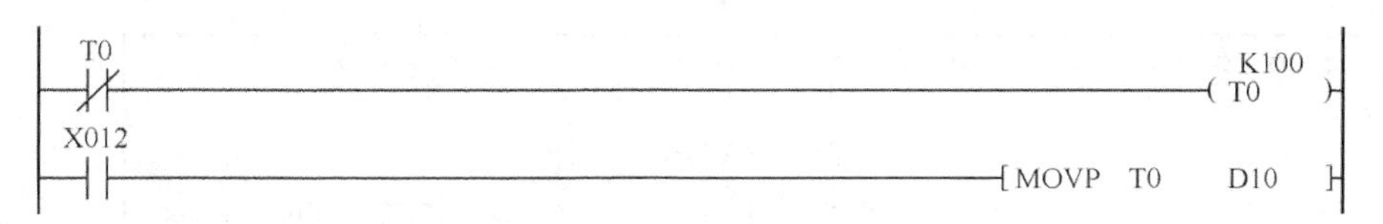

图 14-3　数字雷随机产生梯形图程序

（2）踩雷多位数输入编程

见任务 13“多位数输入编程”相关内容。

（3）踩雷判断

先利用区间比较指令 ZCP 判断犯规与否。如果 M20 或 M22 为 1，则意味着玩家输入值小于雷区下限或大于雷区上限，都视为犯规。如果 M21 为 1，则意味着玩家输入值处于雷区范围，可进一步利用 CMP 指令判断玩家输入值与雷数值的大小关系，再根据 M23～M25 的状态控制灯的状态并进行雷区范围的动态调整。踩雷判断梯形图程序如图 14-4 所示。

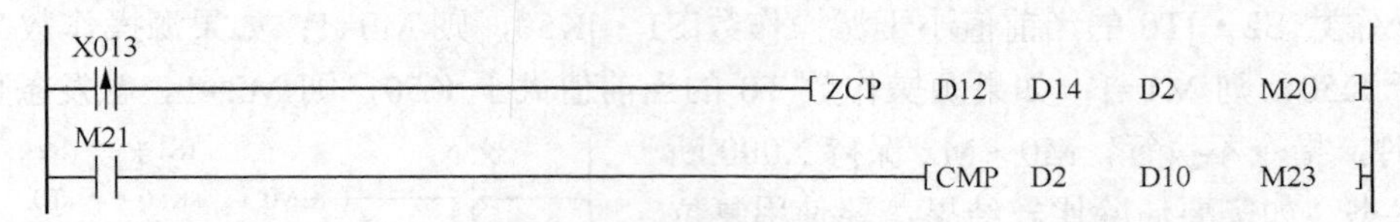

图 14-4 踩雷判断梯形图程序

三、任务实施

1. 分配 PLC 输入/输出端口

数字踩雷游戏机 PLC 输入/输出端口分配如表 14-3 所示。

表 14–3 数字踩雷游戏机 PLC 输入/输出端口分配表

输入		输出	
按键“0”	X000	数据线 1	Y000
按键“1”	X001	数据线 2	Y001
……	……	数据线 3	Y002
按键“7”	X007	数据线 4	Y003
按键“8”	X010	个位选通线	Y004
按键“9”	X011	十位选通线	Y005
开始按键 SB1	X012	百位选通线	Y006
确认按键 SB2	X013	千位选通线	Y007
		红灯	Y010
		黄灯	Y011
		绿灯	Y012

2. 设计电气原理图

数字踩雷游戏机参考电气原理图如图 14-5 所示。带 BCD 译码以及锁存功能的数码管一般需利用 7SEG 码时分显示指令 SEGL 驱动，由于 SEGL 采用时分方式依次输出，对 PLC 的扫描频率要求极高，所以只适用于晶体管输出型的 PLC。

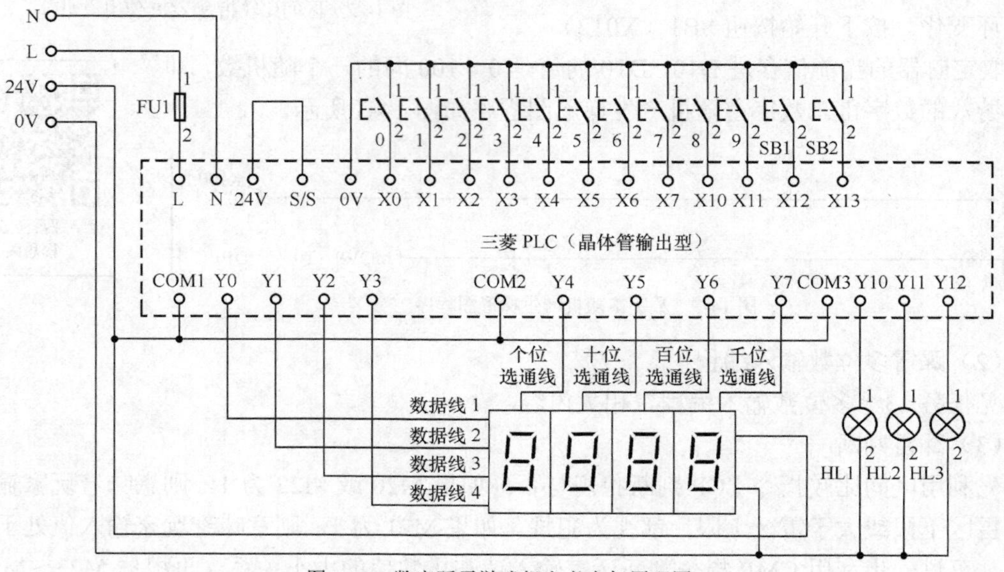

图 14-5 数字踩雷游戏机参考电气原理图

3. 编写 PLC 梯形图程序

数字踩雷游戏机参考梯形图程序如图 14-6 所示。

```
* 初始化雷和雷区设置
0    T0 (常闭)                                   K100 ( T0 )
4    X012 开始按键                               [ MOVP  T0    D10 雷数值 ]
10   X012 开始按键                               [ MOVP  K0    D12 雷区下限 ]
                                                 [ MOVP  K100  D14 雷区上限 ]
                                                 [ ZRST  D0 输入缓存  D2 玩家输入 ]
                                                 [ ZRST  M20 犯规1   M25 当前值<雷 ]
* 玩家输入数值
31   X000 0                                      [ MULP  D0 输入缓存  K10  D0 输入缓存 ]
39   X001 1                                      [ MULP  D0 输入缓存  K10  D0 输入缓存 ]
                                                 [ ADDP  D0 输入缓存  K1   D0 输入缓存 ]
54   X011 9                                      [ MULP  D0 输入缓存  K10  D0 输入缓存 ]
                                                 [ ADDP  D0 输入缓存  K9   D0 输入缓存 ]
69   X013 (上升沿) 确定按键                      [ MOV   D0 输入缓存  D2 玩家输入 ]
                                                 [ ZRST  M20 犯规1   M25 当前值<雷 ]
81   X013 (下降沿) 确定按键                      [ MOV   K0    D0 输入缓存 ]
* 一级判断，判断输入的数是否在雷区范围之内
88   X013 (上升沿) 确定按键      [ ZCP  D12 雷区下限  D14 雷区上限  D2 玩家输入  M20 犯规1 ]
* 在雷区范围之内，启动二级判断，输入的数值和雷的数值比较
99   M21 雷区范围                [ CMP  D2 玩家输入  D10 雷数值  M23 当前值>雷 ]
```

图 14-6　数字踩雷游戏机参考梯形图程序

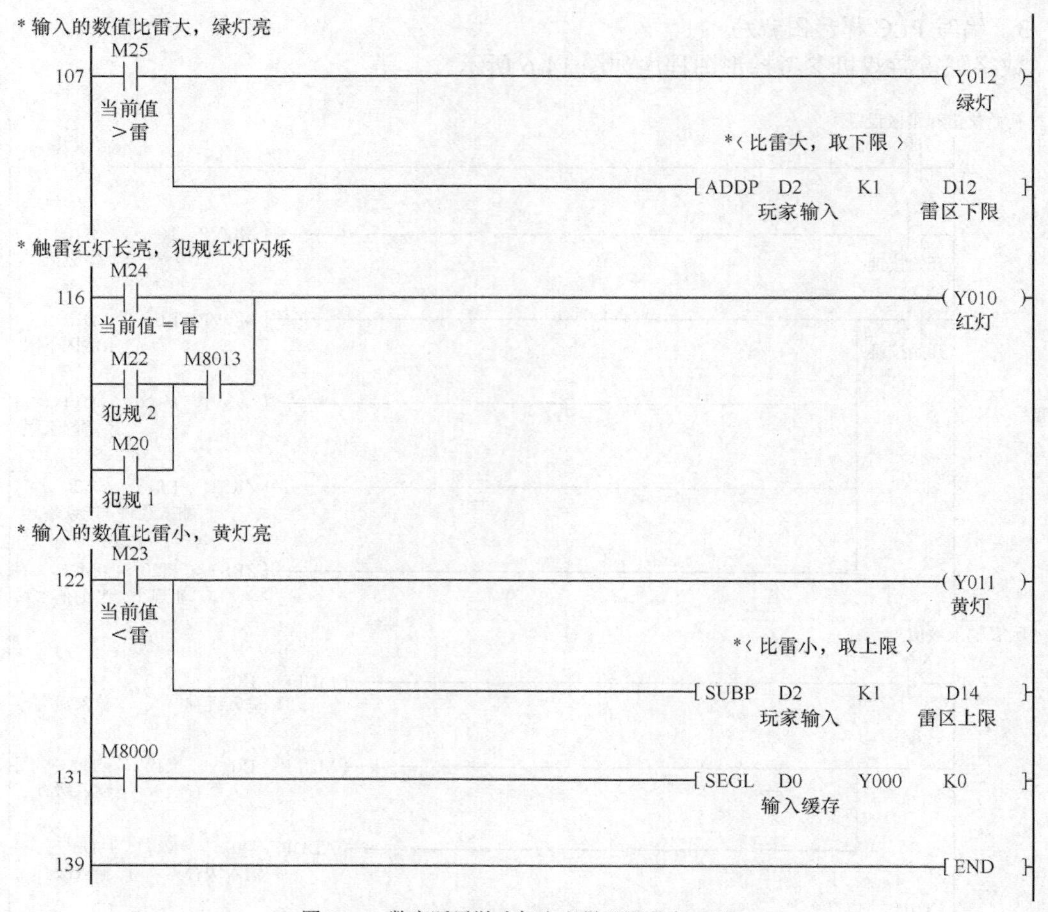

图 14-6 数字踩雷游戏机参考梯形图程序（续）

四、每课一问

如果要得到 5～150 的随机数，应该如何编程？

五、知识延伸

产生随机数指令 RND

产生随机数指令 RND 的作用是：产生随机数。该指令的使用如图 14-7 所示。PLC 上电，系统产生 0～32 767 的伪随机数，将其数值作为随机数保存到目标操作数 D0 中。X000 由 OFF 变成 ON 时，将随机数 D0 的低 8 位传给 K2Y000，即 K2Y000 获得了 0～255 的随机数。

M8000
RND D0
X000
MOV D0 K2Y000

图 14-7 产生随机数指令 RND 使用

六、习题

1．将图 14-8 所示梯形图程序改用触点比较指令。

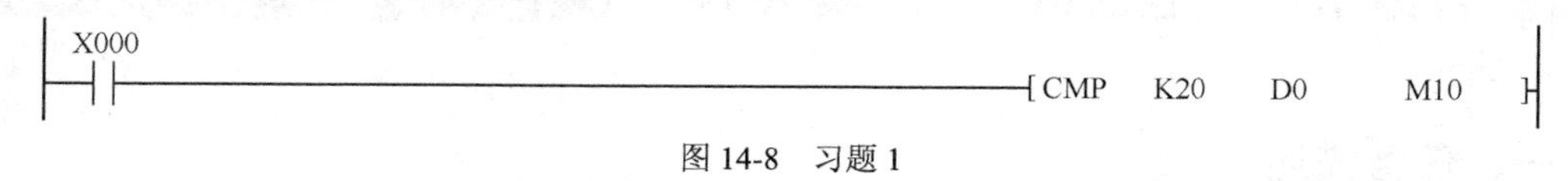

图 14-8　习题 1

2．将图 14-9 所示梯形图程序改用触点比较指令。

X000
ZCP　K20　K30　D0　M10

图 14-9　习题 2

3．将图 14-10 所示梯形图程序改用比较指令。

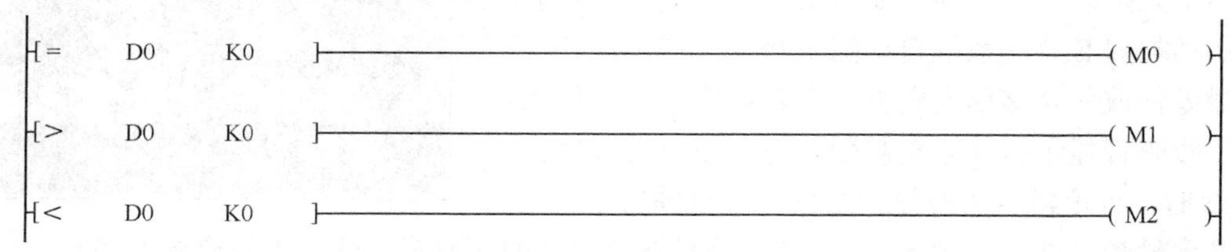

图 14-10　习题 3

4．将图 14-11 所示梯形图程序改用比较指令。

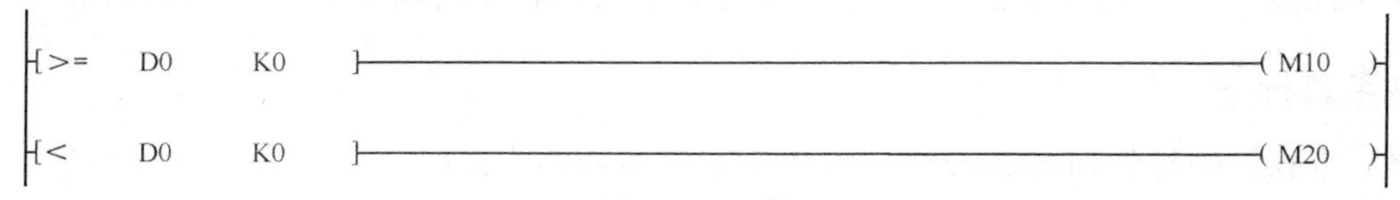

图 14-11　习题 4

5．试用 CMP 指令实现下列功能：X000 为脉冲输入信号，当输入脉冲大于 5 时，Y001 为 ON；反之，Y000 为 OFF。试画出其梯形图程序。

6．3 台电动机相隔 10s 启动，各运行 15s 停止，循环往复。试用区间比较指令完成程序设计。

7．试用比较指令设计一个密码锁控制程序。密码锁为 8 键输入（K2X000），若所拨数据与密码锁设定值 H65 相等，则 2s 后，开照明；若所拨数据与密码锁设定值 H87 相等，则 3s 后，开空调。

8．试用比较传送指令设计一个自动控制小车运行方向的系统，如图 14-12 所示，试根据要求设计程序。工作要求如下。

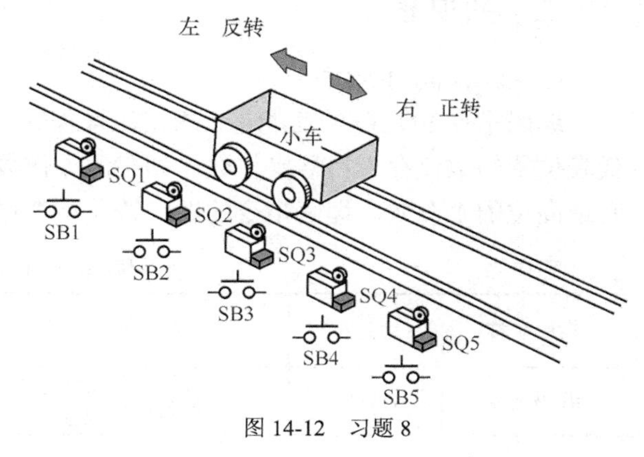

图 14-12　习题 8

（1）当小车所停位置 SQ 的编号大于呼叫位置的编号 SB 时，小车向左运行至 SQ 和 SB 编号相等时停止。

（2）当小车所停位置 SQ 的编号小于呼叫位置的编号 SB 时，小车向右运行至 SQ 和 SB 编号相等时停止。

（3）当小车所停位置 SQ 的编号与呼叫位置的编号 SB 相同时，小车不动作。

任务 15　料仓放料与推料模拟控制

一、任务描述

料仓放料与推料模拟控制任务描述

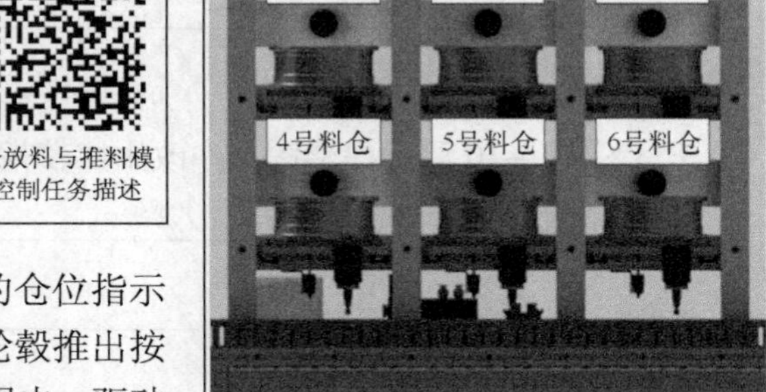

自动化立体仓库是现代物流系统中迅速发展的一个重要组成部分，用来储存货物，一般需进行入库和出库控制。

模拟某含有 6 个仓位的智能制造系统仓储单元控制，其具体控制要求为：按下启动按钮 SB1，系统自动随机将若干轮毂零件放入仓储单元仓位，有轮毂零件的仓位指示灯亮，数码管显示料仓总轮毂数。每次按下轮毂推出按钮 SB2 时，有轮毂零件的最大仓位号电磁阀得电，驱动气缸推出轮毂零件。延时 5s 后，推出轮毂被取走（如何取走本任务不做介绍），对应仓位指示灯灭，伸出气缸缩回。按下重置按钮 SB3，回归初始状态。请进行输入/输出端口分配、电气原理图设计，并完成料仓放料与推料模拟控制梯形图程序的编写、下载与调试任务。

学习目标

1. 掌握编码指令 ENCO 与解码指令 DECO 的内涵及应用；
2. 掌握位 1 总和指令 SUM 的内涵及应用；
3. 掌握字逻辑运算指令的内涵及应用。

二、知识准备

编码指令 ENCO 及其应用

1. 编码指令 ENCO

编码指令 ENCO 的功能是：求出源操作数 ON 位中最高位的位置，并将代表位置的数值存于目标操作数。如果源操作数中为 1 的位不止 1 个，则只有最高位的 1 有效。编码指令的助记符、指令作用和操作数如表 15-1 所示。

表 15-1　　编码指令 ENCO 说明

指令名称	助记符	指令作用	操作数		
			S·	D·	n
编码指令	ENCO	求出源操作数 ON 位中最高位的位置	X、Y、S、M、T、C、D、V、Z	T、C、D、V、Z	K、H

编码指令中[S·]为位元件时，源操作数为从[S·]开始的 2^n 个位元件组合。该指令的使用说明如图 15-1 所示。X000 为 ON 时，执行编码操作，记录源操作数 M7～M0（2^3=8）的最高位为 1 的位数（第 6 位），编码为 3 位二进制数 110，并送到目标操作数 D2 的低 3 位，D2 的其他位皆为 0，即 D2 中存储的数据就是 6。若此例中只有 M0 为 1，则执行编码指令后，D2 中的数据为 0。如果 M7～M0 全部为 0，则视为运算错误。

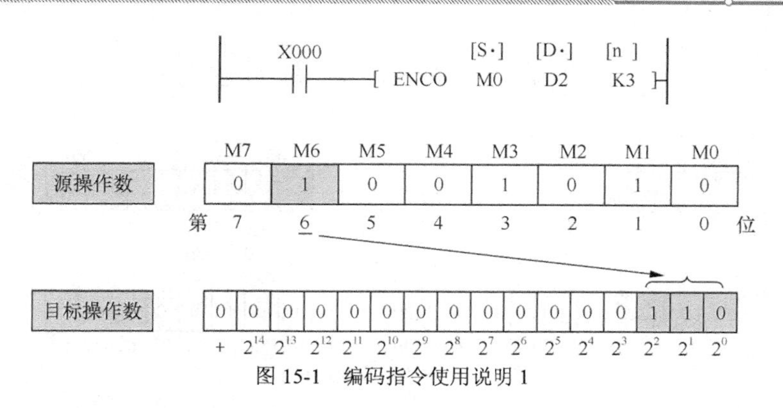

图 15-1　编码指令使用说明 1

编码指令中[S・]为字元件时，该指令的使用说明如图 15-2 所示。X000 为 ON 时，执行编码操作，记录 D0 中的低 8 位（2^3=8）b7～b0 的最高位为 1 的位数（第 5 位），编码为 3 位二进制数 101，并送到目标操作数 D2 的低 3 位，D2 的其他位皆为 0，即 D2 中存储的数据就是 5。若源操作数中只有 b0 为 1，则执行编码指令后，D2 中的数据为 0。如果 b7～b0 全部为 0，则视为运算错误。

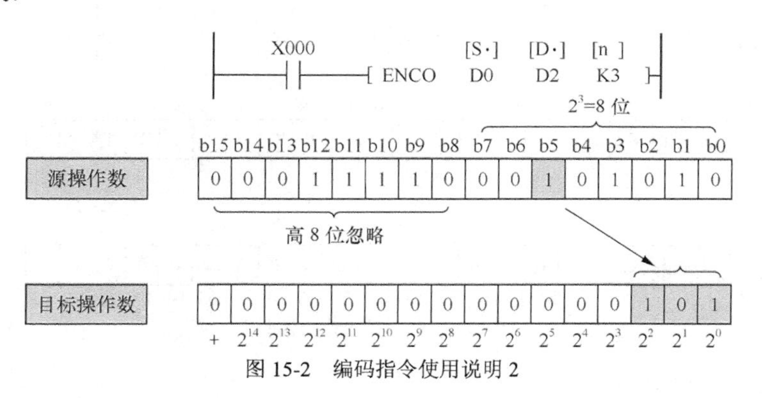

图 15-2　编码指令使用说明 2

2. 解码指令 DECO

解码指令 DECO 及其应用

解码指令 DECO 的功能是：求出源操作数中的十进制数值，并将目标操作数中的相应位置的值置为 1。解码指令的助记符、指令作用和操作数如表 15-2 所示。

表 15-2　　解码指令 DECO 说明

指令名称	助记符	指令作用	操作数		
			S・	D・	n
解码指令	DECO	根据源操作数的值，将目标操作数相应位置的值置为 1	X、Y、S、M、T、C、D、V、Z	Y、S、M、T、C、D、V、Z	K、H

解码指令中[S・]为位元件时，源操作数为从[S・]开始的 *n* 个位元件组合。该指令的使用说明如图 15-3 所示。X000 为 ON 时，执行解码操作，将二进制源操作数 1010 转变成十进制数 10，并将目标操作数的 b10 位置为 1，其他位全部为 0。若此例中 M0～M3 全为 0，则执行解码指令后，D2 中的 b0 位为 1，其他位为 0。

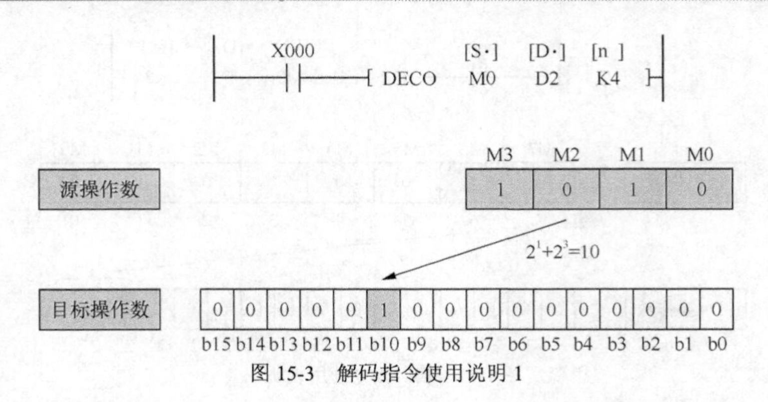

图 15-3　解码指令使用说明 1

解码指令中[S・]为字元件时，该指令的使用说明如图 15-4 所示。X000 为 ON 时，执行解码操作，将二进制源操作数 D0 中的低 3 位数据 110 转变成十进制数 6，并将目标操作数的 b6 位置为 1，其他位全部为 0。若此例中 D0 中的低 3 位数据全为 0，则执行解码指令后，D2 中的 b0 位为 1，其他位为 0。

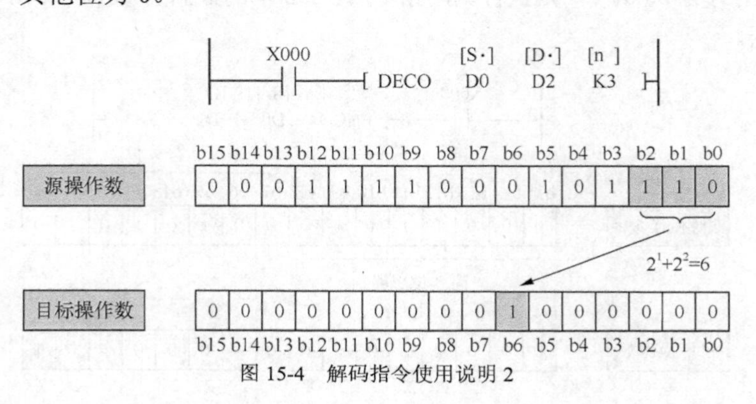

图 15-4　解码指令使用说明 2

3. 位 1 总和指令 SUM

位 1 总和指令 SUM 的功能是：计算在指定的软元件的数据中有多少个为“1”（ON）。位 1 总和指令的助记符、指令作用和操作数如表 15-3 所示。

表 15–3　位 1 总和指令 SUM 说明

指令名称	助记符	指令作用	操作数	
			S・	D・
位 1 总和指令	SUM	计算在指定的软元件的数据中有多少个“1”(ON)	KnX、KnY、KnS、KnM、T、C、D、V、Z、K、H	KnY、KnS、KnM、T、C、D、V、Z、K、H

SUM 指令的使用示例如图 15-5 所示。触发条件 X000 为 ON 时，计算源操作数（二进制）中 1 的个数，将结果存到目标操作数 D0 中。如 Y007～Y000 的值分别为 00110110，执行 SUM 指令后，D0 中的数据为 4；如果 Y007～Y000 的值分别为 00111111，执行 SUM 指令后，D0 中的数据为 6。

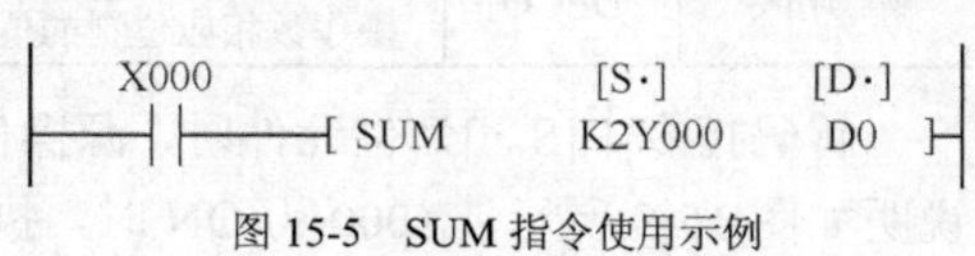

图 15-5　SUM 指令使用示例

X000 为 OFF 时不执行指令，D0 的值保持不变。当 Y007～Y000 的值全部为 0（OFF）时，零位标志位 M8020 为 ON。

4. 字逻辑运算指令

字逻辑运算指令包含逻辑与指令 WAND、逻辑或指令 WOR 和逻辑异或

字逻辑运算指令

指令 WXOR。字逻辑运算指令的助记符、指令作用和操作数如表 15-4 所示。

表 15-4　字逻辑运算指令说明

指令名称	助记符	指令作用	操作数		
			S1·	S2·	D·
逻辑与指令	WAND	2 个数值进行逻辑与运算	KnX、KnY、KnM、KnS、T、C、D、V、Z、K、H		KnY、KnM、KnS、T、C、D、V、Z
逻辑或指令	WOR	2 个数值进行逻辑或运算			
逻辑异或指令	WXOR	2 个数值进行逻辑异或运算			

执行字逻辑运算指令时，以位为单位进行计算，即源操作数 S1 与 S2 的各位对应，进行逻辑运算。逻辑运算规则如表 15-5 所示。

表 15-5　逻辑运算规则

操作数	S1·	S2·	D·		
			逻辑与	逻辑或	逻辑异或
位逻辑运算	0	0	0	0	0
	1	0	0	1	1
	0	1	0	1	1
	1	1	1	1	0

逻辑与指令的使用如图 15-6（a）所示。触发条件 X000 为 ON 时，K2M0 的数据与 H7F 各位对应，进行逻辑与计算。如 M7～M0 的值分别为 10001110，而 H7F 转变成二进制后为 01111111，运算的结果为 00001110。其结果实质上是把 M7 强行变成 0，而 M6～M0 的值不变。

逻辑或指令的使用如图 15-6（b）所示。触发条件 X000 为 ON 时，D0 内的数据与 HFF80 各位对应，进行逻辑或计算。如 D0 的值为 0000110010001110，而 HFF80 转变成二进制后为 1111111110000000，运算的结果为 1111111110001110。其结果实质上是把 D0 的高 9 位强行变成 1，而低 7 位的值不变。

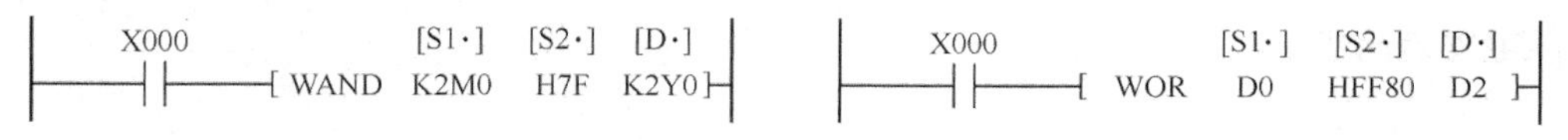

（a）逻辑与指令使用示例　（b）逻辑或指令使用示例

图 15-6　字逻辑运算指令使用示例

5. 编程思路

料仓放料与推料模拟控制编程思路

（1）I/O 分配。输入共有 3 个分配地址，即 X0～X2。输出中有 6 个仓位灯，需占用 6 个点位，6 个电磁阀需占用 6 个仓位，如 PLC 一共只有 16 个输出，则数码管只能采用 BCD 输出格式的占用 4 位，分别分配地址 Y0～Y17。

（2）随机分配任意个仓位有轮毂。每个仓位的有无料状态分别对应输出 Y000～Y005 的 0 和 1，任意轮毂随机分配给 6 个仓位，如果把 Y000～Y005 组合成位元件组合，则 Y000～Y005 的可能值是 000000、000001、…、111111，转化成十进制就变成了 0、1、…、63(1+2+4+8+16+32=63)。采取任务 14 中产生随机数的方式，编写的梯形图程序如图 15-7 所示。

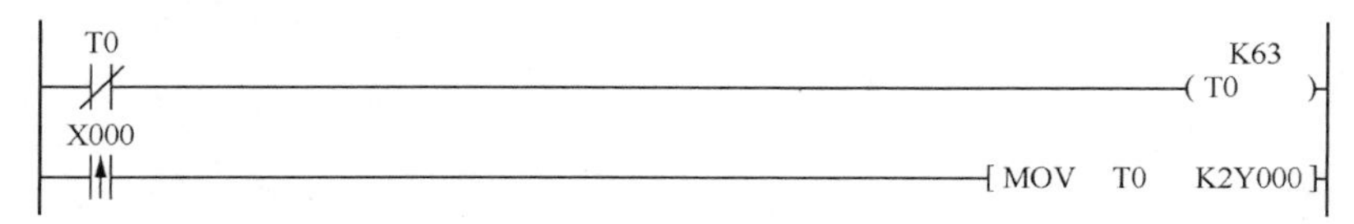

图 15-7　随机分配仓位有轮毂梯形图程序

（3）按下推出按钮，首先需要判断有轮毂零件的最大仓位号。有轮毂零件的最大仓位号判断梯形图程序如图 15-8 所示。首先通过与 H3F 执行 WAND 指令，将 K2Y000 的值赋给 K2M20（高 2 位为 0，排除 Y006 与 Y007 的影响），然后通过编码指令，判断 Y000～Y005 中为 1 的最高位为几，存于 D1 中。

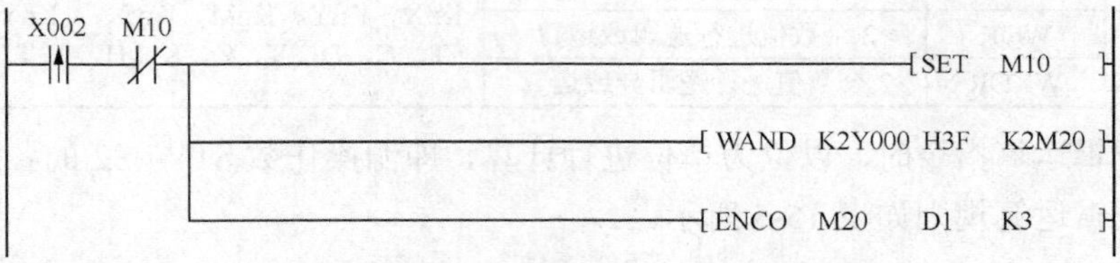

X002
M10
[SET M10]
[WAND K2Y000 H3F K2M20]
[ENCO M20 D1 K3]

图 15-8　有轮毂零件的最大仓位号判断梯形图程序

（4）有轮毂零件的最大仓位气缸推出。有轮毂零件的最大仓位气缸推出梯形图程序如图 15-9 所示。通过解码指令，将 Y006 开始的第 D1 位变成 1，即相应仓位电磁阀得电。

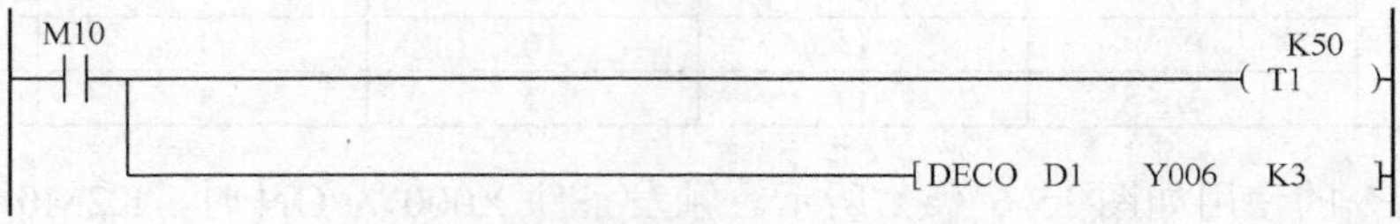

M10
K50
(T1)
[DECO D1 Y006 K3]

图 15-9　有轮毂零件的最大仓位气缸推出梯形图程序

（5）延时 5s 后，轮毂被取走，对应仓位灯熄灭，料仓推出仓位电磁阀断电，料仓缩回。对应仓位灯熄灭梯形图程序如图 15-10 所示（以第 6 个仓位推出为例）：首先由解码指令 DECO 使 K2M50 中对应位为 1（00100000），然后把 K2M50 与 H0FF 异或，即将 K2M50 取反变成 11011111，然后将其和 K2Y000 相与，结果为 Y005 的值变成 0，其他不变。

同理，将 K2M50 和 K2Y006 进行逻辑与处理，则 Y013 变成 0，其他不变，即将料仓推出仓位电磁阀断电。

T1
[RST M10]
[DECO D1 M50 K3]
[WXOR K2M50 H0FF K2M50]
[WAND K2M50 K2Y000 K2Y000]
[WAND K2M50 K2Y006 K2Y006]

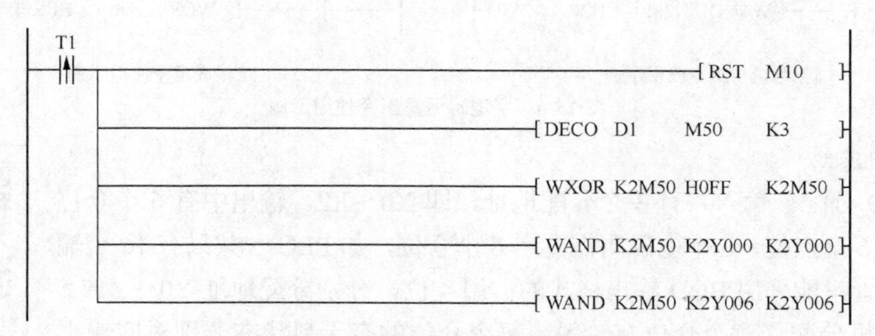

图 15-10　对应仓位灯熄灭梯形图程序

（6）统计并显示料仓位轮毂数。统计并显示料仓位轮毂数梯形图程序如图 15-11 所示。首先将 H3F 与 K2Y000 执行 WAND 指令，将 K2Y000 的值赋给 K2M80（高 2 位为 0，排除 Y006 与 Y007 的影响），然后利用 SUM 指令计算。根据选用数码管类型，数字显示利用 BCD 指令实现。

图 15-11 统计并显示料仓位轮毂数梯形图程序

三、任务实施

料仓放料与推料模拟控制云平台仿真实践

1. 分配 PLC 输入/输出端口

料仓放料与推料模拟控制输入/输出端口分配如表 15-6 所示。如果 PLC 点位足够多，一般指示灯占据 1 个字节的空间，电磁阀占用另外 1 个字节的空间，即：1 号～6 号指示灯分配地址 Y0～Y5；1 号～6 号电磁阀分配地址 Y6～Y13（不包括 Y8 和 Y9）；数码管数据线分配地址 Y14～Y17。如此安排，则编程时更方便。

表 15-6 料仓放料与推料模拟控制 PLC 输入/输出端口分配表

输入		输出	
启动按钮 SB1	X000	1 号料仓指示灯 HL1	Y000
重置按钮 SB2	X001	……	……
推出按钮 SB3	X002	6 号料仓指示灯 HL6	Y005
		1 号料仓电磁阀 YV1	Y006
		2 号料仓电磁阀 YV2	Y007
		3 号料仓电磁阀 YV3	Y010
		……	……
		6 号料仓电磁阀 YV6	Y013
		数据线 1	Y014
		数据线 2	Y015
		数据线 3	Y016
		数据线 4	Y017

2. 设计电气原理图

料仓放料与推料模拟控制参考电气原理图如图 15-12 所示。

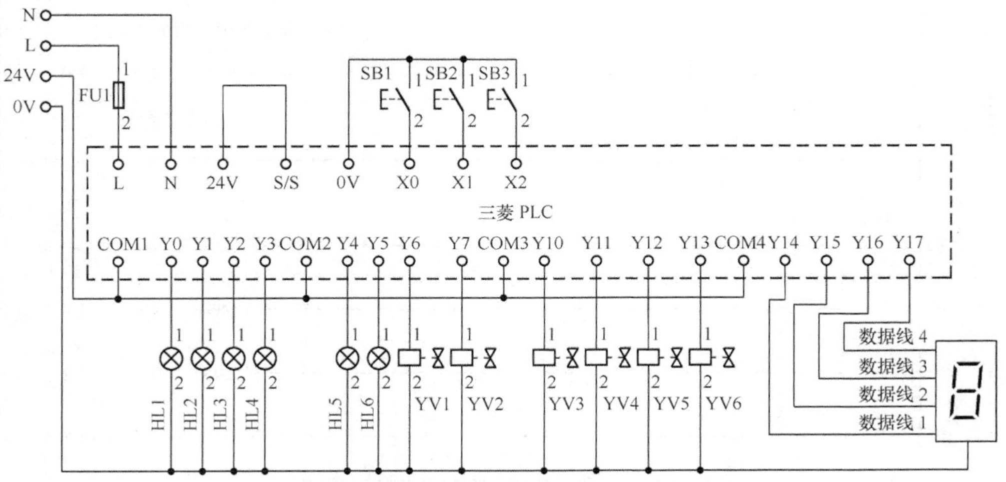

图 15-12 料仓放料与推料模拟控制参考电气原理图

3. 编写 PLC 梯形图程序

料仓放料与推料模拟控制参考梯形图程序如图 15-13 所示。

```
* 产生随机数，模拟放入轮毂
      T0                                                        K63
 0 ---|/|------------------------------------------------------( T0  )
      X000
 4 ---|↑|-------------------------------------------[ MOV  T0    K2Y000 ]
* 每按一次推出一个最大轮毂号
      X002   M10
11 ---|↑|----|/|-----------------------------------------[ SET   M10 ]
                 |                *< 将 K2Y0 的值赋给 K2M20（高 2 位为 0）  >
                 |-------------------------[ WAND  K2Y000 H3F   K2M20 ]
                 |                        *< 将仓位最大的编号编码到 D1 中   >
                 |-------------------------[ ENCO  M20    D1    K3 ]
                                                        *< 计时 5s      >
      M10                                                       K50
29 ---| |----------------------------------------------------( T1  )
          |                            *< 推出最大仓位编号的轮毂         >
          |--------------------------------[ DECO  D1     Y006   K3 ]
      T1
40 ---|↑|-----------------------------------------------[ RST   M10 ]
          |                          *< 将最大轮毂数解码到 K2M50          >
          |--------------------------------[ DECO  D1     M50    K3 ]
          |                        *< 异或 8 个 1，对 M50～M57 取反        >
          |--------------------------------[ WXOR  K2M50  H0FF   K2M50 ]
          |                    *< 更新灯的状态，使推出轮毂仓位灯灭         >
          |--------------------------------[ WAND  K2M50  K2Y000 K2Y000 ]
          |                            *< 将处于动作的气缸复位             >
          |--------------------------------[ WAND  K2M50  K2Y006 K2Y006 ]
                                *< 将 K2Y0 的值赋给 K2M80（高 2 位为 0）   >
      M8000
   ---| |----------------------------------[ WAND  K2Y000 H3F    K2M80 ]
          |                          *< 计算 K2M80 中为 1 的个数           >
          |-----------------------------------------[ SUM  K2M80  D0 ]
          |                                       *< 显示轮毂数量          >
          |-----------------------------------------[ BCD  D0     K1Y014 ]
          |
* 复位
      X001
89 ---| |-----------------------------------------[ ZRST  M0    M100 ]
          |
          |---------------------------------------[ MOV   K0    K4Y000 ]
          |
          |---------------------------------------[ ZRST  D0    D1 ]

105 ----------------------------------------------------------[ END ]
```

图 15-13　料仓放料与推料模拟控制梯形图程序

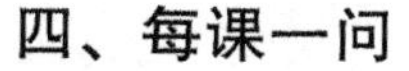

四、每课一问

如果要按仓位号从小到大的顺序推料，程序如何修改？

五、知识延伸

1. 反转传送指令 CML

反转传送指令 CML 的作用是：以位为单位反转数据后进行传送（复制）。反转传送指令的助记符、操作数和指令作用如表 15-7 所示。

表 15–7　反转传送指令 CML 说明

指令名称	助记符	指令作用	操作数	
			S·	D·
反转传送指令	CML	以位为单位反转数据后进行传送	KnX、KnY、KnM、KnS、T、C、D、V、Z、K、H	KnY、KnM、KnS、T、C、D、V、Z

反转传送指令 CML 的使用说明如图 15-14 所示。指令输入为 ON 时，将源操作数[S·]中的数据各位反转（0→1,1→0）后，传送给目标操作数[D·]。

指令输入
[CML　S·　D·　]

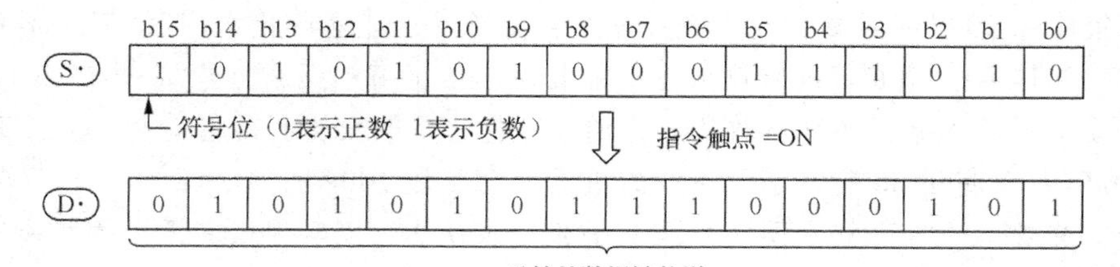

图 15-14　反转传送指令 CML 使用说明

2. ON 位判定指令 BON

ON 位判定指令 BON 的作用是：检查软元件中指定位的状态为 ON 还是 OFF。BON 指令的助记符、操作数和指令作用如表 15-8 所示。

表 15–8　ON 位判定指令 BON 说明

指令名称	助记符	指令作用	操作数		
			S·	D·	n
ON 位判定指令	BON	检查软元件中指定位的状态为 ON 还是 OFF	KnX、KnY、KnM、KnS、T、C、D、V、Z、K、H	Y、M、S	D、K、H

ON 位判定指令 BON 的使用说明如图 15-15 所示。触发条件 X000 为 ON 时，判断源操作数 D10 中的第 9 位 b8 是 1 还是 0。如果 b8=1，则目标操作数 M0 的值为 1；如果 b8=0，则目标操作数 M0 的值为 0。

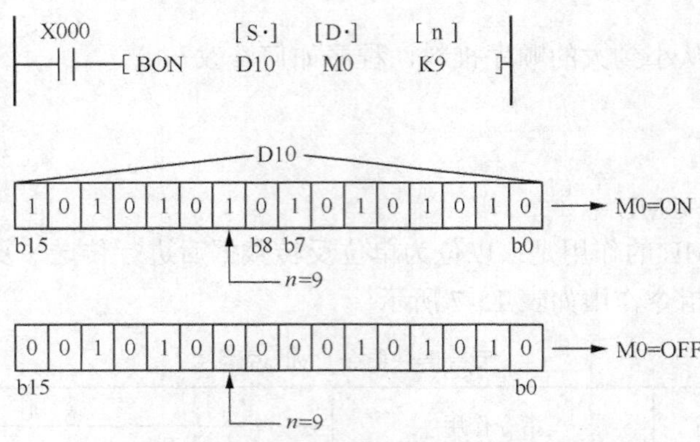

图 15-15　ON 位判定指令 BON 使用说明

拓展阅读　　京东无人仓调度算法入围弗兰兹·厄德曼奖

2021 年 1 月 15 日，美国运筹学与管理科学学会公布 2021 年弗兰兹·厄德曼（Franz Edelman）奖最终入围名单，由京东集团自主研发的无人仓调度算法应用位列其中。

弗兰兹·厄德曼奖是全球运筹和管理科学界的重要奖项，素有工业工程界“诺贝尔”奖之称，2021 年的决赛入围者在无人仓技术、癌症放射治疗效率、机器人技术等方面做出了革命性的贡献，成为用技术解决世界复杂难题的代表。

京东集团在 2007 年自建物流系统并逐步自主研发智能仓储技术，广泛应用运筹学及大数据科学。2014 年，京东建成首座大型智能物流园区上海“亚洲一号”，并在 2017 年落地全球首个全流程无人仓，实现从收货、存储、分拣、包装全流程的智能化作业。京东物流“亚洲一号”数量超过 30 座，不同层级的机器人仓超过 100 个。

基于京东物流无人仓技术团队的深入研究，该算法可以实现极其复杂的智能体任务分配和路径规划，在毫秒内求解百亿级复杂度的优化问题并给出最优解，最终形成规模化的机器人调度系统。基于京东自主研发的无人仓调度算法，实现了传统仓储向自动化到智能化的连续跃迁，带动了行业和商业伙伴降本增效。

六、习题

1．执行指令“ENCO M0 D2 K3”，源操作数为________，目标操作数为________。若源操作数为 00110100，则目标操作数中存储数据为________；若源操作数为 00000001，则目标操作数中存储数据为________；若源操作数为 00000000，则视为________。

2．执行指令“ENCO D0 D2 K3”，源操作数为________，目标操作数为________。若源操作数为 0110110001110100，则目标操作数中存储数据为________。

3．执行指令“DECO M0 D2 K4”，源操作数为________，目标操作数为________。若源操作数为 1110，则目标操作数中存储数据为________；若源操作数为 0000，则目标操作数中存储数据为________。

4．执行指令“DECO D0 D2 K4”，源操作数为________，目标操作数为________。若源操作数为 0110110001110100，则目标操作数中存储数据为________；若源操作数为 0110110

001110000，则目标操作数中存储数据为________。

5．试分析图 15-16 所示梯形图程序的含义，若 Y017～Y000（不含 Y008 和 Y009，下同）的值分别为 0110110001110100，执行指令后 D0 的值为多少？

```
   X000
 |—| |————————————————————————[ SUM   K4Y000   D0   ]—|
```

图 15-16　习题 5

6．试分析图 15-17 所示梯形图程序的含义，若 Y017～Y000 的值分别为 0110110001110100，执行指令后 D0 的值为多少？

```
   X000
 |—| |————————————————————[ WAND  K4Y000  H0FF80   D2   ]—|
```

图 15-17　习题 6

7．试分析图 15-18 所示梯形图程序的含义，若 Y017～Y000 的值分别为 0110110001110100，执行指令后 D0 的值为多少？

```
   X000
 |—| |————————————————————[ WOR   K4Y000   H0FF80   D2   ]—|
```

图 15-18　习题 7

8．试分析图 15-19 所示梯形图程序的含义，若 Y017～Y000 的值分别为 0110110001110100，执行指令后 D0 的值为多少？

```
   X000
 |—| |————————————————————[ WXOR  K4Y000  H0FF80   D2   ]—|
```

图 15-19　习题 8

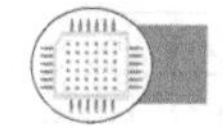

任务 16　生产线产品“先进先出”分拣控制

一、任务描述

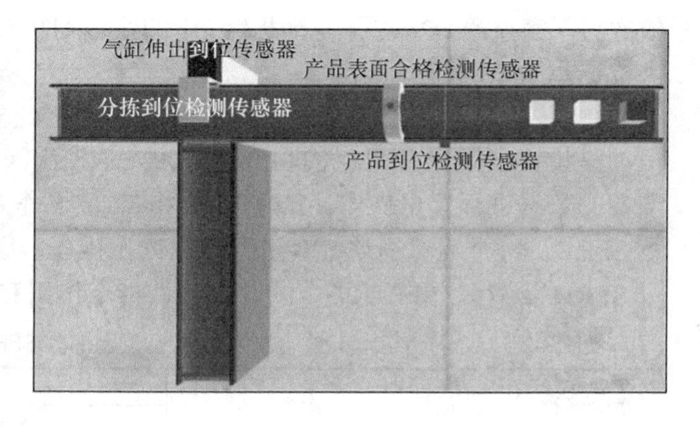

现有一批产品需检测并分拣。按下启动按钮 SB1，皮带运转，产品以约 10cm 的间距输送并经过检测处和分拣处（两处间距约 1m）。产品经过检测处时（产品到位检测传感器接通），产品表面合格检测传感器 X004 判断产品质量（若产品合格，则 X004=1；若产品不合格，则 X004=0）；产品到达分拣处（分拣到位检测传感器接通）时，若产品不合格则电磁阀驱动气缸把产品推到槽 1，推出到位后，气缸缩回；若产品合格则电磁阀不动作，产品运行到生产线末端进行打包。按下停止按钮 SB2 时，皮带停止。按下复位按钮，皮带停止，气缸缩回，所有状态复位。请进行输入/输出端口分配、电气原理图设计，完成生产线产品“先进先出”分拣控制硬件接线，并完成生产线产品“先进先出”分拣控制梯形图程序的编写、下载与调试任务。

学习目标

1. 掌握移位写入指令SFWR的含义及应用；
2. 掌握移位读出指令SFRD的含义及应用；
3. 能正确判别移位写入指令SFWR和移位读出指令SFRD的使用场合并正确编程。

二、知识准备

1. 移位写入指令SFWR

移位写入指令SFWR的功能是：为先入先出（与移位读出指令SFRD配合）和先入后出（与出栈指令POP配合）控制准备的数据进行写入操作，分为16位和32位操作方式。由于用连续执行型指令SFWR，每个运算周期都会进行数据写入操作，因此一般使用脉冲执行型指令SFWRP编程。SFWR指令的助记符、指令作用和操作数如表16-1所示。

表16-1　移位写入指令SFWR说明

指令名称	助记符	指令作用	操作数		
			S·	D·	n
移位写入指令	SFWR	将源操作数进行写入操作	KnX、KnY、KnS、KnM、T、C、D、V、Z、K、H	KnY、KnS、KnM、T、C、D	K、H

SFWR指令的使用说明如图16-1所示。触发条件X000第1次为ON时，触发SFWR指令，将源操作数D0中的值写入D2，而D1作为指针变为1（D1要先复位为0）。触发条件X000第2次为ON时，再次触发SFWR指令，将源操作数D0中的值写入D3，而D1作为指针变为2。依次类推，将D0中的数据依次写入寄存器D2～D10。当指针D1的值达到9（n−1）后，操作不再执行，进位标志M8022置为ON。

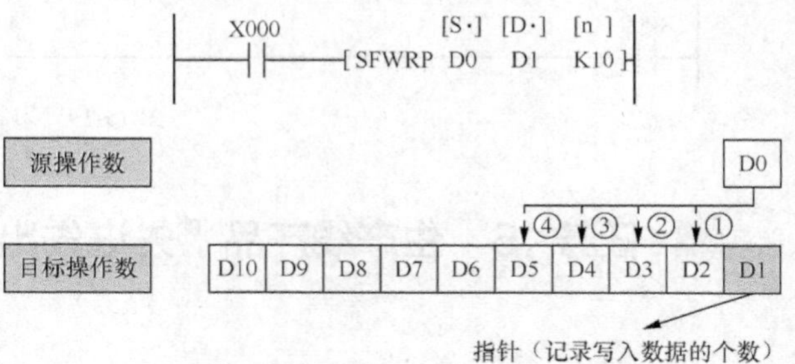

图16-1　移位写入指令SFWR使用说明

2. 移位读出指令SFRD

移位读出指令SFRD的功能是：为先入先出（与SFWR指令配合）控制准备的数据进行读出操作，分为16位和32位操作方式。由于用连续执行型指令SFRD，每个运算周期都会进行数据读出操作，因此一般使用脉冲执行型指令SFRDP编程。SFRD指令的助记符、指令作用和操作数如表16-2所示。

表16-2　移位读出指令SFRD说明

指令名称	助记符	指令作用	操作数		
			S·	D·	n
移位读出指令	SFRD	将源操作数进行读出操作	KnY、KnS、KnM、T、C、D、K、H	KnY、KnS、KnM、V、Z、T、C、D	K、H

SFRD 指令的使用说明如图 16-2 所示。当触发条件 X000 第 1 次为 ON 时，触发 SFRD 指令，将源操作数 D2 中的值写入 D20，D10～D3 的数据右移一位，D1 作为指针减 1。当触发条件 X000 第 2 次为 ON 时，再次触发 SFRD 指令，仍然将源操作数 D2 中的值写入 D20（实际上相当于把之前 D3 中的数据写入 D20），D10～D3 的数据右移一位，而 D1 作为指针再减 1。依次类推，每次都是将 D2 的数据写入 D20，但因为每次还进行了右移一位的操作，所以实质上是依次将寄存器 D2～D10 的数据写入 D20。当指针 D1 的值减为 0 后，操作不再执行，零位标志 M8020 置为 ON。

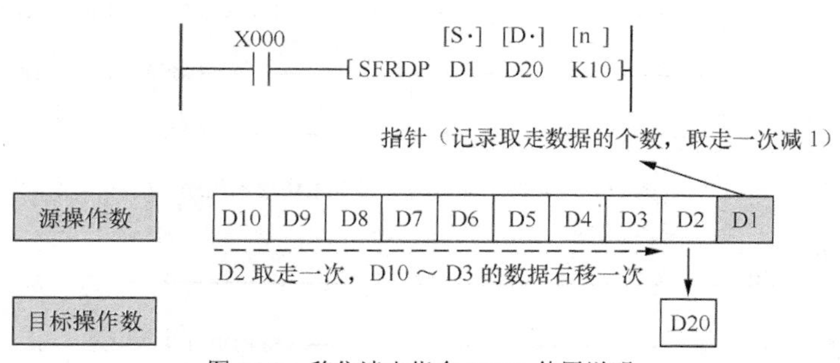

图 16-2 移位读出指令 SFRD 使用说明

所以，当移位写入指令 SFWR 和移位读出指令 SFRD 配合使用时，可实现“先入先出”的功能。如通过某传感器记录通过零件的质量用 D0 记录（合格或不合格），通过 SFWR 指令将第 1 个零件的质量特征存入 D2，第 2 个零件的质量特征存入 D3，依次类推。在后续工序中需根据零件质量情况进行处理，则可通过 SFRD 指令将存进 D2、D3 的质量情况依次读出，从而做出正确的判断。

3. 编程思路

先进先出编程思路

因为生产线上需要同时运输很多产品，每次检测完一个产品并分拣后，再进行另一个产品的检测和分拣，效率太低，所以一般在检测处，依次存储一批产品合格与否的结果，然后在分拣处依次取出这些结果进行判断，并做出相应的处理动作。

（1）利用启保停电路或 SET/RST 指令，控制系统运行标志 M0。

（2）存储产品合格与否的结果。程序编写如图 16-3 所示。此段程序与产品到位检测传感器 X003 和产品合格检测传感器 X004 有关。产品经皮带带动向前移动，首先经过 X003，需置位检测标志 M1，利用 M1 触发定时器 T0，T0 接通之前（规定时间），产品合格检测传感器 X004 接通，则产品为合格品（D0=1）；产品合格检测传感器 X004 不接通，则产品为不合格品（D0=2）。为了后续分拣的顺利进行，产品每经过 X004 一次，就利用 SFWR 指令将 D0 的值（1 或 2）依次存进 D10～D108，D9 为指针。存完即将产品质量数据（D0）、检测标志（M1）和合格标志（M2）复位，准备进行下一个产品的处理。

（3）判断当前分拣传感器处产品的质量。程序编写如图 16-4 所示。因为先检测的产品一定先走到分拣到位检测传感器 X005 处，符合数据“先进先出”的原则，利用 SFRD 指令依次将 D10～D108 的数据读出到 D2，根据 D2 的值，判断当前产品质量情况。若合格，则电磁阀 Y000 通电，气缸推出到位后，需及时复位，且将 D2 的值和分拣标志 M3 复位。若不合格，则直接将 D2 的值和分拣标志 M3 复位，为下一个产品的分拣做好准备。

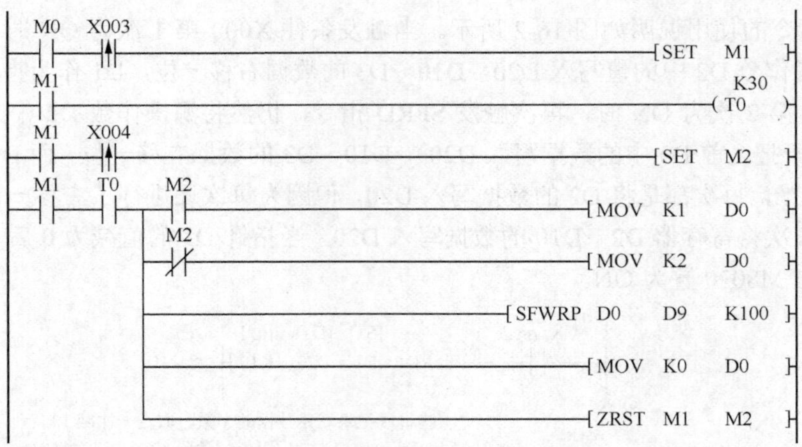

图 16-3　存储产品合格与否信息梯形图程序

M0 X005
SET M3
M3
SFRDP D9 D2 K100
= D2 K2
SET Y000
= D2 K1
MOV K0 D2
RST M3
M3 X006
RST Y000
MOV K0 D2
RST M3

图 16-4　判断当前分拣传感器处产品质量的梯形图程序

（4）复位和停止处理。按下停止按钮时，所有动作暂停，这显然可以利用主控触点指令 MC/MCR 实现。而按下复位按钮时，系统恢复到初始状态，一般采用复位指令使相应数据复位。

三、任务实施

1. 分配 PLC 输入/输出端口

生产线产品“先进先出”分拣控制 PLC 输入/输出端口分配如表 16-3 所示。

表 16–3　　生产线产品“先进先出”分拣控制 PLC 输入/输出端口分配表

输入		输出	
启动按钮 SB1	X000	电磁阀 YV1	Y000
停止按钮 SB2	X001	皮带电动机接触器线圈 KM1	Y001
复位按钮 SB3	X002		
产品到位检测传感器 SQ1	X003		
产品表面合格检测传感器 SQ2	X004		
分拣到位检测传感器 SQ3	X005		
气缸伸出到位传感器 SQ4	X006		

2. 设计电气原理图

生产线产品“先进先出”分拣控制参考电气原理图如图 16-5 所示。

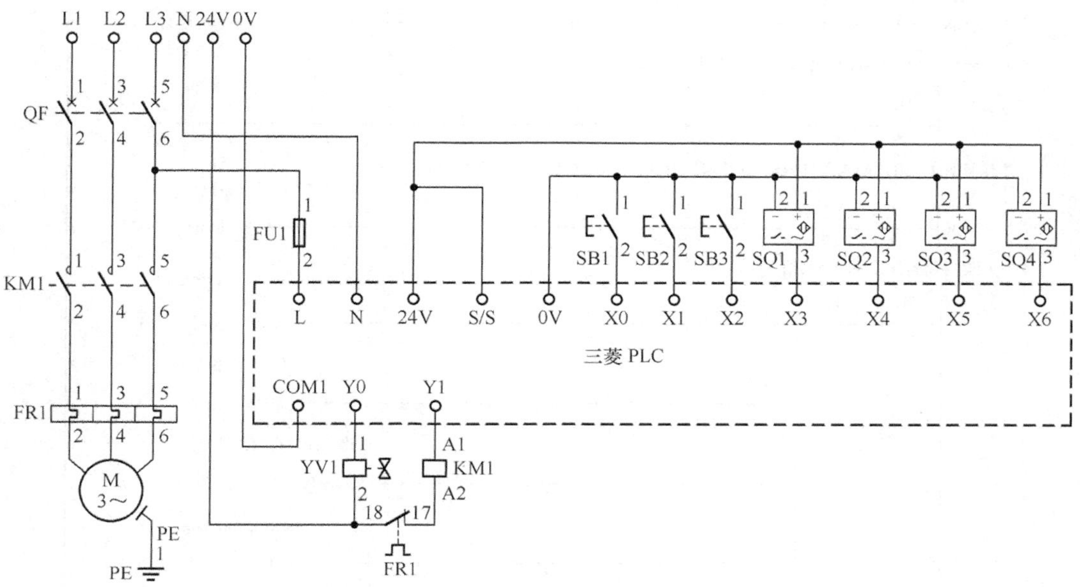

图 16-5　生产线产品“先进先出”分拣控制参考电气原理图

3. 编写 PLC 梯形图程序

生产线产品“先进先出”分拣控制梯形图程序如图 16-6 所示。

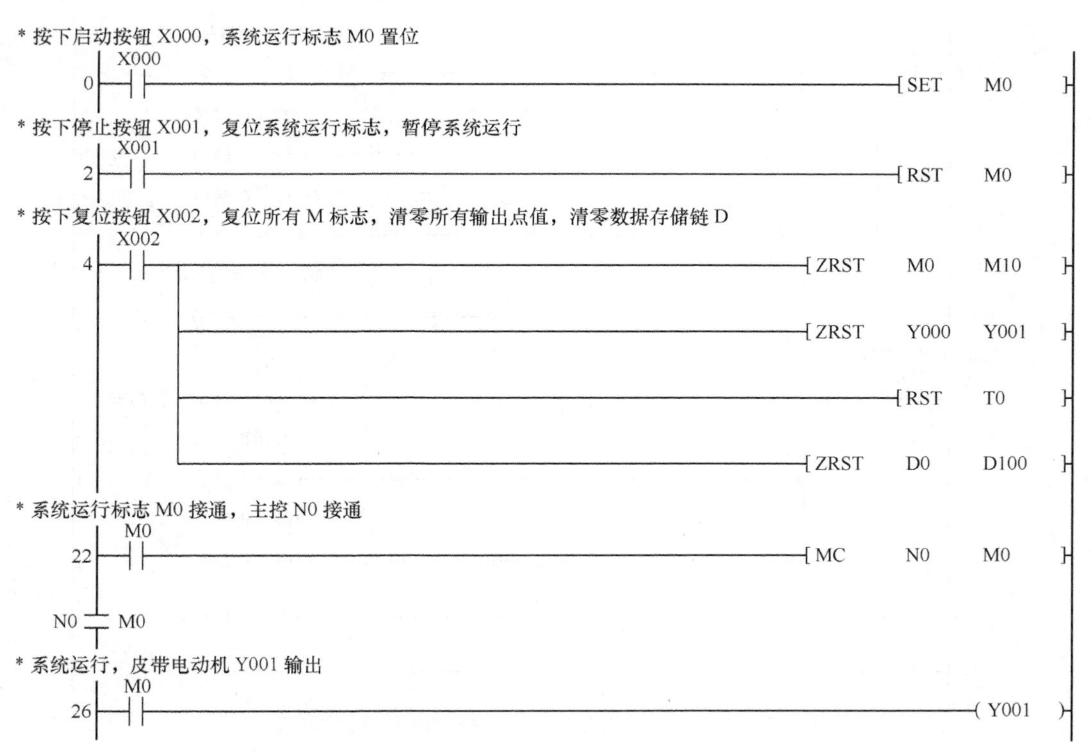

图 16-6　生产线产品“先进先出”分拣控制梯形图程序

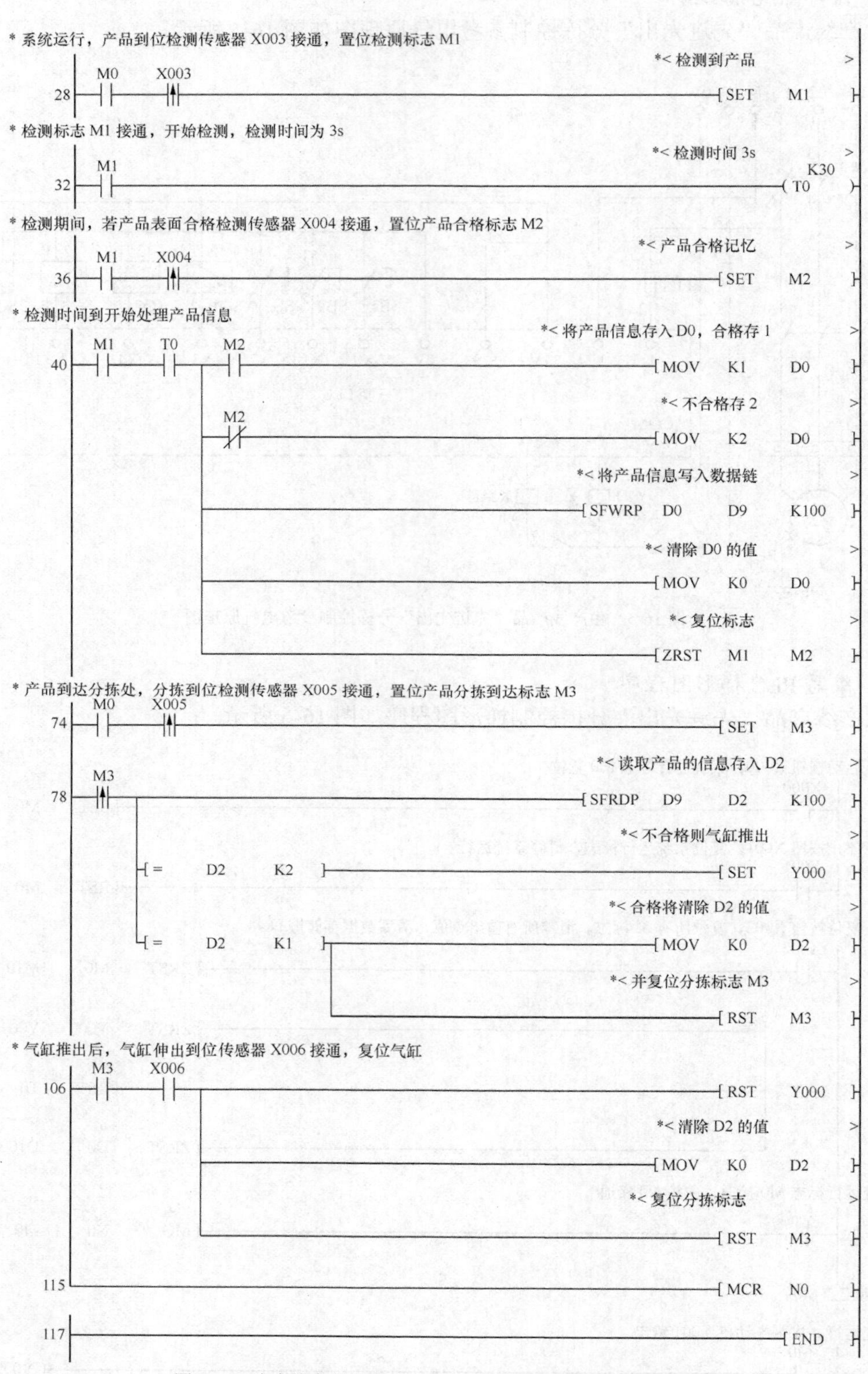

图 16-6　生产线产品“先进先出”分拣控制梯形图程序（续）

四、每课一问

为什么产品经过传感器 X003 后，需延时一段时间再将质量评判数据 D0 依次存进 D10～D108 的堆栈系列？

五、知识延伸

读取后入数据指令 POP

读取后入数据指令 POP 的功能是：为后入先出（与 SFWR 指令配合）控制准备的数据进行读出操作，分为 16 位和 32 位操作方式。由于用连续执行型指令 POP，每个运算周期都会进行数据读出操作，因此一般使用脉冲执行型指令 POPP 编程。POP 指令的助记符、指令作用和操作数如表 16-4 所示。

表 16-4　　读取后入数据指令 POP 要点

指令名称	助记符	指令作用	操作数		
			S·	D·	n
读取后入数据指令	POP	将 SFWR 指令写入的数据按照后入先出的次序读出	KnY、KnS、KnM、T、C、D	KnY、KnS、KnM、V、Z、T、C、D	K、H

POP 指令的使用说明如图 16-7 所示。移位写入指令触点接通时，按照接通的次数，将 D20 的值依次存入 D101～D106，D100 作为指针，变动范围为 K1～K7。

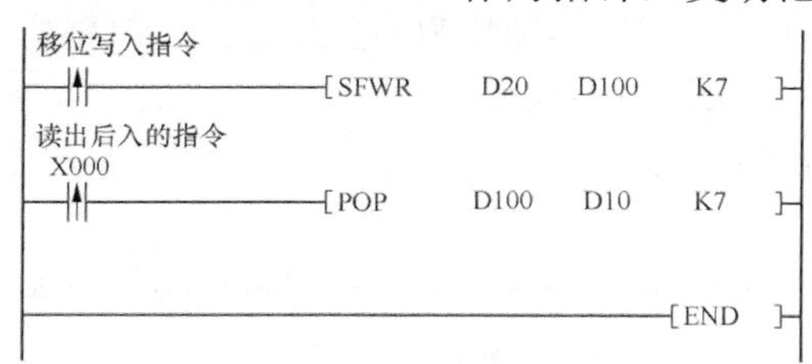

先输入的数据为下表中的内容时

指针	D100	K3
数据	D101	H1234
	D102	H5678
	D103	HABCD
	D104	H0000
	D105	H0000
	D106	H0000

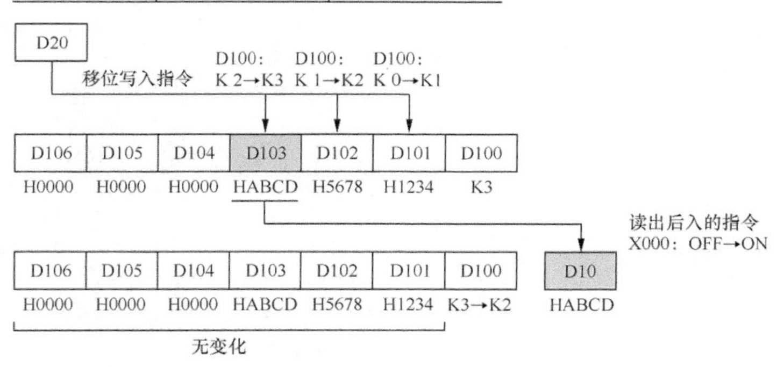

图 16-7　POP 指令使用说明

X000 第 1 次为 ON 时，触发 POP 指令，根据指针变量 D100 的值，如 D100 的值为 3，则将 D101 开始的第 3 个地址 D103 的值传给 D10，同时，指针 D100 的指针减 1 变成 2，D101～D106 的值不变。X000 第 2 次为 ON 时，如此时 D100 的值为 2，则将 D101 开始的第 2 个地址 D102 的值传给 D10，指针 D100 的指针减 1 变成 1。

如果此时 SFWR 指令触点接通，D100 的指针为 1，则 D20 的值存入 D102，指针变为 2。依靠指针 D100 的值的变化，可以保证每次读入的一定是最后写入的值，即达到了后进先出的目的。

指针 D100 的值减为 0 后，POP 操作不再执行，零位标志 M8020 置为 ON。

六、习题

1．三菱 FX 系列 PLC 的移位写入指令是________，它一般采用________执行方式，助记符为________。

2．三菱 FX 系列 PLC 的移位读出指令是________，它一般采用________执行方式，助记符为________。

3．执行一次指令"SFWRP D0 D10 K10"，将源操作数________中的值写入________，而________作为指针变为 1。再次触发 SFWRP 指令，将源操作数中的值写入________，而指针变为________。当指针的值达到________后，操作不再执行，进位标志________置为 ON。

4．指令语句"SFRDP D0 D20 K15"中，源操作数为________，目标操作数为________，指针________的值减为________后，操作不再执行。

5．试分析如图 16-8 所示的程序的含义。

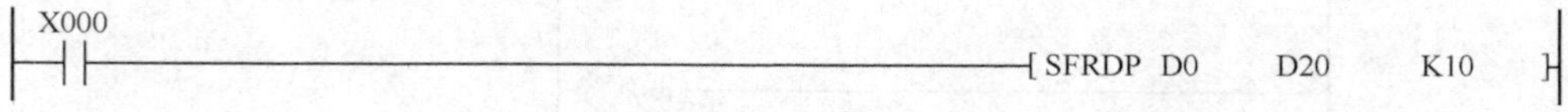

```
  X000
|--| |----------------------------------[ SFRDP  D0   D20   K10 ]-|
```

图 16-8　习题 5

模块三 状态编程篇

生产现场常见的一类控制任务是顺序控制，即整个或主要的控制任务可分解为若干工序，各工序间的联系清楚，转换条件直观，且各工序的任务明确而具体。对于这类控制任务，采用状态编程可以大大简化编程工作。状态编程也称为顺序控制编程，其基本思路为：将控制任务按照工艺要求分解为若干动作步，每个步执行一定的操作，步与步之间通过相应的转换条件进行相互切换与隔离。

本模块共包含 5 个工作任务，主要包括状态编程思想、状态编程基本步骤、状态编程的几种不同方式、单序列状态功能图（SFC）、选择序列 SFC 和并行序列 SFC 等内容。

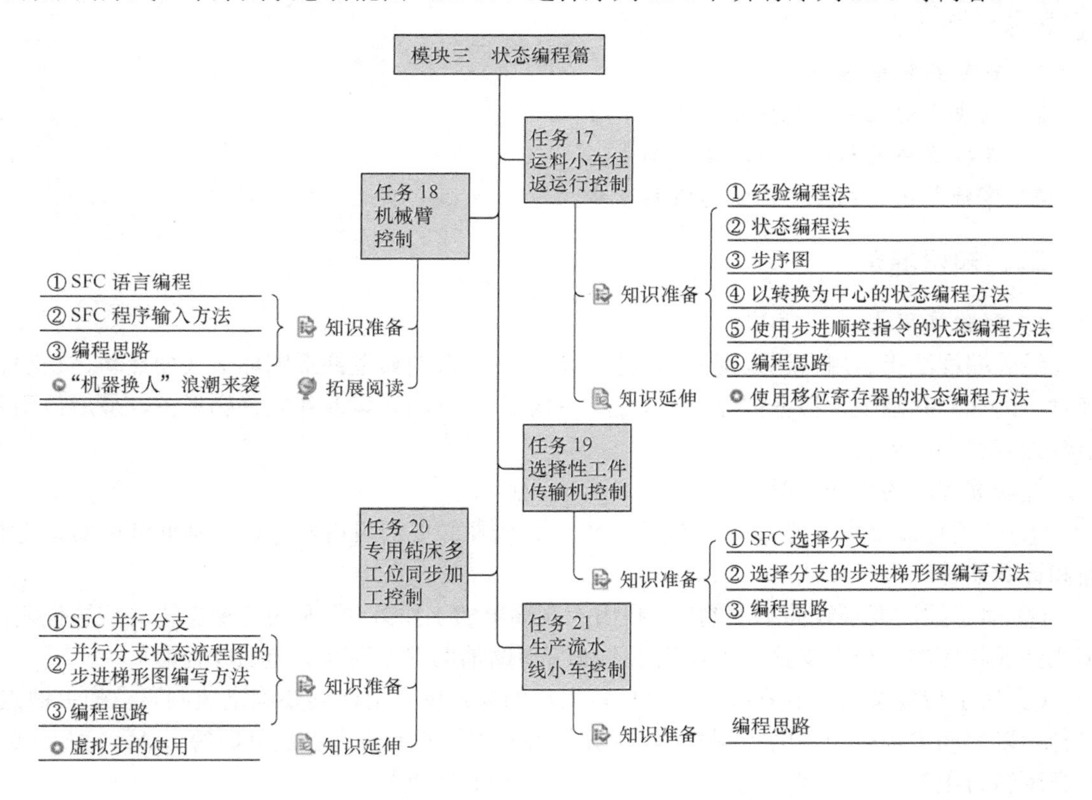

任务 17　运料小车往返运行控制

一、任务描述

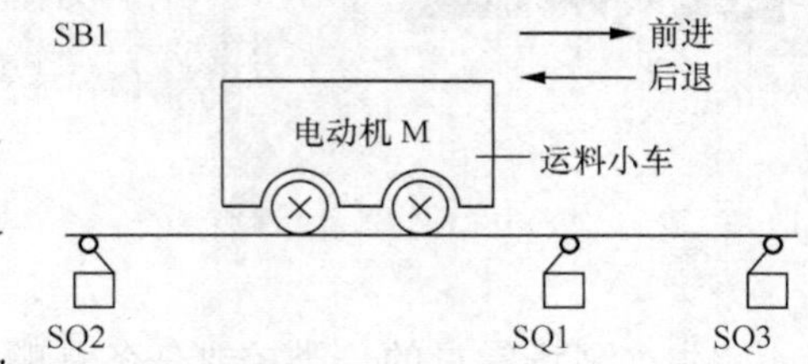

运料小车是工业运料的常用设备之一，广泛应用于冶金、有色金属、港口和码头等行业，用于转运各工序之间的物品。

某运料小车一个工作周期的动作要求为：按下启动按钮 SB1，运料小车电动机 M 正转，运料小车第一次前进，碰到限位开关 SQ1 后，运料小车电动机 M 反转，运料小车后退。运料小车后退碰到限位开关 SQ2 后，运料小车电动机 M 停转。停 5s 后，第二次前进，碰到限位开关 SQ3，再次后退；第二次后退碰到限位开关 SQ2 时，运料小车停止。

请进行运料小车往返运行控制输入/输出端口分配、电气原理图设计，完成运料小车往返运行控制硬件接线，并完成运料小车往返运行控制梯形图程序的编写、下载与调试任务。

学习目标

1. 理解经验编程法；
2. 初步了解状态编程思想；
3. 掌握步序图与状态流程图的画法；
4. 掌握并区分几种不同状态编程方法。

二、知识准备

1. 经验编程法

经验编程法指运用自己或别人的编程经验，在已有的典型梯形图环节（如点动、长动、延时、闪烁）基础上，根据被控对象对控制的要求，不断地修改和完善梯形图，最后得到一个较为满意的结果。

经验编程法的步骤一般如下。

① 分析控制要求，进行输入/输出分配，并选择必要的机内器件，如辅助继电器、定时器和计数器等。

② 对于控制要求较简单的输出，找出控制输出的工作条件，利用启保停模式或置位复位模式完成相应的梯形图支路，工作稍复杂的可借助辅助继电器（如点长动控制）。

③ 对于较复杂的控制系统，在画出输出口的梯形图之前，需要确定控制要求的关键点：一种为以空间类逻辑为主的控制关键点（如抢答器中抢答允许和答题到时等），另一种为以时间类逻辑为主的控制点（如交通信号灯控制的几个时间点）。

④ 将关键点用梯形图表达出来。关键点常用辅助继电器表达，一般利用常见的定时器计时、记忆、闪烁等基本环节来实现。

⑤ 在完成关键点梯形图的基础上，完成最终输出的梯形图绘制。

⑥ 综合修改完善。

经验编程法对于一些简单的程序设计是比较有效的，具有快速、简单的优点。但这种方法主要依靠设计人员的经验进行设计，所以对设计人员的要求比较高，要求设计者具备较强的实践经验，对工业控制系统和工业上常用的各种典型环节比较熟悉。

2. 状态编程法

经验编程法设计复杂系统的梯形图程序时，要用大量的中间元件来完成记忆、联锁、互锁等功能，需要考虑的因素很多，它们往往又交织在一起，分析起来非常困难，并且很容易遗漏一些问题。在修改某一局部梯形图程序时，很可能对系统其他部分程序造成意想不到的影响，往往花了很长时间，也得不到一个满意的结果。而且如果不对梯形图程序加注释的话，其可读性也较低。

生产现场常见的一类控制任务是顺序控制，即整个或主要的控制任务可分解为若干工序，各工序间的联系清楚，转换条件直观，且各工序的任务明确而具体。对于这类控制任务，采用状态编程法可以大大简化编程任务。状态编程也称为顺序控制编程，其基本思路为：将控制任务按照工艺要求分解为若干动作步，每个步执行一定的操作，步与步之间通过相应的转换条件进行相互切换与隔离。

状态编程法的步骤一般为：①根据控制要求，进行输入/输出端口分配；②分析工艺控制过程，划分工步，画出运行系统步序图；③画出顺序控制状态流程图；④编制 PLC 程序（SFC 或步进梯形图程序）。

3. 步序图

（1）确定工步

每一个工序都是描述控制系统中一个相对稳定的状态，一般执行元件的状态变化与工步数是对应的。工步分为初始工步和一般工步。初始工步是控制系统的起点，而一般工步指控制系统正常运行时的某个状态。如本任务中，执行元件是运料小车，有前进、后退和停止 3 种基本状态。进一步细化，对应的一般工步可以划分为 5 步：第一次前进、第一次后退、停止、第二次前进、第二次后退，加上初始工步一共是 6 个工步。工步画法如图 17-1（a）所示。

（2）设置状态输出

每一工步的状态输出即每个状态的任务（负载驱动和功能），状态输出符号写在对应的工步右边，如果工步 1 的输出 Y000 为 1，则表示为图 17-1（b）所示。当前状态输出也可以在编程元件旁用中文加以注释，如图 17-1（c）所示。

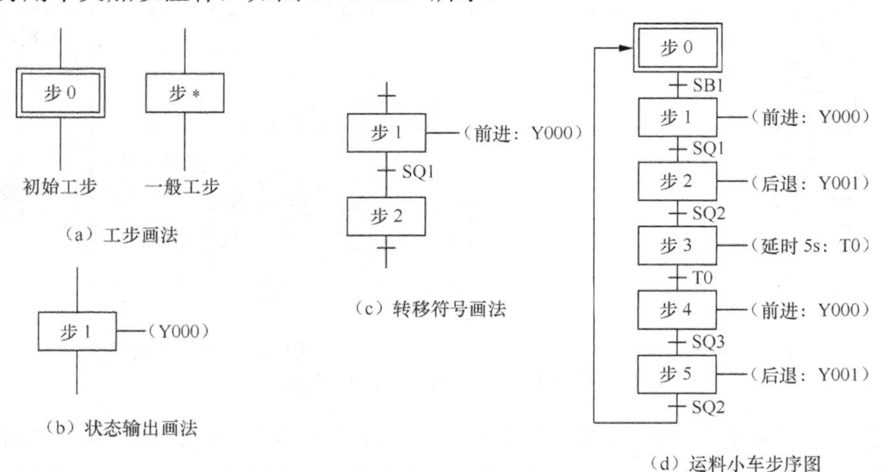

图 17-1　步序图

（3）设置状态转移

状态转移表达工步之间的联系，用有向线段加一短横线表示。短横线为转移符号，旁边一般用文字语言或逻辑表达式对转移条件进行解释，如图 17-1（c）所示。需要注意，如果转移条件为 SQ1 触点闭合，则旁边符号用 SQ1 表示；如果转移条件为 SQ1 触点断开，则旁边符号用$\overline{SQ1}$表示。

根据上述步骤，可以得到运料小车运行任务的步序图，如图 17-1（d）所示。

4．*以转换为中心的状态编程方法*

以转换为中心的状态编程方法

顺序控制编程（简称顺控编程）主要有 4 种方式：使用启保停电路的编程方式、使用步进顺控指令的编程方式、使用移位寄存器的编程方式和使用置位复位指令的编程方式。其中，使用置位复位指令的顺控编程方式和使用步进顺控指令的编程方式最为常见。

使用置位复位指令的编程方式又称为以转换为中心的编程方法。该方法一般利用辅助继电器 M 表示工步，如本任务中用 M0～M5 分别表示工步 0～工步 5。状态转移方法为：通过 SET 指令将该转换的后续步置位为活动步，再通过 RST 指令将前级步复位为不活动步，保证每次只有一个活动步（单序列）。该方法顺序转换关系明确，编程易理解。

以转换为中心的顺控编程时，首先需要将步序图转化为状态流程图，如图 17-2（a）所示。需要注意的是，首次运行时，初始状态必须用其他方法预先驱动，使它处于工作状态，否则状态流程就不可能进行。通常利用系统的初始脉冲 M8002 来驱动初始状态。

状态流程图画好后，需转换成步进梯形图，如图 17-2（b）所示。步进梯形图中，首先利用 M8002 的常开触点触发 M0 的置位指令，进入初始步 M0；然后，用 M0 的常开触点控制一个电路块；接着，利用 M1 的常开触点控制一个电路块，从状态输出的程序（OUT 线圈指令）开始，当转移条件满足（X001=1）时，跳入下一步 M2（置位 M2，复位 M1）。按照步骤依次写完各步电路块即可。

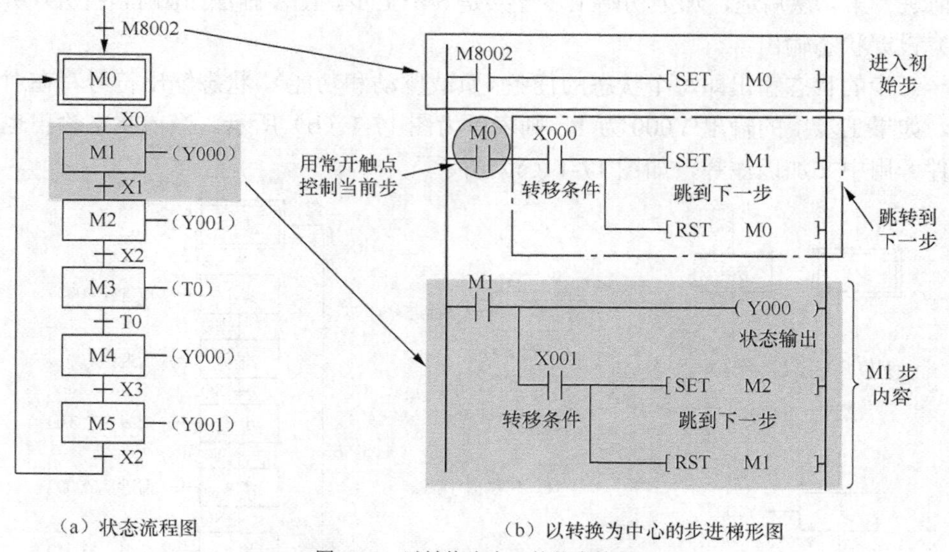

（a）状态流程图　　（b）以转换为中心的步进梯形图

图 17-2　以转换为中心的状态编程

可以看出，以转换为中心的顺控编程时，整个程序分为几个电路块，每个电路块都受到某个辅助继电器 M（代表步）常开触点控制，通过置位复位指令使代表当前步的 M 接通，其他代表步的M断电，保证每次只有一个电路块处于接通状态。在每个电路块里，需要处理状态输出（不一定有，如初始步）和状态转移两件事情。

但需要注意，尽管只有一个电路块处于接通状态，但其他电路块程序还是会扫描，因此仍然不允许存在双线圈输出。所以以转换为中心的顺控编程时，一般采用线圈的置位复位操作，而尽量避免线圈的OUT指令操作。如果采用线圈的OUT指令操作，则需考虑电路块之间的互锁问题。

本任务中，M1步和M4步的输出都是Y000，如果直接利用线圈输出指令就会出现双线圈的问题，有两种处理方式：①所有的输出都采用置位复位操作，关键是线圈要及时复位；②采用线圈输出指令，将辅助继电器如M100和M101分别作为M1步和M4步的输出，然后利用M100和M101的常开触点控制Y000的输出。同理，M2步和M5步的输出都是Y001，也需要做相应处理。

5. *使用步进顺控指令的状态编程方法*

使用步进顺控指令的状态编程方法

步进顺控指令是PLC生产厂家为顺序控制编程提供的专用指令，步进顺控指令包含步进开始指令STL和步进结束指令RET。步进开始指令STL后面只能带状态元件S，在梯形图中直接与母线相连，表示每一步的开始。步进结束指令RET不带操作数，放在步进梯形图程序的结束行，表示步进梯形图块的结束，用于返回主程序（母线）。用状态元件S替代辅助继电器M代表工步，可解决如下两个问题：①被激活的状态有自动关闭激活它的前步状态的能力，从而状态转换时，只需要置位代表后续步的状态元件S，而不用复位代表前级步的状态元件S；②只有激活的程序段才被扫描执行，即当某个状态被关闭时，该状态中以OUT指令驱动的输出全部停止，从而允许双线圈输出。编程者在考虑某个状态的状态输出时，不必考虑状态间的联锁，大大方便了编程。

（1）状态元件S

状态元件S也称为状态继电器，是对工序步进形式的控制进行简易编程所需的重要软元件，需要与步进顺控指令STL组合使用。在使用顺序功能图（Sequential Function Chart，SFC，具体介绍见任务18）的编程方式中也可以使用状态元件S。FX_{3U}系统PLC的状态元件编号和功能如表17-1所示。

表17-1　FX_{3U}系统PLC的状态元件编号和功能

类　别	元件编号	用途及特点
初始状态	S0～S9	用于表示初始状态
一般状态	S10～S499	用作中间状态
停电保持用	S500～S899	具有停电保持功能。根据设定参数，可更改为非停电保持区域
停电保持专用	S1000～S4095	具有停电保持功能。停电保持特性可通过参数进行变更
信号报警器用	S900～S999	用作报警元件使用

初始状态元件是指一个顺控过程最开始的状态，由状态元件S0～S9表示，有几个初始状态，就有几个相对独立的状态系列。一个控制系统必须有一个初始步，初始步可以没有具体要完成的动作，它对应于顺序控制起点，用双线框表示。控制系统首次运行时，初始状态必须用其他方法预先驱动，使它处于工作状态，否则状态流程就不可能进行，通常利用系统的初始脉冲M8002来驱动初始状态。

（2）使用步进顺控指令的顺控编程方法

它与以转换为中心的顺控编程类似，首先需要将步序图转化为步进状态流程图，任务21

的步进状态流程图如图 17-3（a）所示。需要注意的是，如果转移条件是 X0 为 1，则旁边符号用 X0 表示；如果转移条件是 X0 为 0，则旁边符号用 $\overline{X0}$ 表示。其他继电器为转移条件时，遵循同样规则。

步进状态流程图转换为步进梯形图后如图 17-3（b）所示。可以看出，利用步进开始指令 STL 很容易将步进状态流程图转变成步进梯形图。其执行过程为（以 S20 步为例）：当 S20 步激活为活动步后，S20 的 STL 触点接通，负载 Y000 输出为 1。如果转换条件 X001 常开触点闭合，后续步 S21 置位为活动步，同时前级步 S20 自动变成非活动步，此时 Y000 输出为 0。S21 的 STL 触点接通，系统将只扫描 S21 步的内容。

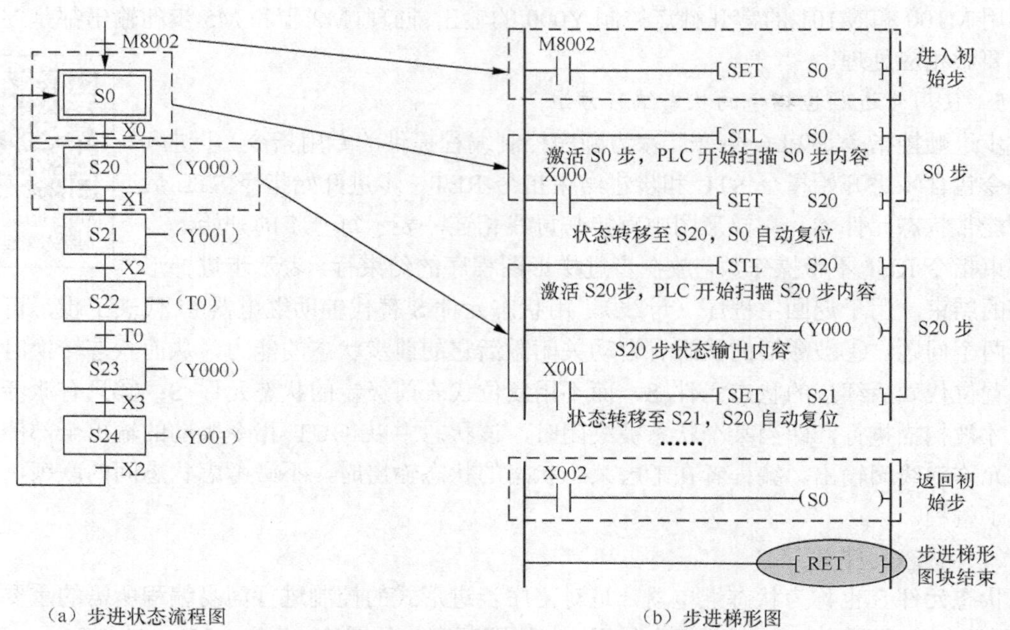

（a）步进状态流程图　　　（b）步进梯形图

图 17-3　步进状态流程图与步进梯形图的转换

（3）步进梯形图的特点

① 被激活的状态有自动关闭前级步状态的能力，从而在状态转换时，只需要置位代表后续步的状态元件 S，而不用复位代表前级步的状态元件 S。

② 只有激活的程序段才被扫描执行，即当某个状态被关闭时，PLC 将不执行它驱动的电路块，大大缩短了扫描时间。

③ 只有激活的程序段才被扫描执行，从而允许双线圈输出。因为在一个扫描周期内，同一元件的几条 OUT 指令中只有一条被执行。编程者在考虑某个状态的状态输出时，不必考虑状态间的联锁，大大方便了编程。

④ STL 触点与左母线相连，起到建立子母线的作用，当某个状态被激活时，步进梯形图上的母线就移到子母线上。使用 RET 指令可使操作返回左母线。

⑤ STL 触点可以直接驱动或通过别的触点驱动 Y、M、S 和 T 等元件的线圈和功能指令。同一个状态步内，一旦写入别的触点驱动的指令，就不能再编写不需要触点的指令。

⑥ 当 STL 触点断开时，与此相连的电路停止执行，如果要保持线圈的输出，需采用 SET 和 RST 指令。

⑦ 在没有并行序列时，同一状态元件 S 的 STL 触点在梯形图中只能出现一次。

⑧ STL 触点驱动的电路块中不能使用 MC 和 MCR 指令。

⑨ 当状态元件 S 不作为 STL 指令的目标元件时，与一般辅助继电器功能相同。

⑩ 在中断程序和子程序内，不能使用 STL 指令。

⑪ OUT 指令与 SET 指令均可用于步的活动状态的转换，SET 指令一般用于驱动状态继电器的元件号比当前步的状态继电器元件号大的 STL 步。在 STL 区内的 OUT 指令用于顺序功能图中的闭环和跳步，如果想跳回已经处理过的步，或向前跳过若干步，可对状态继电器使用 OUT 指令。OUT 指令还可以用于远程跳步，即从顺序功能图中的一个序列跳到另一个序列。以上情况虽然可以使用 SET 指令，但最好使用 OUT 指令。

6. 编程思路

（1）经验编程法

运料小车运行一个周期，经历 2 次前进和后退，分别用 M100、M101、M110、M111 表示第 1 次前进、第 2 次前进、第 1 次后退和第 2 次后退标志位，梯形图程序初步编制如图 17-4 所示。

图 17-4　运料小车运动控制初编梯形图程序

仔细分析可以知道，该程序执行时会出现如下错误情况。①运料小车第 2 次前进，碰到限位开关 SQ1（X001）时，第 2 逻辑行会接通，运料小车又会后退。但任务要求是第 1 次前进碰到 SQ1，电动机反转，而第 2 次前进碰到 SQ1 时，系统应该不做反应，直到碰到 SQ3 时电动机才反转。②运料小车第 2 次退回到限位开关 SQ2（X002）时，第 3 逻辑行接通，又开始延时，然后前进，但任务要求是：第 2 次后退碰到限位开关 SQ2（X002）时，运料小车停止。

根本原因在于，该任务中运料小车第 1 次前进/后退和第 2 次前进/后退时，PLC 需做出不一样的反应。遇到这种情况，运用经验编程法时，一般采用“记忆”方法，如图 17-5 所示。即开始第 2 次前进时，就设法让 PLC“记住”第 2 次前进的“发生”，例如用 M102 表示第 2 次前进的标志位。如果前进时 M102 为 0，则为第 2 次前进之前；如果 M102 为 1，则为第 2 次前进之后。

其中，X000 的常闭触点用于保证每次按下启动按钮时，M102 能够复位。而 M8002 常开触点的作用是保证 PLC 上电时，M102 为 1，从而保证刚上电而运料小车处于限位开关 SQ2 时，运料小车不会延时后前进（M101 的控制梯形图需要相应改变）。

图 17-5 PLC 编程“记忆”方法示例

完整梯形图请大家认真思考后完成。

（2）以转换为中心的状态编程法

① I/O 分配（略）。

② 工步划分，画步序图。

③ 画状态流程图，如图 17-2（a）所示。

④ PLC 程序编写。以转换为中心的运料小车运动控制参考梯形图程序如图 17-6 所示。

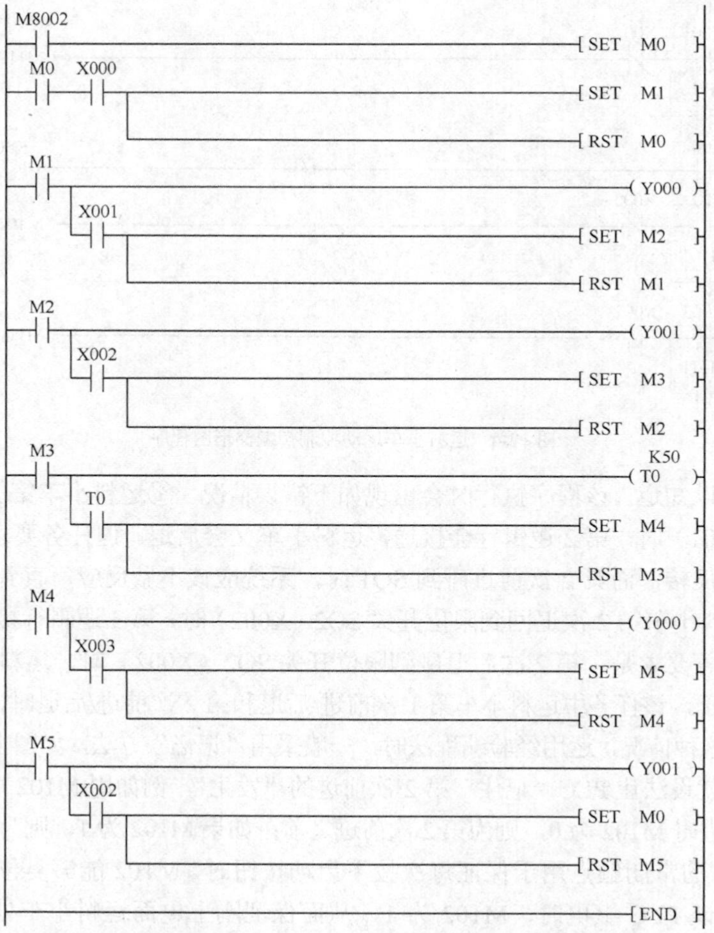

图 17-6 以转换为中心的运料小车运动控制参考梯形图程序（错误）

图 17-6 所示程序编制中存在一些小错误，你能体会以转换为中心的状态编程思想并改正错误吗？

（3）使用步进顺控指令的状态编程方法

① I/O 分配（略）。

② 工步划分，画时序图。

③ 画步进状态流程图，如图 17-3（a）所示。

④ PLC 程序编写。根据图 17-3 所示步进状态流程图与步进梯形图的转换方法，试写出步进梯形图。

三、任务实施

1. 分配 PLC 输入/输出端口

运料小车运动控制 PLC 输入/输出端口分配如表 17-2 所示。

表 17-2　　运料小车运动控制 PLC 输入/输出端口分配表

输　入		输　出	
启动按钮 SB1	X000	电动机正转接触器线圈 KM1	Y000
限位开关 SQ1	X001	电动机反转接触器线圈 KM2	Y001
限位开关 SQ2	X002		
限位开关 SQ3	X003		

2. 设计电气原理图

运料小车运动控制参考电气原理图如图 17-7 所示。

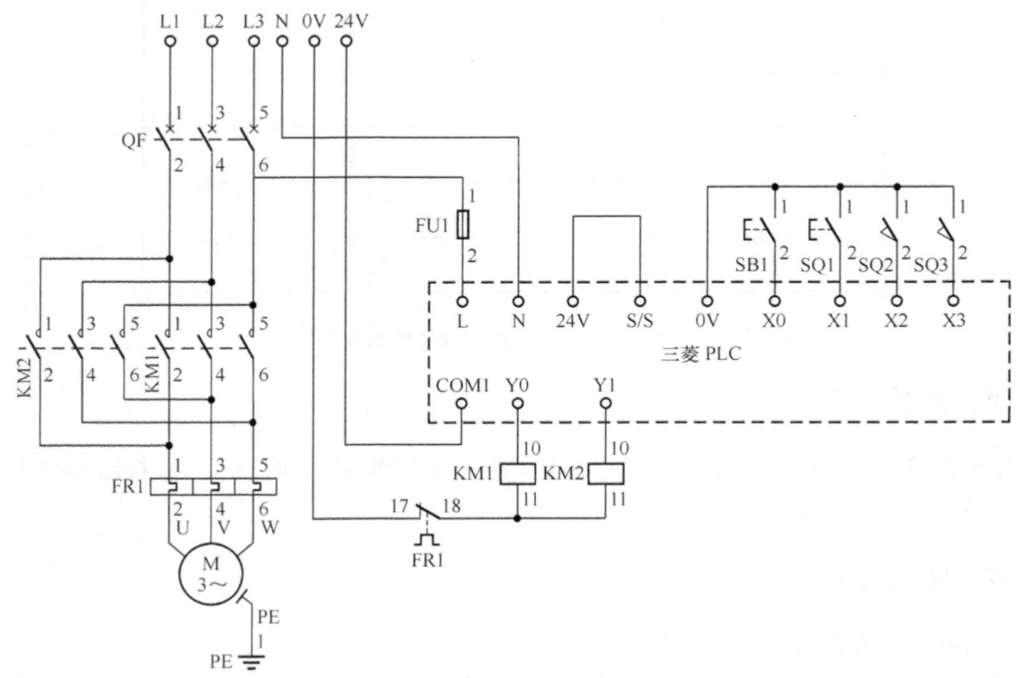

图 17-7　运料小车运动控制参考电气原理图

3．编写 PLC 梯形图程序

运料小车运动控制参考梯形图程序如图 17-8 所示。

```
M8002
--| |----------------------------------[SET  S0 ]
-----------------------------------------[STL  S0 ]
X000
--| |----------------------------------[SET  S1 ]
-----------------------------------------[STL  S1 ]
-----------------------------------------( Y000 )
X001
--| |----------------------------------[SET  S2 ]
-----------------------------------------[STL  S2 ]
-----------------------------------------( Y001 )
X002
--| |----------------------------------[SET  S3 ]
-----------------------------------------[STL  S3 ]
                                            K50
-----------------------------------------(T0     )
T0
--| |----------------------------------[SET  S4 ]
-----------------------------------------[STL  S4 ]
-----------------------------------------( Y000 )
X003
--| |----------------------------------[SET  S5 ]
-----------------------------------------[STL  S5 ]
-----------------------------------------( Y001 )
X002
--| |------------------------------------(S0    )
-----------------------------------------[RET    ]
-----------------------------------------[END    ]
```

图 17-8　运料小车运动控制参考梯形图程序

四、每课一问

如果希望按下启动按钮 SB1 时，运料小车能一直循环运行，而按下停止按钮 SB2 时，运料小车马上停止，应如何编程实现？

五、知识延伸

使用移位寄存器的状态编程方法

很多 PLC 都提供了移位寄存器指令。状态编程时，移位寄存器由辅助继电器顺序排列组成。移位寄存器各位的数据可在移位脉冲的作用下依一定的方向移动。比如移动寄存器的第1位先变成1，移位信号触发后，第二位变成1，依次类推。如图17-9所示，M20为第1步，当铁片固定好后，进入第2步，通过位左移指令使M21为1，M21步的功能是让工作台移到要求的位置，移动到位后，触发位左移指令，使M22为1，M22步的功能是冲孔，冲孔完成后，C2当前值等于1，再次触发位左移指令，使M23为1，依次类推。

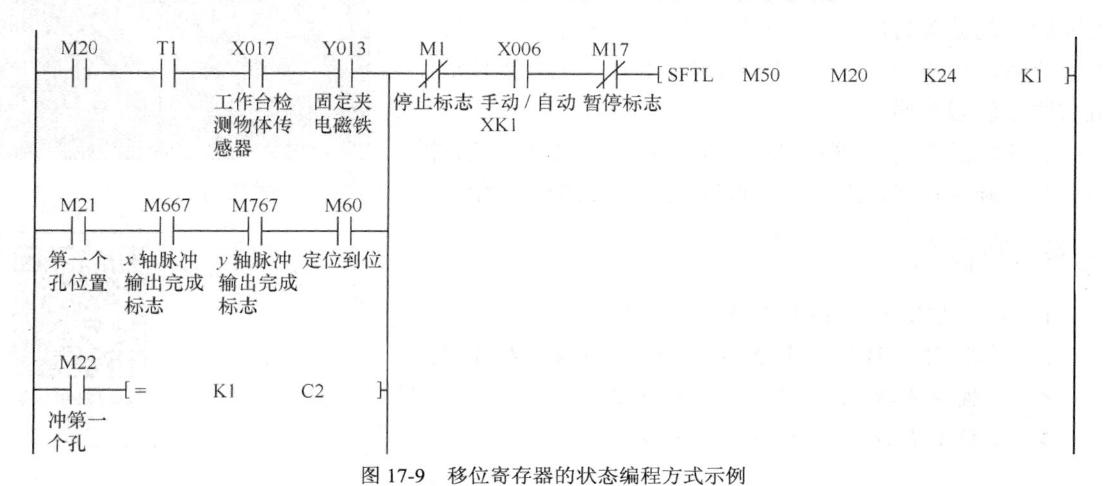

图17-9　移位寄存器的状态编程方式示例

六、习题

1．一个控制系统必须有________个初始步。

2．初始步必须有具体要完成的动作。（正确/错误）

3．步进顺控指令包含步进开始指令________和步进结束指令________。

4．当STL触点断开时，与此相连的电路停止运行，如果要保持线圈的输出，需采用________指令。

5．步进结束指令RET不带操作数，放在步进梯形图程序的结束行，表示步进梯形图块的结束，用于返回主程序。（正确/错误）

6．STL触点驱动的电路块具有3个功能：________、________和________。

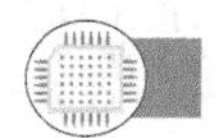

任务18　机械臂控制

一、任务描述

机械臂是机械人技术领域中得到广泛应用的自动化机械装置，在工业制造、医学治疗、军事、半导体制造及太空探索等领域都能见到它的身影。尽管机械臂的形态各有不同，但它们都有一个共同的特点，就是能够接收指令，精确地定位到三维（或二维）空间上的某一点进行作业。

某机械臂将工件从 A 点向 B 点移送。上升/下降/左旋/右旋等的控制分别使用了双控电磁阀，夹钳使用了单控电磁阀。工作流程如下：当机械臂处于左上方，且夹钳放松情况下，按下启动按钮 SB1，下降电磁阀通电，机械臂下降。下降到位后，夹钳夹紧，1s 后机械臂开始上升，到达上限后，机械臂右旋，到达右限位后，机械臂下降，到达下限位后，夹钳松开，1s 后，机械臂上升，上升到位后，机械臂左旋回到原位。

请进行输入/输出端口分配、电气原理图设计，完成机械臂控制硬件接线，并完成机械臂控制梯形图程序的编写、下载与调试任务。

学习目标

机械臂控制任务描述

1. 熟悉 SFC 语言编程特点与基本步骤；
2. 掌握 SFC 程序与步进梯形图程序的联系与区别；
3. 掌握单流程 SFC 程序功能流程图的画法；
4. 掌握单流程 SFC 程序的输入方法。

二、知识准备

1. SFC 语言编程

顺序功能图（SFC）又称为状态转移图或功能表图，采用 IEC 标准语言，它是描述控制系统的控制过程、功能和特性的一种图形，也是设计顺序控制程序的工具，常用于编制复杂的顺控程序。利用这种先进的编程方法，初学者很容易编出复杂的顺控程序，大大提高了工作效率，也为调试、试运行带来许多方便。

与步进梯形图编程思路完全相同，顺序功能图也是将一个完整的控制过程分为若干步，各步具有不同的动作输出，步间有一定的转换条件，转换条件满足就可实现步转移，上一步动作结束，下一步动作开始。在 SFC 程序中，同样利用状态元件 S 表示步状态，所以步进梯形图 STL 节点的特点也适用于 SFC 程序。SFC 与步进梯形图的主要区别是表现形式不一样，但可以相互转换。相对而言，SFC 编程方式能够更直接地体现顺控流程，便于维护，但在输入程序时需要在几个不同界面来回切换，稍显麻烦。

SFC 程序跟步进梯形图编程一样，也需要先根据工作流程，画出步序图和状态流程图（见任务 17），然后根据状态流程图在编程软件中编写 SFC 程序，状态流程图与 SFC 程序的转变如图 18-1 所示。

在 GX Works2 编程软件中新建工程，有两种编程语言：梯形图语言和 SFC 语言。SFC 语言的编程界面和编程规则与梯形图不同。一个 SFC 程序一定包含梯形图块和 SFC 图块两大部分。其中，SFC 图块主要负责顺控程序的处理，而梯形图块最基本的功能是使初始步置为 1，从而能够让 PLC 进入 SFC 图块程序的扫描操作，当然还需处理程序中需要及时响应的内容，如急停、显示和初始化（初始化指数据寄存器清零、辅助继电器的复位等）。对于简单 SFC 程序，梯形图块的内容就是利用 M8002 的常开触点触发初始步如 S0 的置位指令。

SFC 编程方法

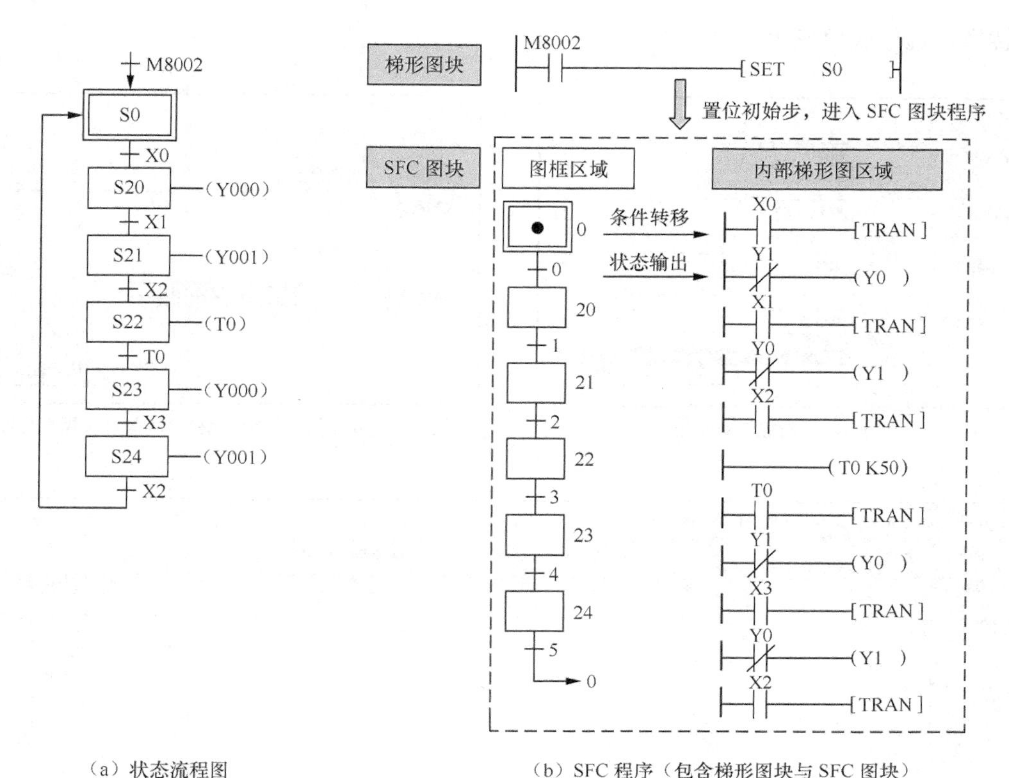

(a) 状态流程图　　　　(b) SFC 程序（包含梯形图块与 SFC 图块）

图 18-1　SFC 语言编程

而在 SFC 图块内部，又分为图框区域和内部梯形图区域，一般图框区域在左，内部梯形图区域在右。编写程序时，先在图框区域搭建顺序功能图，主要包括整体流程的确定、步编号和转移条件编号的确定等。然后根据系统控制要求，编写转换条件内部梯形图和状态内部梯形图，如图 18-1 所示的 SFC 图块中包含 11 个内部梯形图程序的编写，其输入过程为：在 SFC 顺序功能图编程界面中单击步或转换条件，调出对应的内部梯形图编程界面，输入实际的状态转移条件和状态输出。编写完一个内部梯形图程序，必须“转换”，才可以编写下一个内部梯形图程序。

2. SFC 程序输入方法

（1）新建工程

SFC 程序输入方法

启动三菱 PLC 编程软件 GX Works2，利用工具栏或菜单选择“新建工程”命令，在打开的“新建”对话框中分别选择“系列”为“FXCPU”，“机型”为“FX3U/FX3UC”，“工程类型”为“简单工程”，“程序语言”为“SFC”，单击“确定”按钮，如图 18-2 所示。

（2）设置块信息。

在弹出的“块信息设置”界面中，把 0 号块的“块类型”设置为“梯形图块”，“标题”可任意填写，如图 18-3 所示。

（3）输入梯形图块内容

在梯形图块右边区域输入程序。如图 18-4 所示，在右边区域输入 M8002 的常开触点触发置位 S0 的程序即可，初始步 S0 成为活动步，帮助 PLC 开始扫描 SFC 图块。按 F4 功能键进行转换，程序底色变为白色。

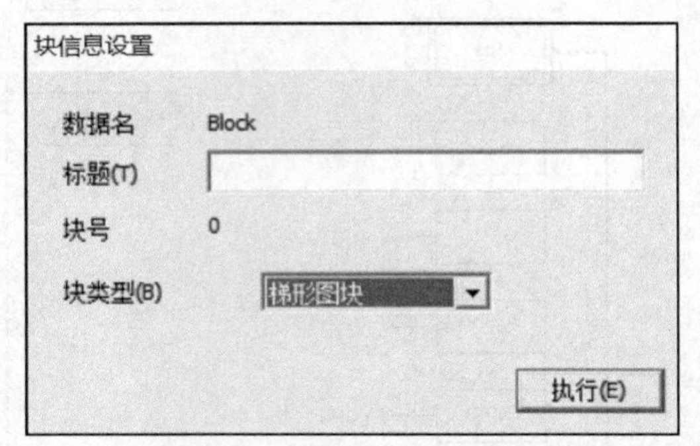

图 18-2 “新建”对话框　　图 18-3 0 号块（梯形图块）“块信息设置”界面

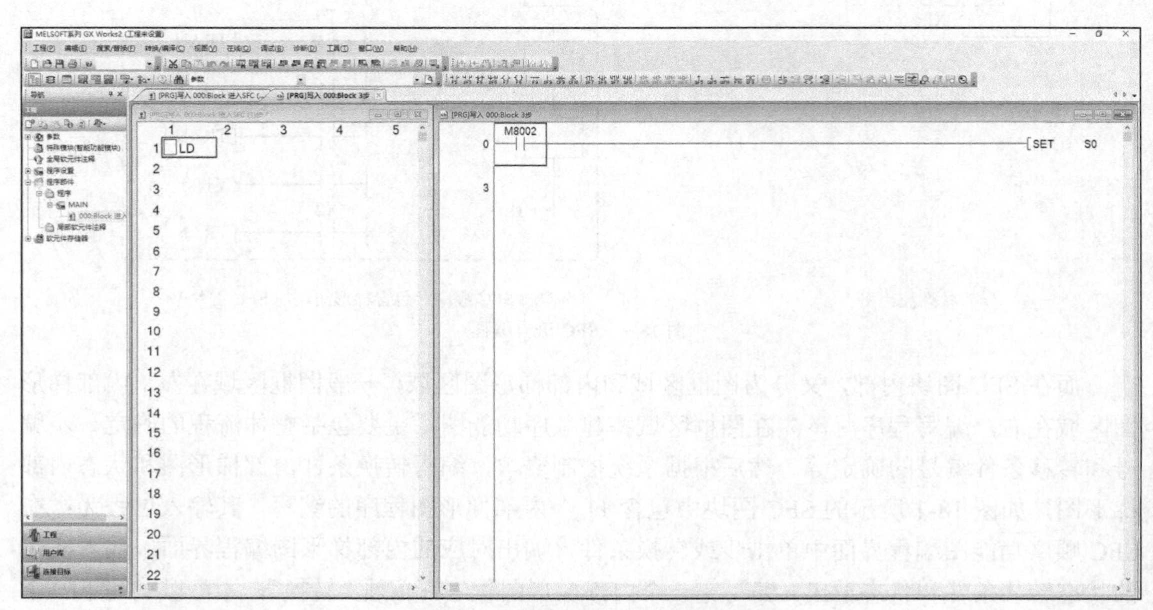

图 18-4 梯形图块程序输入界面

（4）新建数据

将鼠标指针移至最左边导航区程序下面的“MAIN”处，右击，在弹出的快捷菜单中选择“新建数据”命令，在打开的“块信息设置”界面中，将块号 1 的“块类型”设置为“SFC 块”，“标题”可随意填写，如图 18-5 所示。

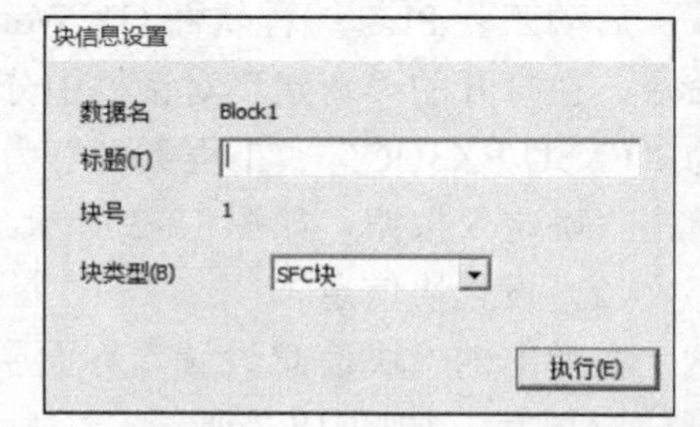

图 18-5 1 号块（SFC 块）“块信息设置”界面

（5）图框区域流程图输入

如图 18-6 所示，在中间图框区域，在转换条件 0 下方带点的地方双击，弹出“SFC 符号输入”对话框，“图形符号”为默认的“STEP”不变，在右边方框中输入步序号“20”，单击“确定”按钮。

在光标处（不带点的空白处）双击，弹出“SFC 符号输入”对话框，“图形符号”默认“TR”不变，转移条件编号也不变，单击“确定”按钮。

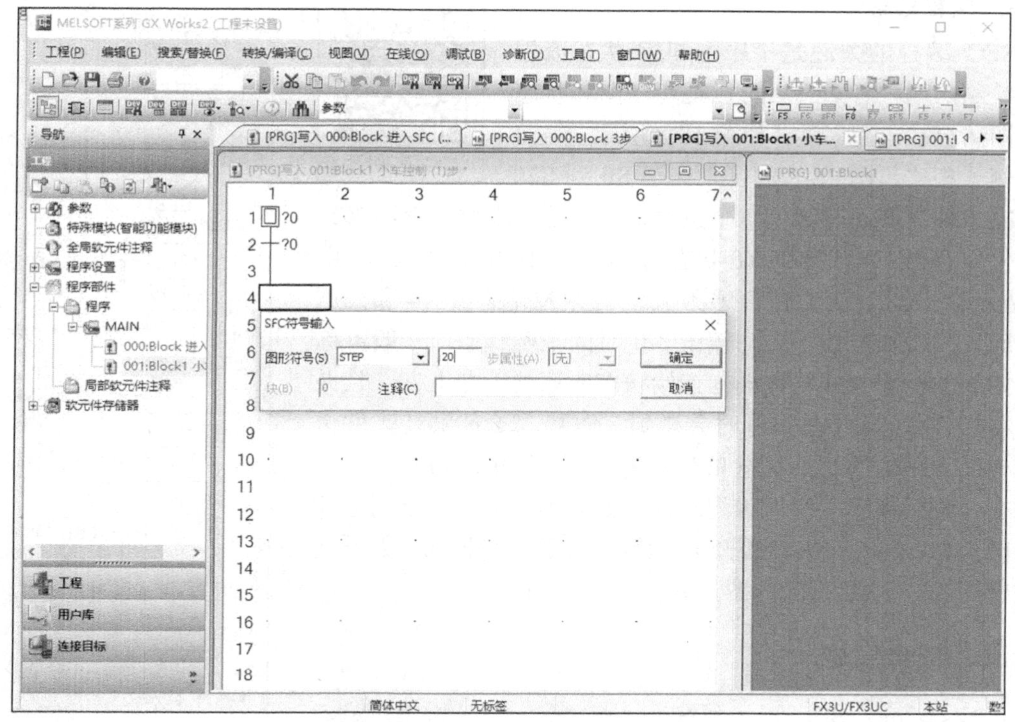

图 18-6　图框区域流程图输入界面

（6）输入内部梯形图区域程序

如图 18-7 所示，左边流程输入完成后，开始输入内部梯形图程序。如选中在左边图框区域的步号 20，在激活的右边内部梯形图区域输入第 20 步的输出内容。输入完成后，需按“F4”功能键进行转换。同样，对照状态流程图，依次在条件转换处输入条件转换程序，以 TRAN 结束；在步号处输入相应步的输出。

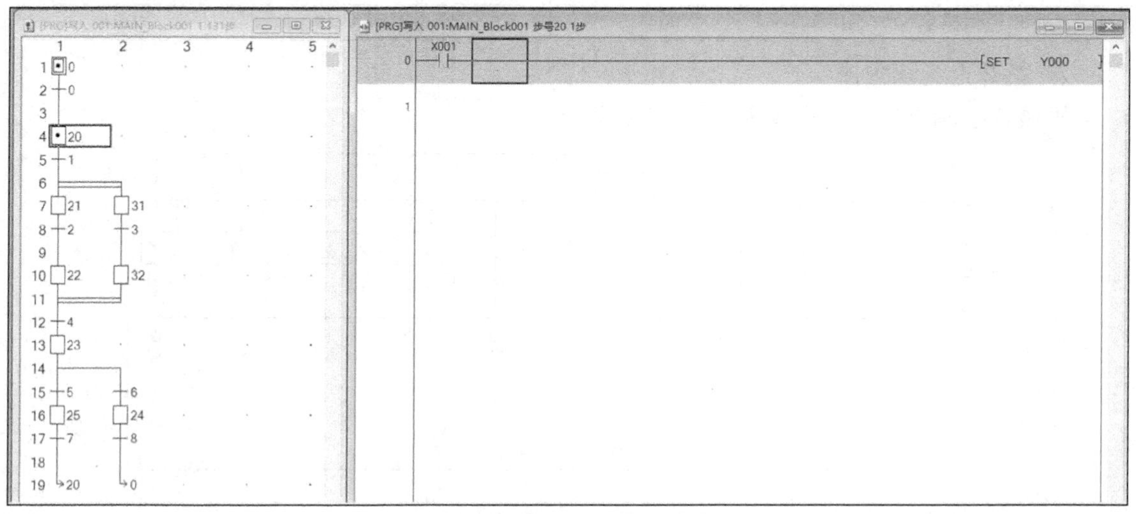

图 18-7　内部梯形图区域输入界面

3. 编程思路

SFC 编程的关键是步序图和/或状态流程图的绘制，编程者熟悉后可以把步序图和状态流程图结合在一起表达，如图 18-8 所示。与前面的例子相比，图 18-8 的区别在于 S0 到 S20 的转换条件需要同时满足 4 个条件，分别是上限位传感器 X2、左限位传感器 X4 和按钮 X0 状态为 1，夹爪松开（Y4 为 0，用 $\overline{Y4}$ 表示）。其中，上限位传感器 X2、左限位传感器 X4 和夹爪松开应该为操作员按下启动按钮 X0 时的正确状态，一般可称为初始状态，即工件传输机构初始状态应该处于左上方，且夹爪处于松开状态（不然下降时会碰到工件）。怎么能够让工件传输机构处于正确的初始状态呢？解决方式很简单：S0 步时，如果不在左位则驱动左行电磁阀左移；如果不在上位则驱动上升电磁阀上移，同时让夹爪松开（夹紧电磁阀断电松开）。大家试试完善图 18-8 的状态流程图，并输入 SFC 程序。

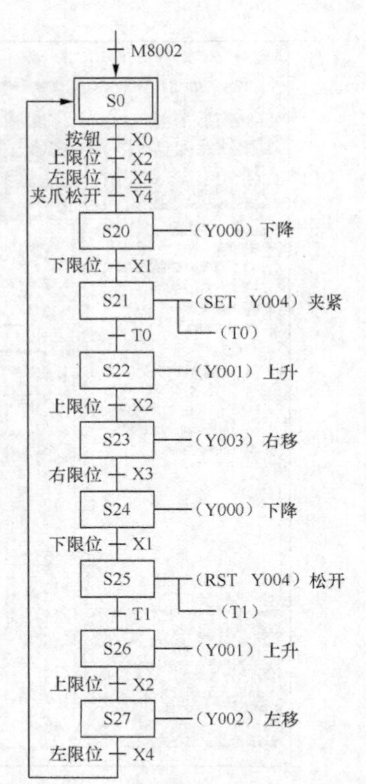

图 18-8　机械臂控制状态流程图

三、任务实施

1. 分配 PLC 输入/输出端口

机械臂控制 PLC 输入/输出端口分配如表 18-1 所示。

表 18-1　机械臂控制 PLC 输入/输出端口分配表

输入		输出	
启动按钮 SB1	X000	下降电磁阀 YV1	Y000
下限位传感器 SQ1	X001	上升电磁阀 YV2	Y001
上限位传感器 SQ2	X002	左行电磁阀 YV3	Y002
右限位传感器 SQ3	X003	右行电磁阀 YV4	Y003
左限位传感器 SQ4	X004	夹紧电磁阀 YV5	Y004

2. 设计电气原理图

机械臂控制参考电气原理图如图 18-9 所示。

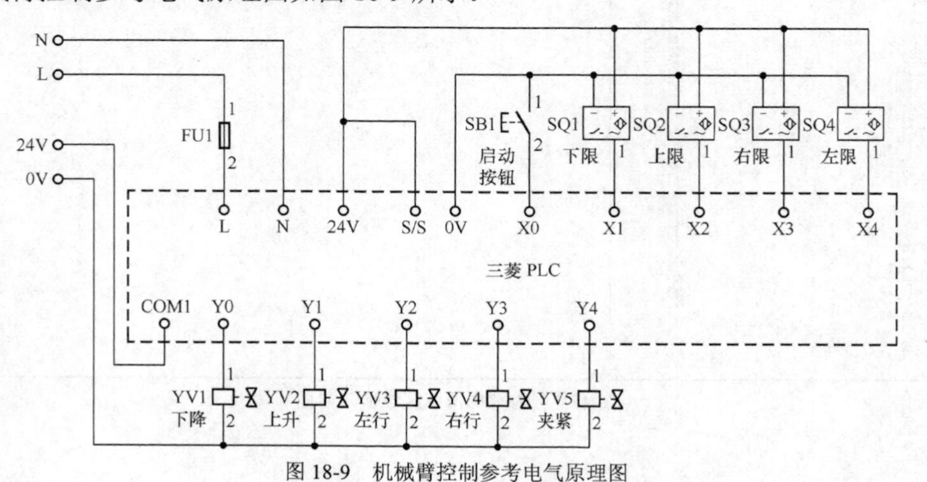

图 18-9　机械臂控制参考电气原理图

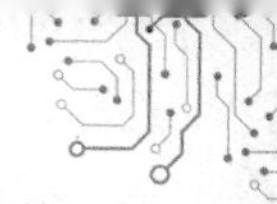

3. 编写 PLC 梯形图程序

机械臂控制 PLC 梯形图程序如图 18-10 所示。

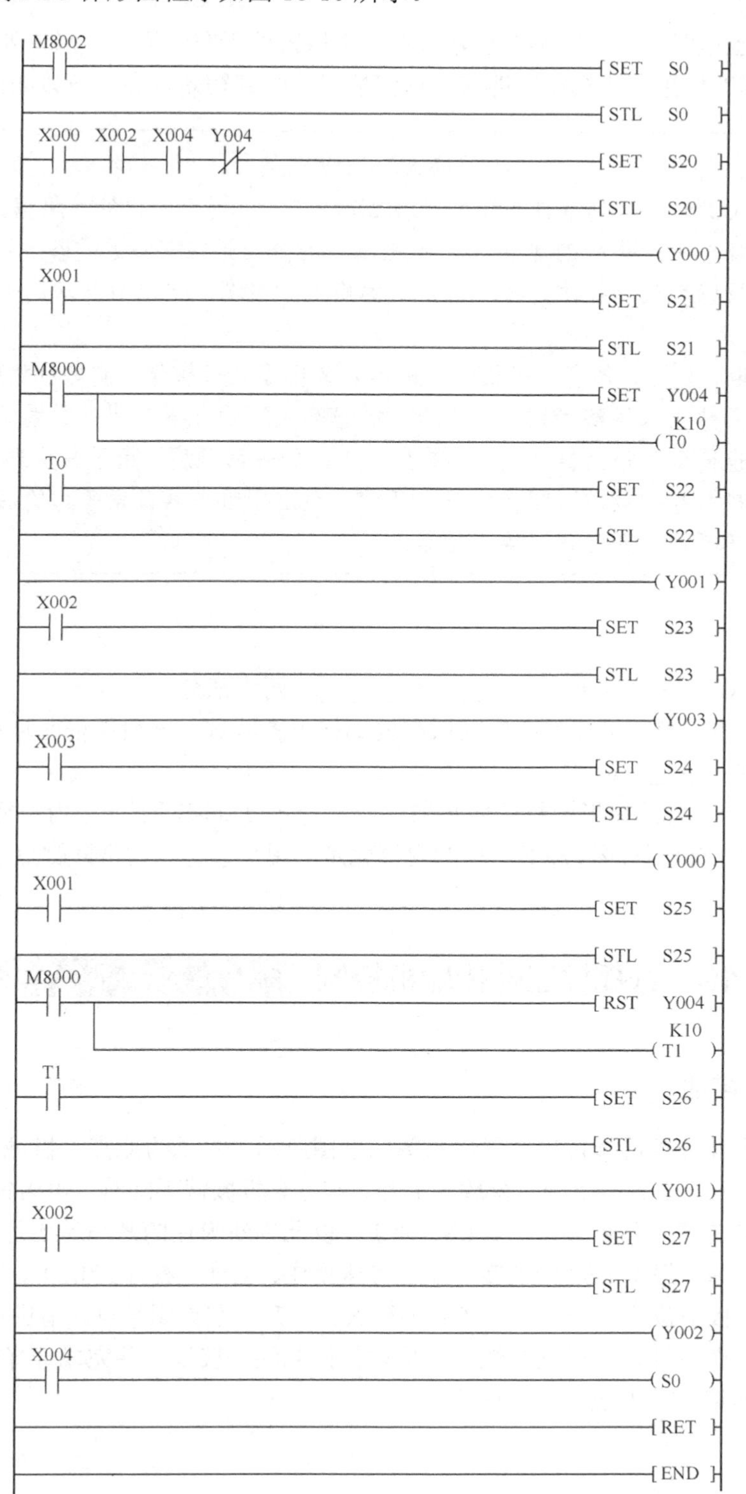

图 18-10　机械臂控制 PLC 梯形图程序

四、每课一问

如果 PLC 上电时，机械臂不在初始状态（机械臂处于左限位、上限位处，夹爪松开），机械臂能否动作？如果希望机械臂能够在任何情况下回到初始状态，应该如何修改程序？

拓展阅读　　“机器换人”浪潮来袭

从最初的人工时代，到半自动化的“技工时代”，再到智能化的“机器人时代”，制造业发展一直不曾止步。进入 21 世纪后，越来越多的企业正在实施“机器换人”或者将其提上了日程。这场以现代化技改为核心的“机器换人”浪潮，正成为推动制造业加快转型发展的关键环节。

定位、抓取、转身、伸臂、码放……机器人替代了人工操作，使形状相同、颜色统一、尺寸标准的物品被摆放得整齐划一。实施“机器换人”后，不仅减少了塌垛率，作业速度和产品的外观也得到了很大提升，大大减少了工人的劳动强度。除了看得到的效益，“机器换人”还有很多潜在的效益。国产机器人产业涌现出了很多具备竞争力的品牌：埃斯顿、新松、华数、拓斯达、新时达、埃夫特等。

五、习题

1．一个 SFC 程序一定包含________和________两大部分。

2．SFC 图块内部，又分为图框区域和内部梯形图区域，一般图框区域在________，内部梯形图区域在________。

3．编写完一个内部梯形图程序后必须________才可以编写下一个内部梯形图程序。

4．对于简单 SFC 程序，梯形图块的内容就是利用________的常开触点触发初始步如 S0 的置位指令。

任务 19　选择性工件传输机控制

一、任务描述

传送带大小球分类选择传送位置示意图如下图所示。左上为原点，机械臂的动作顺序为下降、吸住、上升、右行、下降、释放、上升、左行。机械臂下降时，电磁铁如果压着大球，下限位开关 LS2 断开；压着小球时，LS2 接通，以此判断吸住的是小球还是大球。根据工艺要求，机械臂下降后根据 LS2 的通断，分别将球吸住、上升、右行到 LS4（小球右极限位置）或 LS5（大球右极限位置）处下降，然后再释放、上升、左移到原点。请进行输入/输出端口分配、电气原理图设计，完成选择性工件传输机控制硬件接线，并完成选择性工件传输机控制梯形图程序的编写、下载与调试任务。

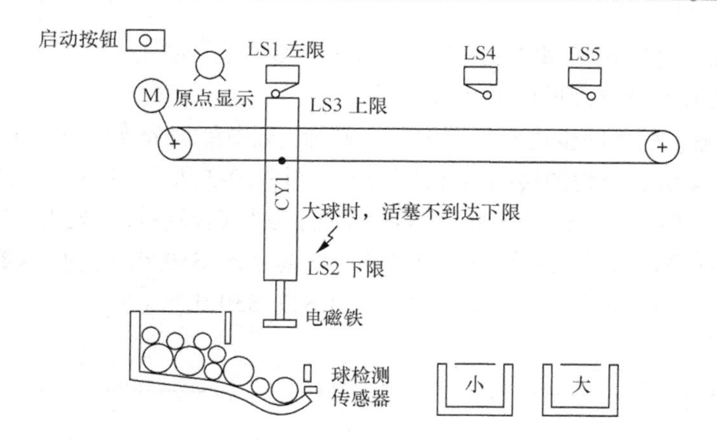

学习目标

1. 掌握选择分支 SFC 程序的输入方法；
2. 熟悉选择分支 SFC 程序的应用状况。

二、知识准备

1. SFC 选择分支

上两个任务讲的状态流程图都比较简单，只有一个流动路径，这种流程图称为单流程图。针对复杂控制任务，FX_{3U} 提供了选择分支汇合和并行分支汇合两种典型的多分支汇合流程图。

根据条件对多个工序执行选择处理用的分支称为选择分支。图 19-1 为包含 3 个分支流程的选择分支状态流程图。S20 为分支状态，根据接通条件不同（X000、X003 和 X006），选择执行其中的一个分支流程。S20 为活动步时，如果 X000 接通，系统执行第一分支流程（S21 和 S22）；如果 X003 接通，系统执行第二分支流程（S31 和 S32）；如果 X006 接通，系统执行第三分支流程（S41 和 S42）。S30 为汇合状态，由 S22、S32 或 S42 任一状态驱动。

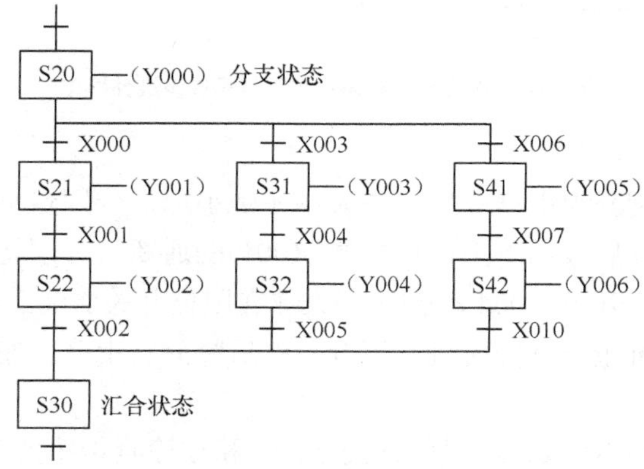

图 19-1　选择分支状态流程图

选择分支中各个分支的接通条件不能同时为 ON，这样才能保证每次只执行一个分支。例如，S20 为活动步时，X000 为 ON（X003 和 X006 为 OFF），则动作状态转移到 S21，S20

变为不动作。此后即使 X003 和 X006 接通，S31 和 S41 也不执行。

2. 选择分支的步进梯形图编写方法

选择分支状态流程图的步进梯形图编写原则为：集中处理分支状态，分开处理汇合状态。图 19-1 的选择分支状态流程图转换成步进梯形图如图 19-2 所示。针对分支状态 S20 编程时，先进行驱动处理，然后按照 S21、S31 和 S41 的顺序进行选择性转移处理。接下来分别写出 3 个分支的梯形图程序，每条支路都以置位转移到汇总状态 S30 结束。所以梯形图中出现了 3 个 S30 的置位指令，画完最后一条支路后，才有 STL S30 出现。

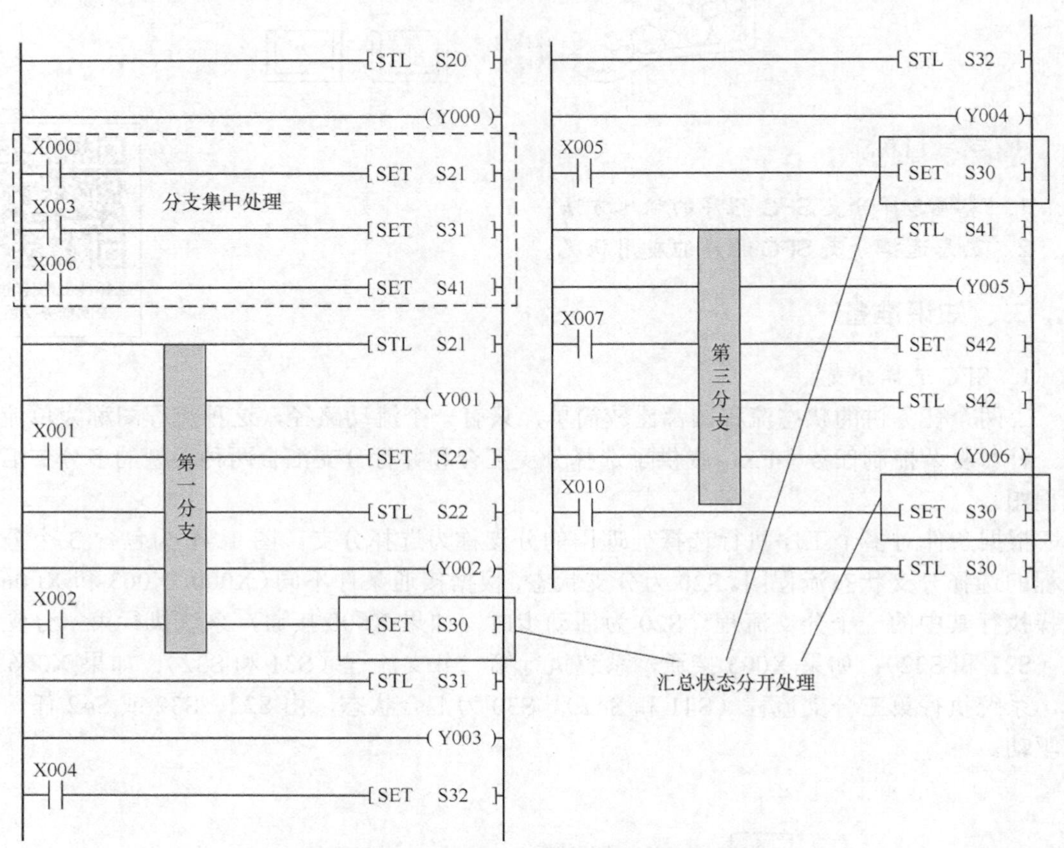

图 19-2　选择分支状态流程图转换成步进梯形图

3. 编程思路

根据工艺要求，控制流程根据吸住的是大球还是小球，分别走不同的流程，即有一选择分支。分支在机械臂下降后根据下限位传感器 X001 的通断，分别将球吸住、上升、右行到不同的地方（小球在限位开关 X004 动作时，大球在限位开关 X005 动作时），后面的动作都相同，所以选择分支在机械臂下降时进行汇合，然后释放、上升、左移到原点，其状态流程图如图 19-3 所示。

其中，上限位传感器 X002、左限位开关 X003 和球检测传感器 X000 为 ON，应该为操作员按下启动按钮 X000 时的正确状态，一般可称为初始状态，即机械臂初始状态应该处于左上方，且料仓处有球处于释放状态。怎么能够让工件传输机构处于正确的初始状态呢？可以通过手动操作或初始步 S0 时自动运行程序：如果不在左位则驱动左行电磁阀左移；如果不在上位则驱动上升电磁阀上移，同时让电磁铁断电释放。大家试着完善图 19-3 的状态流程图，并在编程软件里面输入 SFC 程序。

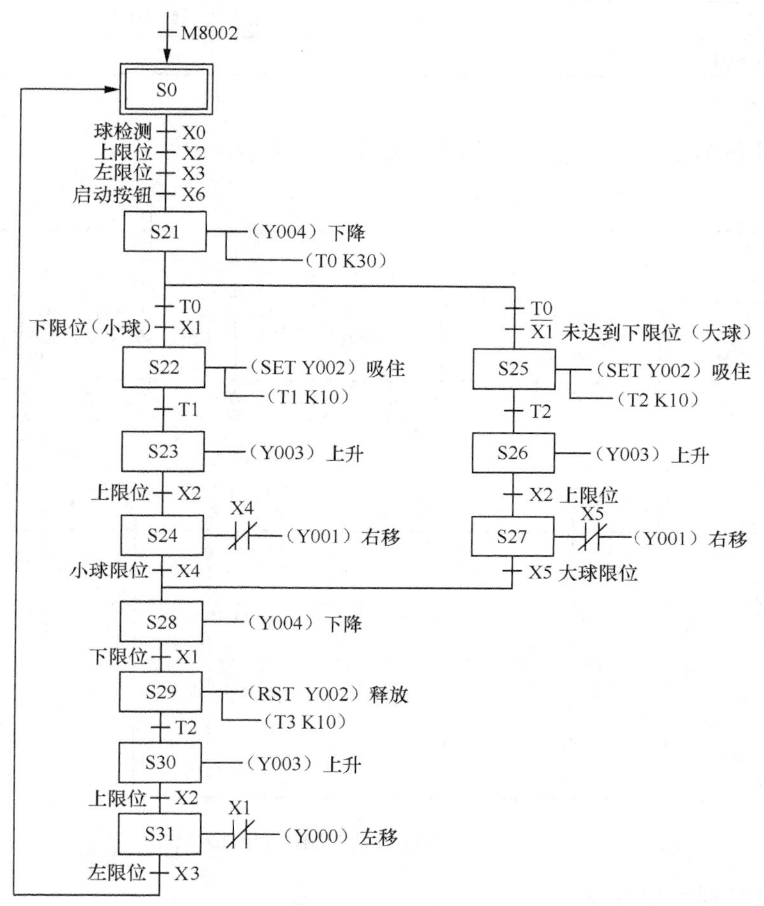

图 19-3 选择性工件传输机控制状态流程图

三、任务实施

1. 分配 PLC 输入/输出端口

选择性工件传输机控制 PLC 输入/输出端口分配表如表 19-1 所示。

表 19-1 选择性工件传输机控制 PLC 输入/输出端口分配表

输 入		输 出	
球检测传感器 SQ1	X000	左行电磁阀 KA1	Y000
下限位传感器 SQ2	X001	右行电磁阀 KA2	Y001
上限位传感器 SQ3	X002	电磁铁 KA3	Y002
左限位开关 SQ4	X003	机械臂上升电磁阀 YV1	Y003

续表

输　入		输　出	
小球右限位开关 SQ5	X004	机械臂下降电磁阀 YV2	Y004
大球右限位开关 SQ6	X005	原点指示灯 HL1	Y005
启动按钮 SB1	X006		

2. 设计电气原理图

选择性工件传输机控制参考电气原理图如图 19-4 所示。

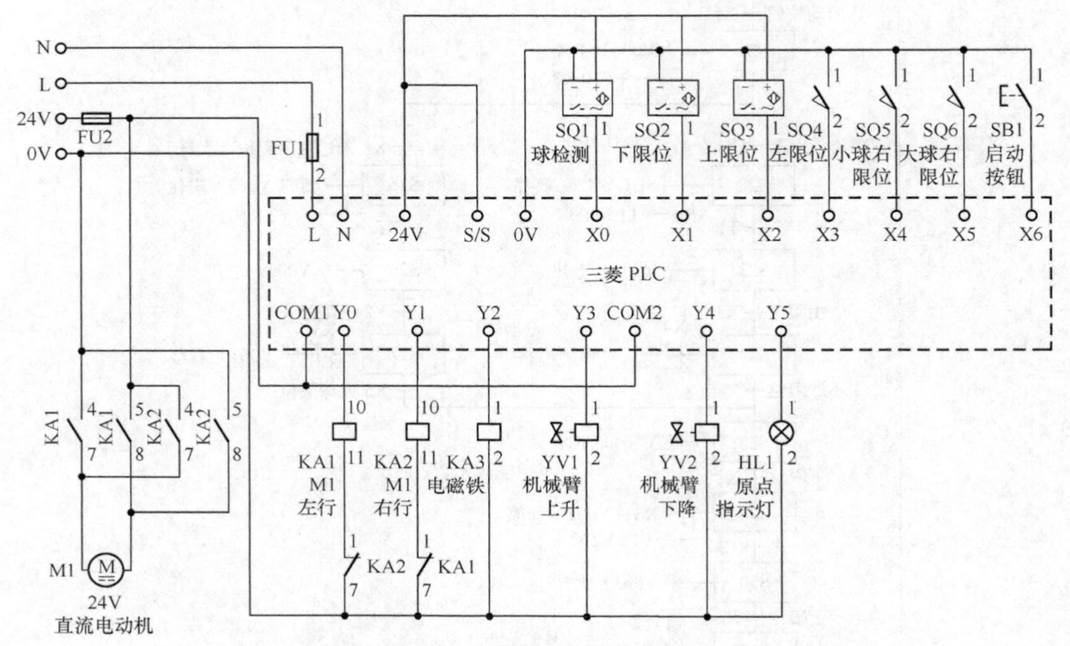

图 19-4　选择性工件传输机控制参考电气原理图

3. 编写 PLC 梯形图程序

选择性工件传输机梯形图程序如图 19-5 所示。

选择性工件传输机
SFC 程序仿真模拟

四、每课一问

选择分支情况，会出现两个分支同时接通的情况吗？

五、习题

1. 根据条件对多个工序执行选择处理用的分支称为________。
2. 编程原则是先集中处理分支状态，然后集中处理汇合状态。（正确/错误）
3. 选择分支在分支________编写转移条件。（后/前）
4. 选择分支在 SFC 编程输入时，用的是________。（单线/双线）
5. 选择分支开始符号是________，选择分支汇合符号是________。
6. 一个选择分支限制在________个回路以下。

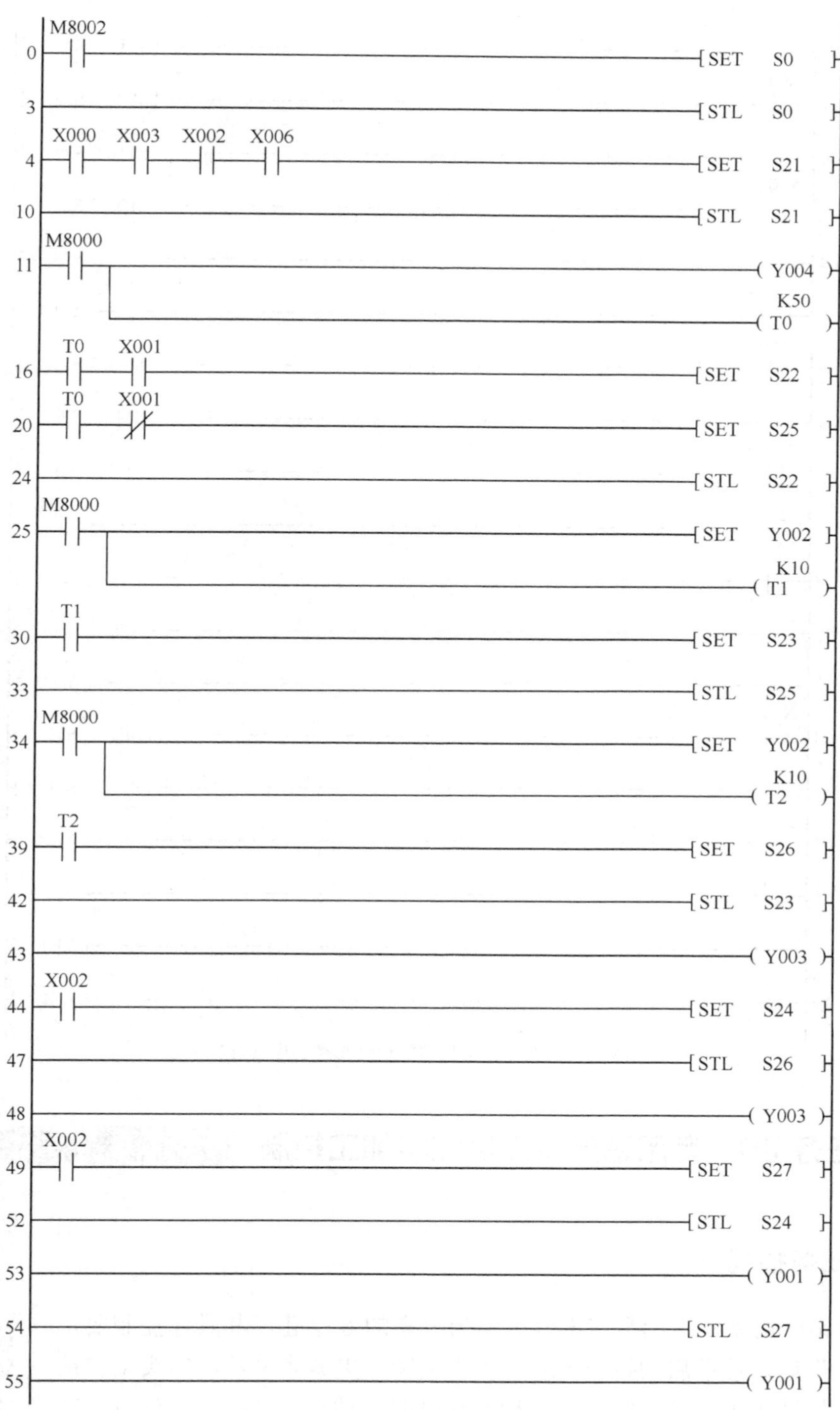

图 19-5　选择性工件传输机梯形图程序

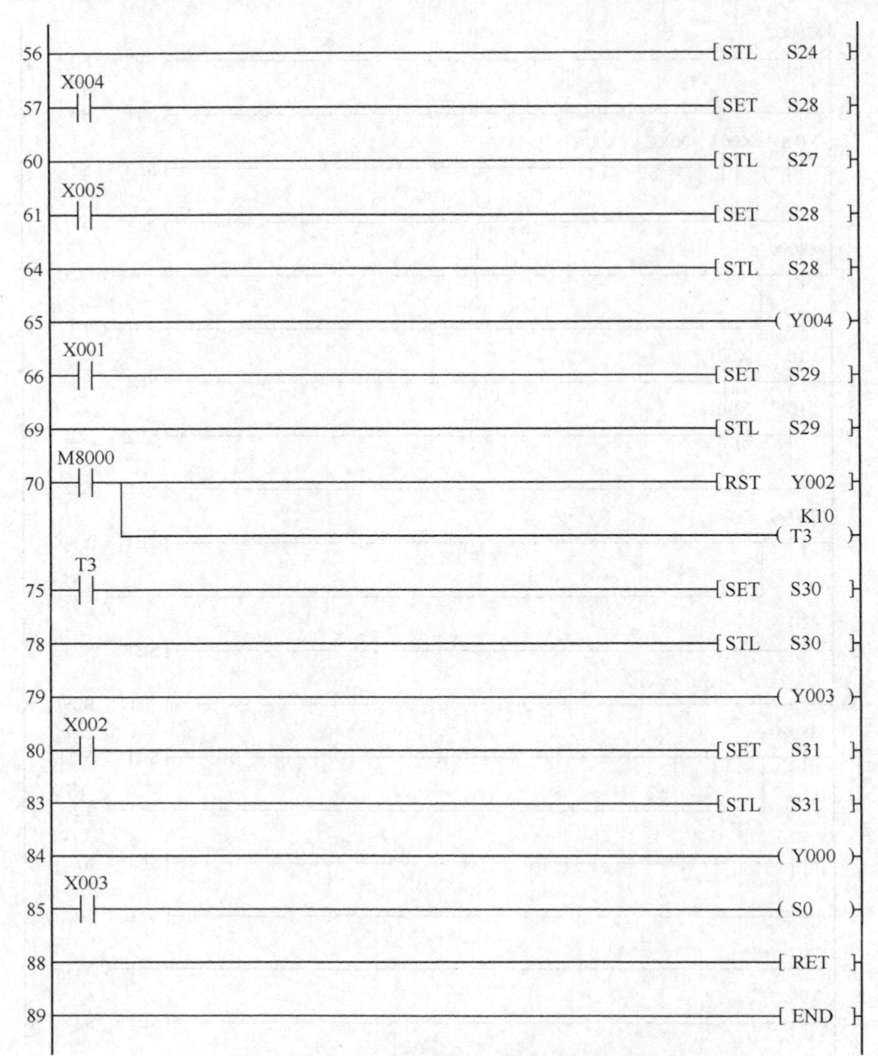

图 19-5　选择性工件传输机梯形图程序（续）

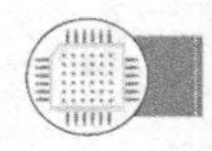

任务 20　专用钻床多工位同步加工控制

一、任务描述

某专用钻床用来加工圆盘状零件上均匀分布的 6 个孔，其具体控制要求为：放好工件后，按下启动按钮 SB1，工件夹紧，夹紧到位后，钻头 1 和钻头 2 下降开始钻第 1 对孔，钻头钻到设定深度时，钻头上升，上升到设定高度时停止，两钻头都上升到位后，工件旋转 120°，旋转到位后，计数器当前值加 1，钻床开始钻第 2 对孔，6 个孔都加工完成后，工件松开，松开到位后，系统返回初始状态，按下停止按钮 SB2，完成当前加工流程后任务结束。请进行输入/输出端口分配、电气原理图设计，并完成专用钻床多工位同步加工控制梯形图程序

专用钻床多工位同步加工控制任务描述

的编写、下载与调试任务。

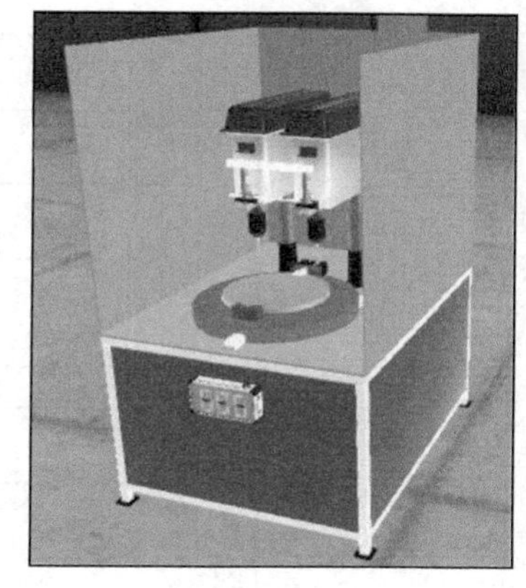

学习目标

1. 掌握并行分支 SFC 程序的输入方法；
2. 熟悉并行分支 SFC 程序的应用状况；
3. 掌握顺序控制中“停止”功能的实现。

二、知识准备

1. SFC 并行分支

同时处理多个工序用的分支称为并行分支，如图 20-1 所示。代表分支和汇合的横线为双线。图 20-1 中，S20 为分支状态，若 S20 为活动步，且分支条件 X000 接通，则 S21、S31、S41 同时置位，S21、S31、S41 同时成为活动步，3 个分支同时开始运行。S30 为汇合状态。只有等 3 个分支流程全结束后，即 3 个分支的 S22、S32 和 S42 都为活动步，且汇合条件 X004 接通时，则 S30 接通，S22、S32 和 S42 同时复位。这种汇合有时又叫排队汇合，即先执行完的分支流程保持动作，直到全部分支流程执行完成，汇合才结束。

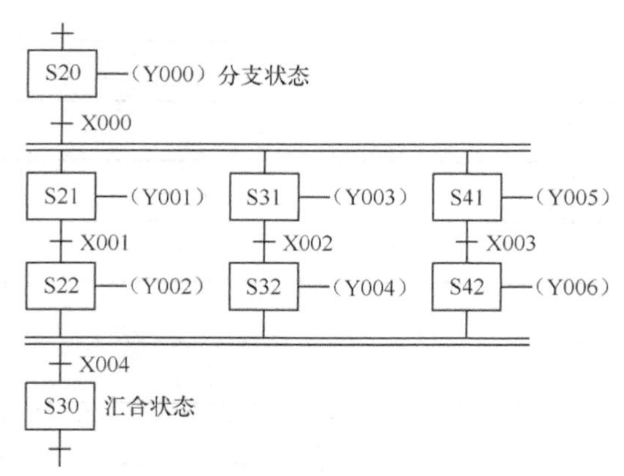

图 20-1 并行分支流程示意图

2. 并行分支状态流程图的步进梯形图编写方法

并行分支状态流程图的步进梯形图编写原则为：先集中处理分支状态，再集中处理汇合状态。图 20-1 的并行分支状态流程图转换成的并行分支步进梯形图如图 20-2 所示。针对分支状态 S20 编程时，先进行输出驱动处理，然后同时激活 S21、S31 和 S41 步。接下来分别写出 3 个分支的梯形图程序，每条支路都以支路最后一步（如 S22、S32 和 S42）的输出驱动处理结束。所有分支梯形图程序结束后，集中进行 S22、S32 和 S42 到汇合状态 S30 的转移处理。

3. 编程思路

（1）程序整体架构

本任务工作流程具有明显的顺序控制特征，所以程序主体采用 SFC 块实现。而梯形图块需处理进入 SFC 块和暂停响应事务。

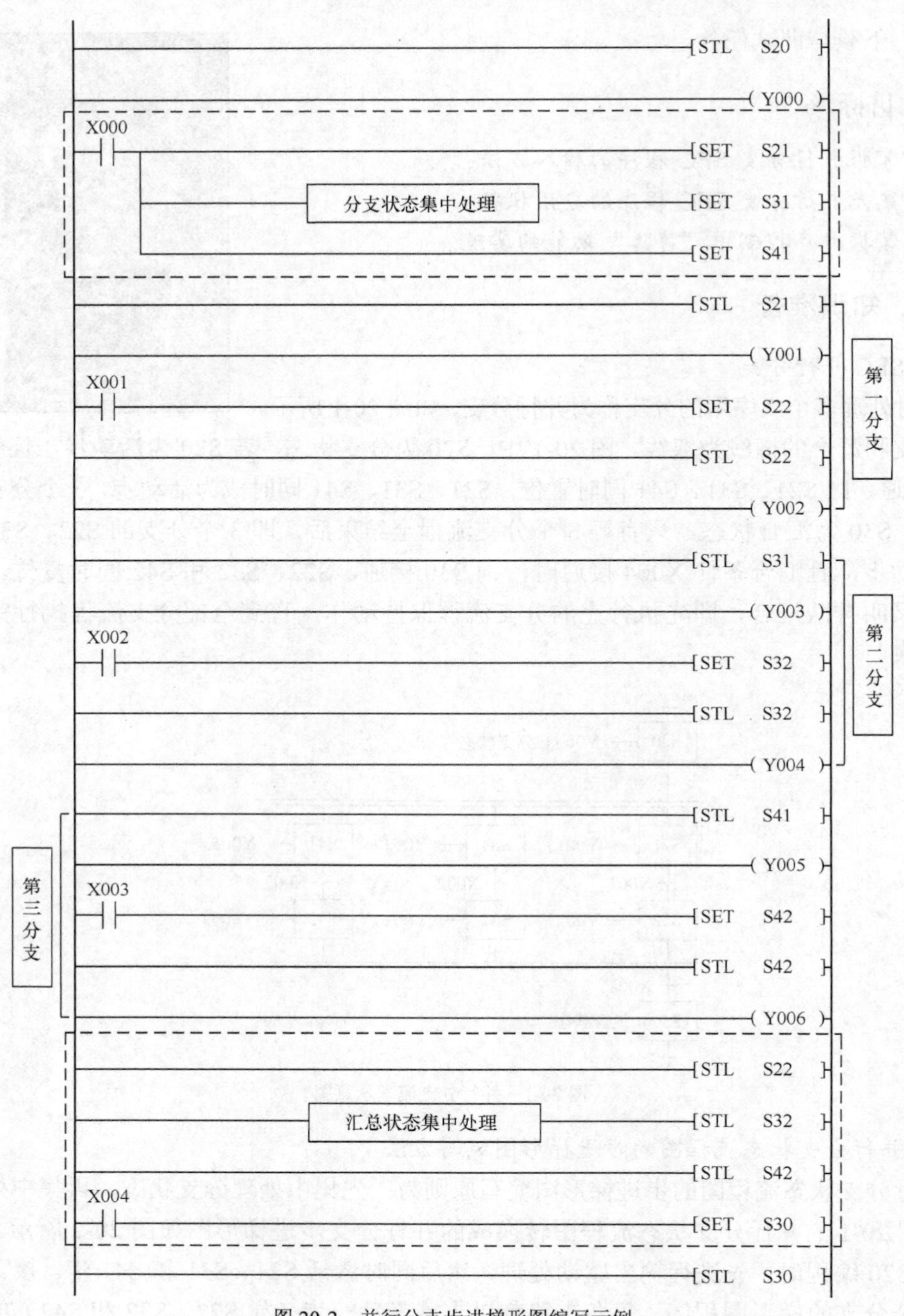

图 20-2　并行分支步进梯形图编写示例

（2）根据任务要求，绘制状态流程图

专用钻床多工位同步加工顺控状态流程图如图 20-3 所示。PLC 上电，通过初始脉冲 M8002 使 S0 成为活动步，进入 SFC 块。S20 步工件夹紧之后，有一个并行序列的分支。在并行序列中，两个子序列中的第一步 S21 和 S31 同时变为活动步。两钻头同时向下运动进行钻孔，钻孔完成后上移，两个钻头上升到位后，结束并行序列，进入汇合状态 S23。S23 步既是上一个并行序列的汇合状态步，又是下一个选择序列的分支状态步。S23 触发计数器 C0，

C0 当前值加 1。没钻完 3 对孔时，C0 的当前值小于设定值，其常闭触点闭合，转换条件 $\overline{C0}$ 满足，将从 S23 步转换到 S24 步。如果已钻完 3 对孔，C0 的当前值等于设定值，其常开触点闭合，转换条件 C0 满足，将从 S23 步转换到 S25 步。

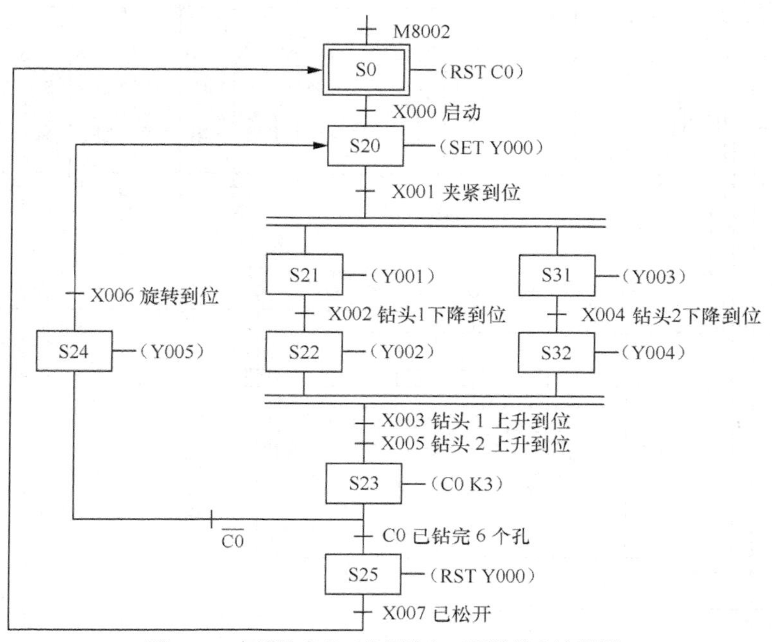

图 20-3　专用钻床多工位同步加工顺控状态流程图

（3）按下停止按钮，工件完成当前加工过程后停止运行

要完成"暂停"控制要求，包含两层意思：①按下停止按钮，PLC 捕捉到信号输入时，应及时做好记录（因为按钮很快会松开），即需要将停止按钮动作进行保持（用 M0 表示），所以此项功能不能放在 SFC 块，只能放到梯形图块；②M0 为 1 后不会马上影响 SFC 程序的执行，等到工件完成单流程加工过程后再停止，即在 S20 步后，X001 已夹紧且 M0 不为 1 才能跳到下一步。

三、任务实施

1. 分配 PLC 输入/输出端口

专用钻床多工位同步加工 PLC 输入/输出端口分配如表 20-1 所示。

表 20-1　　专用钻床多工位同步加工 PLC 输入/输出端口分配表

输　入		输　出	
启动按钮 SB1	X000	工件夹紧电磁阀 YV1	Y000
夹紧到位传感器 SB6	X001	钻头 1 下降继电器 KA1	Y001
钻头 1 下限位开关 SQ1	X002	钻头 1 上升继电器 KA2	Y002
钻头 1 上限位开关 SQ2	X003	钻头 2 下降继电器 KA3	Y003
钻头 2 下限位开关 SQ3	X004	钻头 2 上升继电器 KA4	Y004
钻头 2 上限位开关 SQ4	X005	工件旋转继电器 KA5	Y005
工件旋转到位开关 SQ5	X006		
松开到位传感器 SQ7	X007		
停止按钮 SB2	X010		

2. 设计电气原理图

专用钻床多工位同步加工参考电气原理图如图 20-4 所示。

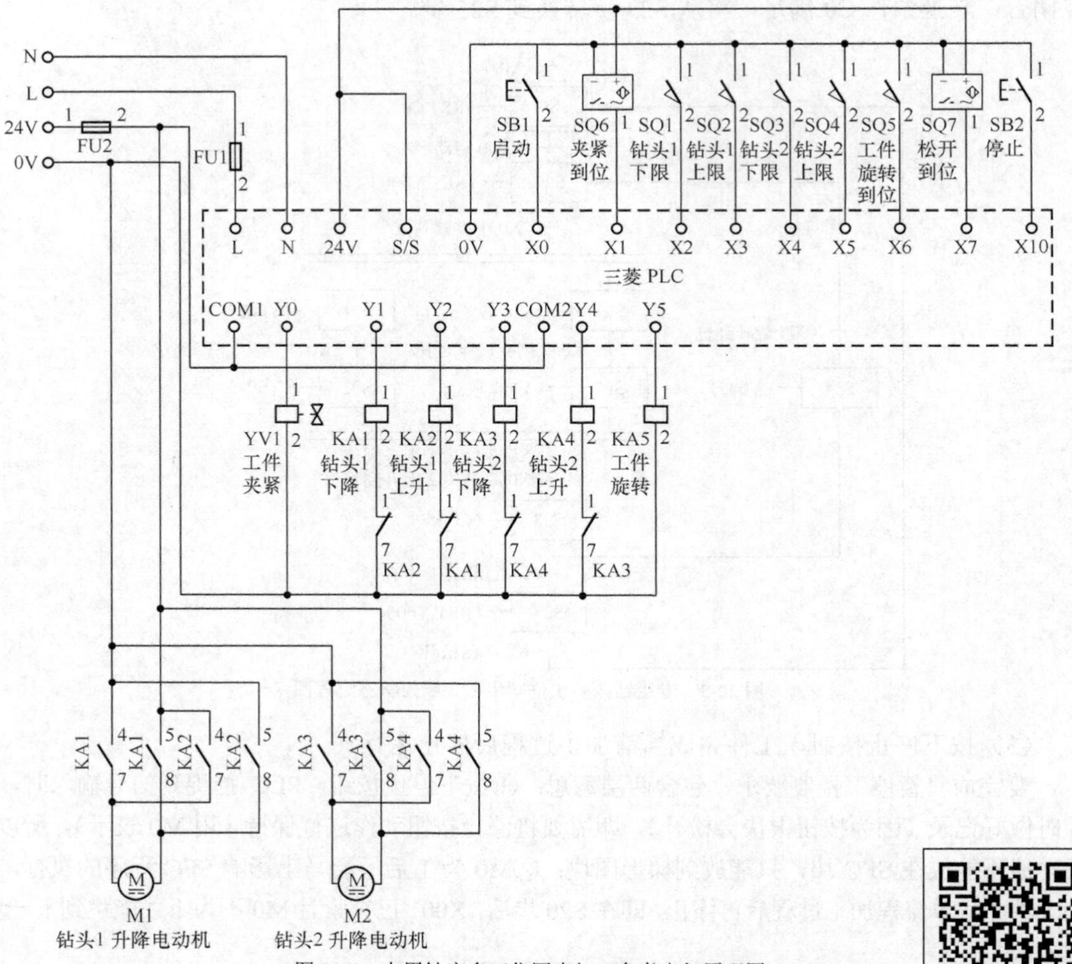

图 20-4　专用钻床多工位同步加工参考电气原理图

专用钻床多工位同步加工程序输入与仿真模拟

3. 编写 PLC 梯形图程序

专用钻床多工位同步加工参考步进梯形图程序如图 20-5 所示。

图 20-5　专用钻床多工位同步加工参考步进梯形图程序

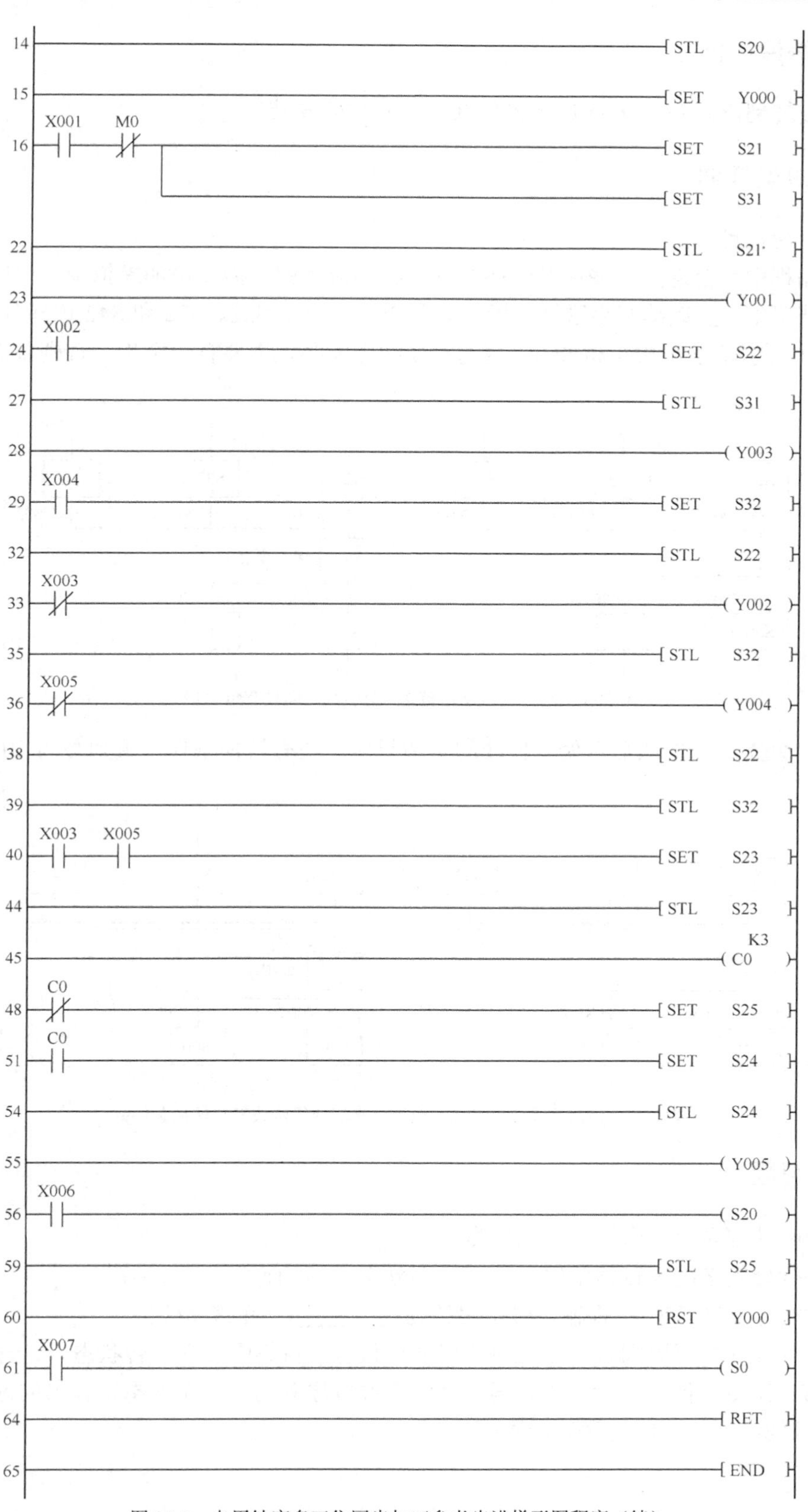

图 20-5　专用钻床多工位同步加工参考步进梯形图程序（续）

四、每课一问

工件旋转到位开关 SQ6 应该选择什么类型？如何安装？

五、知识延伸

虚拟步的使用

实际编程中，会遇到一些很难转换的顺控状态流程图，需要增加虚拟步，保证其控制功能不变的情况下，正确编写步进梯形图。如图 20-6 所示，S22、S32 和 S42 选择分支汇合后，马上又要进入选择分支 S50 和 S60，两选择横线之间必须需要有一个步，否则就必须加虚拟步如 S90。

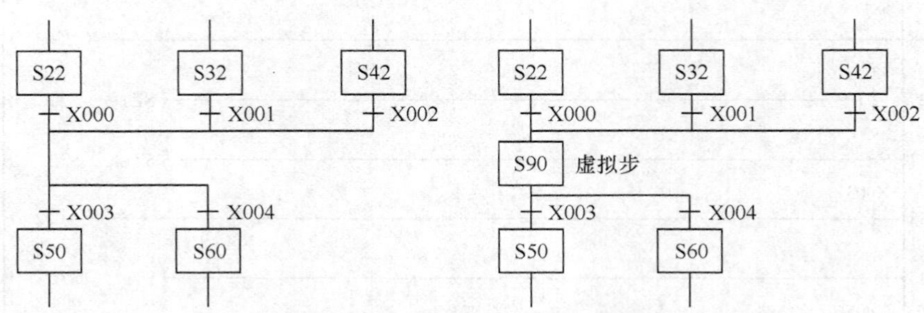

图 20-6　增加虚拟步示范 1（两横线之间没有包含步）

另外，分支的开始或汇合处，横线的两边只能一边有转换条件，否则必须加虚拟步，如图 20-7 所示。

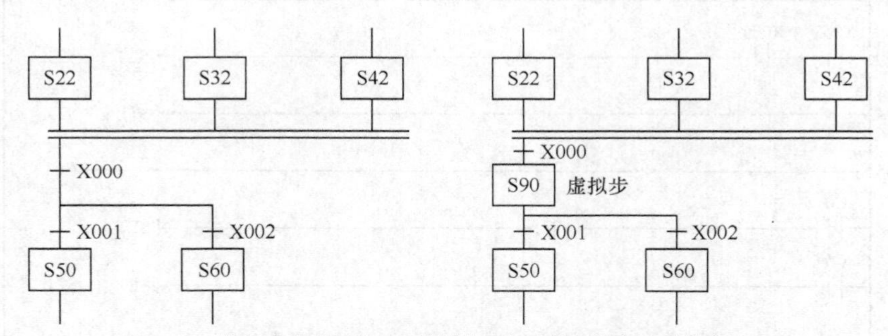

图 20-7　增加虚拟步示范 2（选择分支汇合线两边都有转换条件）

六、习题

1．同时处理多个工序用的分支称为________。

2．并行分支在编写转移条件________再分支。（后/前）

3．并行分支在 SFC 编程输入时，用的是________。（单线/双线）

4．并行分支编写原则为：先集中处理分支状态，再集中处理汇合状态。（正确/错误）

5．STL 指令只能用于状态寄存器，在没有并行序列时，一个状态寄存器的 STL 触点在梯形图中只能出现一次。（正确/错误）

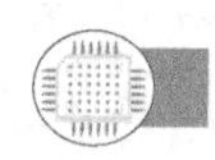

任务 21　生产流水线小车控制

一、任务描述

生产流水线小车控制任务描述

一条生产流水线上的产品需要进行 4 次加工，生产流水线配有小车，负责产品在原料区和加工区之间的往返运动。小车的运动目的地分为原料区、加工工位一区、加工工位二区、加工工位三区、加工工位四区，每个区位都安装有一个限位开关进行位置判断。为了判断产品的加工过程，每加工一次，加工显示屏都会显示相应的加工次数，同时对于加工过程出现的半成品，可以通过拨码器手动输入已经完成的加工次数，自动进行余下工位的加工。其具体控制要求如下。

（1）系统上电，按下启动按钮 SB1，系统启动，小车自动回到原料区，等待加工指令。

（2）选择工序 1（转换开关 X011=1），按下加工按钮 SB2，小车从原料区取完工件后正转到达加工工位一区（限位开关 SQ2 的位置），加工 10s 后，带着工件返回到原料区取配件，加工次数加 1。第二次按下加工按钮 SB2，小车从原料区经过加工工位一区到达加工工位二区（限位开关 SQ3 的位置）进行加工，加工 10s 后，带着工件返回到原料区继续取配件。再次按下加工按钮 SB2，小车从原料区正转经过加工工位一区、加工工位二区到达加工工位三区（限位开关 SQ4 的位置），加工 10s 后，带着工件返回到原料区取配件。继续按下加工按钮 SB2，小车将继续从原料区正转经过加工工位一区、加工工位二区、加工工位三区到达加工工位四区（限位开关 SQ5 的位置），启动 2s（进行卸货）后自动返回到原料区。再次按下加工按钮，开始下一轮加工。

（3）加工过程中，系统不响应加工按钮 SB2 的信号输入，直到完成当前工位的加工后再按加工按钮 SB2 才能进入下一个工序的加工。

（4）加工过程中，按下停止按钮 SB3，工件完成当前加工过程后停止运行。按下启动按钮 SB1，并按下加工按钮 SB2，系统进入下一个工序的加工。

（5）加工过程中，系统断电或按下急停按钮，如果此时产品正在工位进行加工，则此工件为废品；如处于加工过程的其他工序，则此工件为半成品。

（6）按下急停按钮或断电后，系统需重新按下系统启动按钮 SB1，才能重新加工。系统启动后再次按下加工按钮时，废品直接送到加工工位四区启动 2s（卸货时间）后返回到原料区取料进行新一轮的加工。半成品根据转换开关状态（X11～X14 分别对应工序 1～4），系统自动完成剩余加工过程。

（7）加工过程中，加工显示屏显示当前已经加工完成的次数。一轮加工完成后，显示数值自动调整。

请进行输入/输出端口分配、电气原理图设计，完成生产流水线小车控制硬件接线，并完成生产流水线小车控制梯形图程序的编写、下载与调试任务。

学习目标

1. 掌握 SFC 块和梯形图块混合编程方法；
2. 掌握急停、停止等处理方法；
3. 掌握保持型辅助继电器的使用。

二、知识准备

编程思路

（1）程序整体架构。该任务工作流程具有明显的顺序控制特征，所以程序主体采用 SFC 块实现，而异常情况如急停、断电重启处理等在梯形图块处理。

（2）根据任务要求，绘制生产流水线小车顺控状态流程图，如图 21-1 所示。

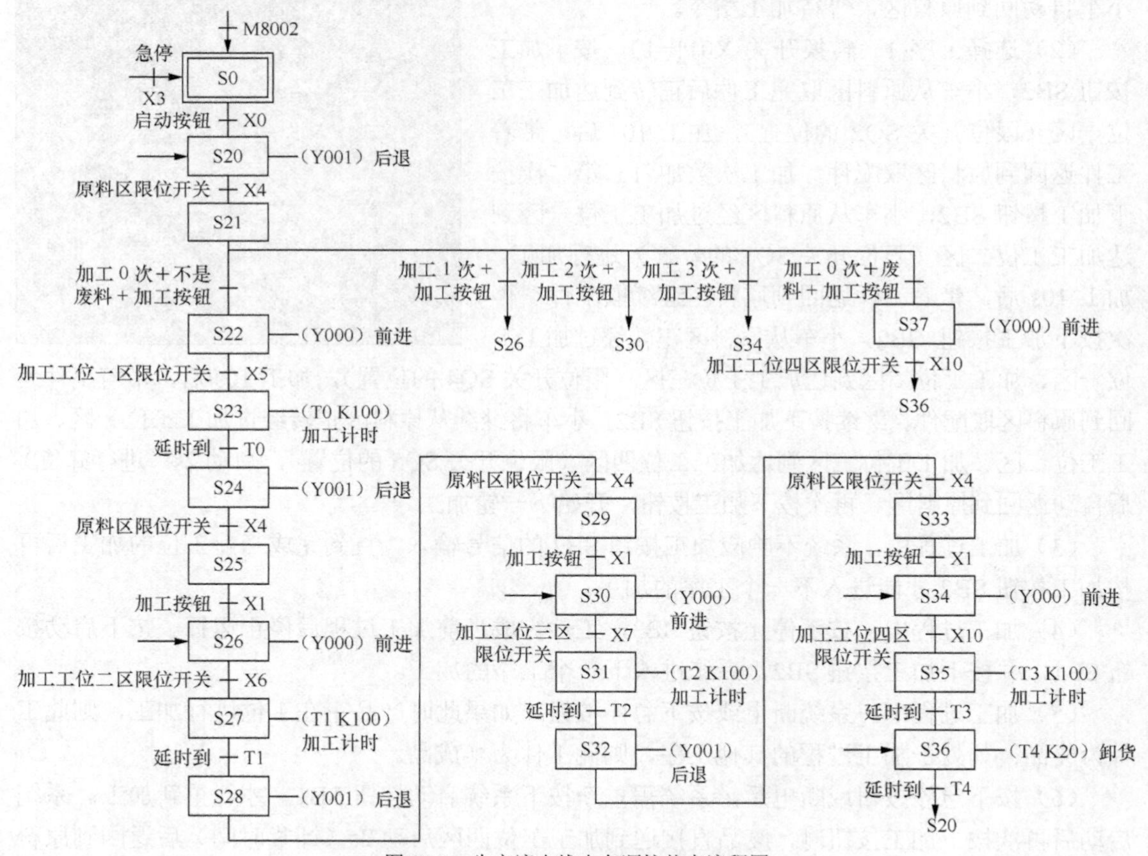

图 21-1　生产流水线小车顺控状态流程图

（3）按下停止按钮，工件完成当前加工过程后停止运行。要完成此项控制任务，包含两层意思：①按下停止按钮，PLC 捕捉到信号输入时，应及时做好记录（因为按钮很快会松开），即需要将停止按钮动作进行保持（用 M0 表示），所以此项功能不能放在 SFC 块，只能放到梯形图块；②M0 为 1 后不会马上影响 SFC 程序的执行，等到工件完成当前加工过程后（回到原料区）再停止，即在 S25、S29、S33 和 S21 步按下加工按钮时，M0 不为 1 才能跳到下一步。“停止”功能实现梯形图程序如图 21-2 所示。

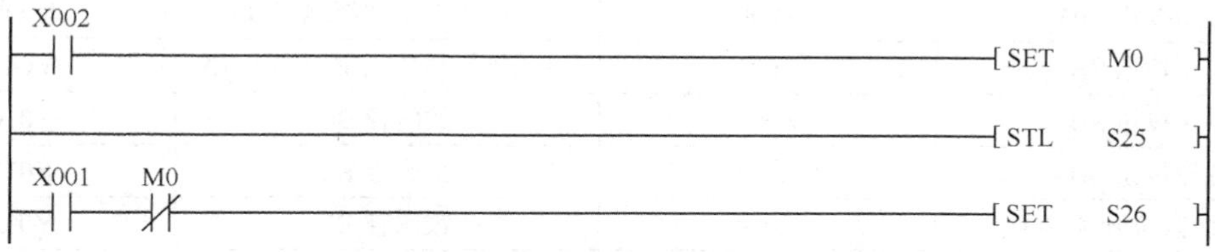

```
X002                 [SET  M0 ]
                     [STL  S25]
X001   M0(NC)        [SET  S26]
```

图 21-2 “停止”功能实现梯形图程序

（4）系统断电废品处理。如果断电时，正处于加工过程的工件则为废品。SFC 程序正处于 S23、S27、S31 和 S35 时，意味着正在加工。M500 为断电保持型辅助继电器。如果断电瞬间，PLC 正在扫描 S23、S27、S31 和 S35，则 M500 为 1，否则 M500 为 0。M1 代表废料。“系统断电”功能实现梯形图程序如图 21-3 所示。

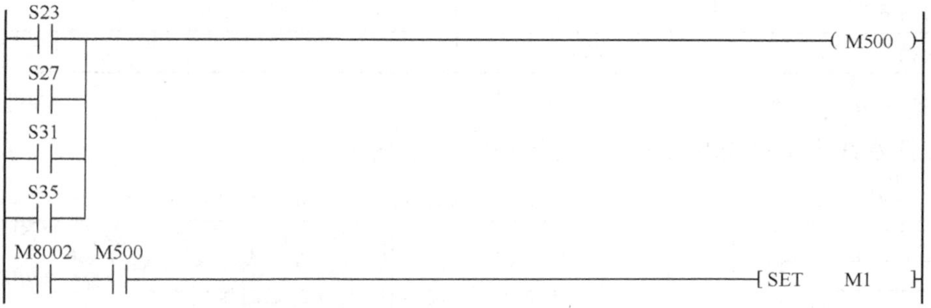

```
S23 / S27 / S31 / S35 (并联)   ( M500 )
M8002   M500                   [SET  M1]
```

图 21-3 “系统断电”功能实现梯形图程序

（5）急停处理。急停时需要处理两件事情：①使顺序控制程序回到初始步 S0；②废料处理（与断电废料类同）。“急停处理”功能实现梯形图程序如图 21-4 所示。

```
M8002 / X003(NC) (并联)        [SET  S0]
                               [ZRST S20  S40]
S23 / S27 / S31 / S35 (并联)  X003(NC)   [SET  M1]
                                         [MOV  K0  D0]
```

图 21-4 “急停处理”功能实现梯形图程序

三、任务实施

1．分配 PLC 输入/输出端口

生产流水线小车控制 PLC 输入/输出端口分配如表 21-1 所示。

表 21–1　生产流水线小车控制 PLC 输入/输出端口分配表

输入		输出	
启动按钮 SB1	X000	电动机正转中间继电器 KA1	Y000
加工按钮 SB2	X001	电动机反转中间继电器 KA2	Y001
停止按钮 SB3	X002	数码管 B0	Y010
急停按钮 SB4	X003	数码管 B1	Y011
原料区限位开关 SQ1	X004	数码管 B2	Y012
加工工位一区限位开关 SQ2	X005	数码管 B3	Y013
加工工位二区限位开关 SQ3	X006	数码管 B4	Y014
加工工位三区限位开关 SQ4	X007	数码管 B5	Y015
加工工位四区限位开关 SQ5	X010	数码管 B6	Y016
转换开关 1 挡	X011		
转换开关 2 挡	X012		
转换开关 3 挡	X013		
转换开关 4 挡	X014		

2．设计电气原理图

生产流水线小车控制参考电气原理图如图 21-5 所示。

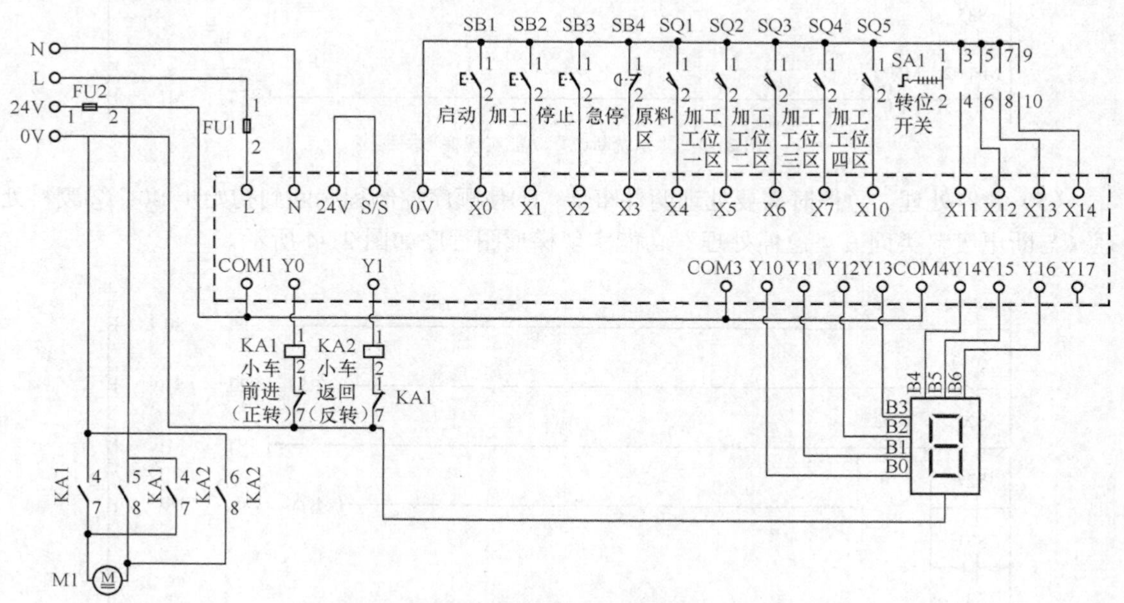

图 21-5　生产流水线小车控制参考电气原理图

3．编写 PLC 梯形图程序

生产流水线小车控制参考梯形图程序如图 21-6 所示。

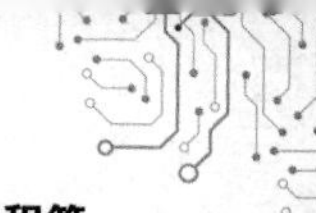

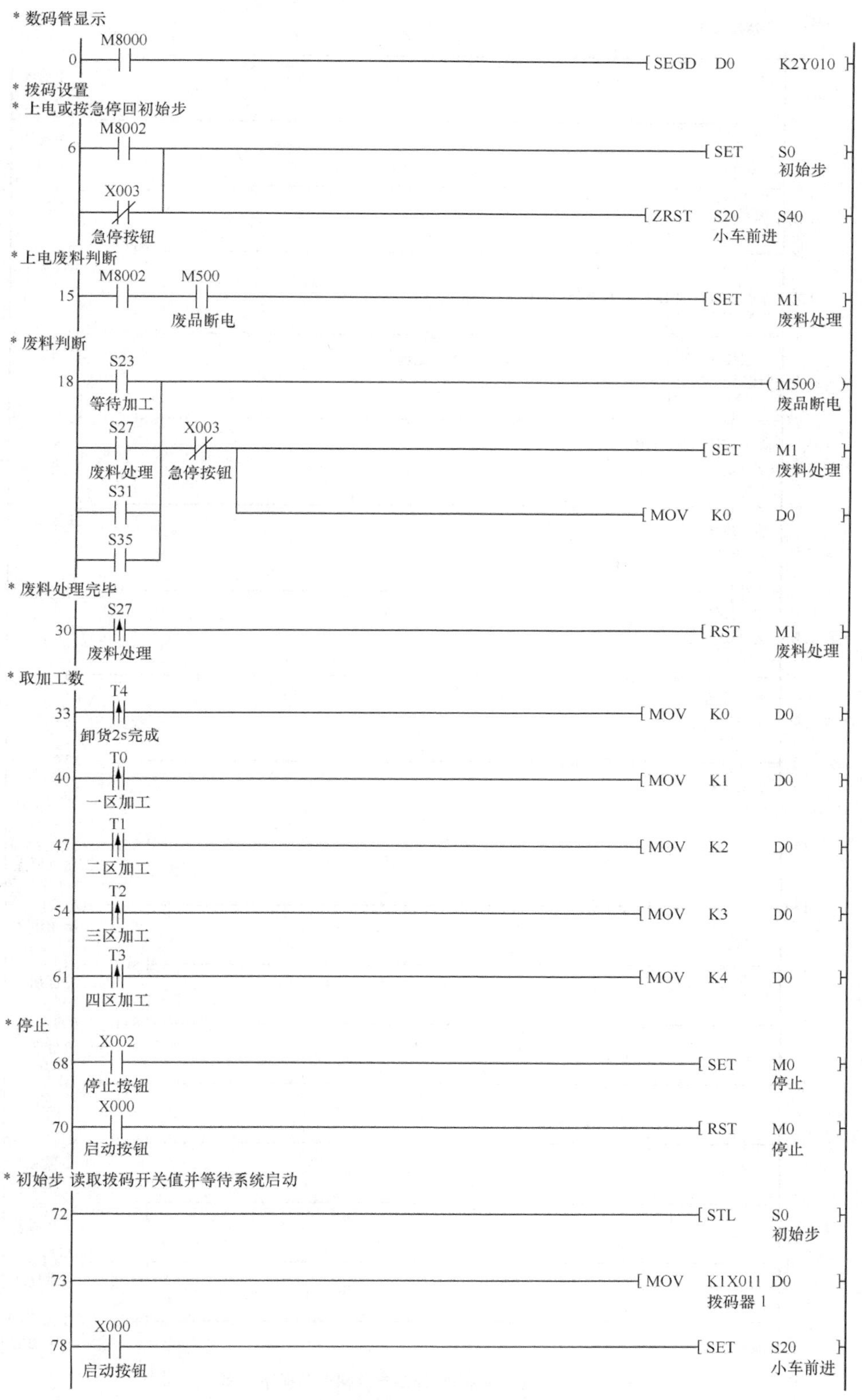

图 21-6 生产流水线小车控制参考梯形图程序

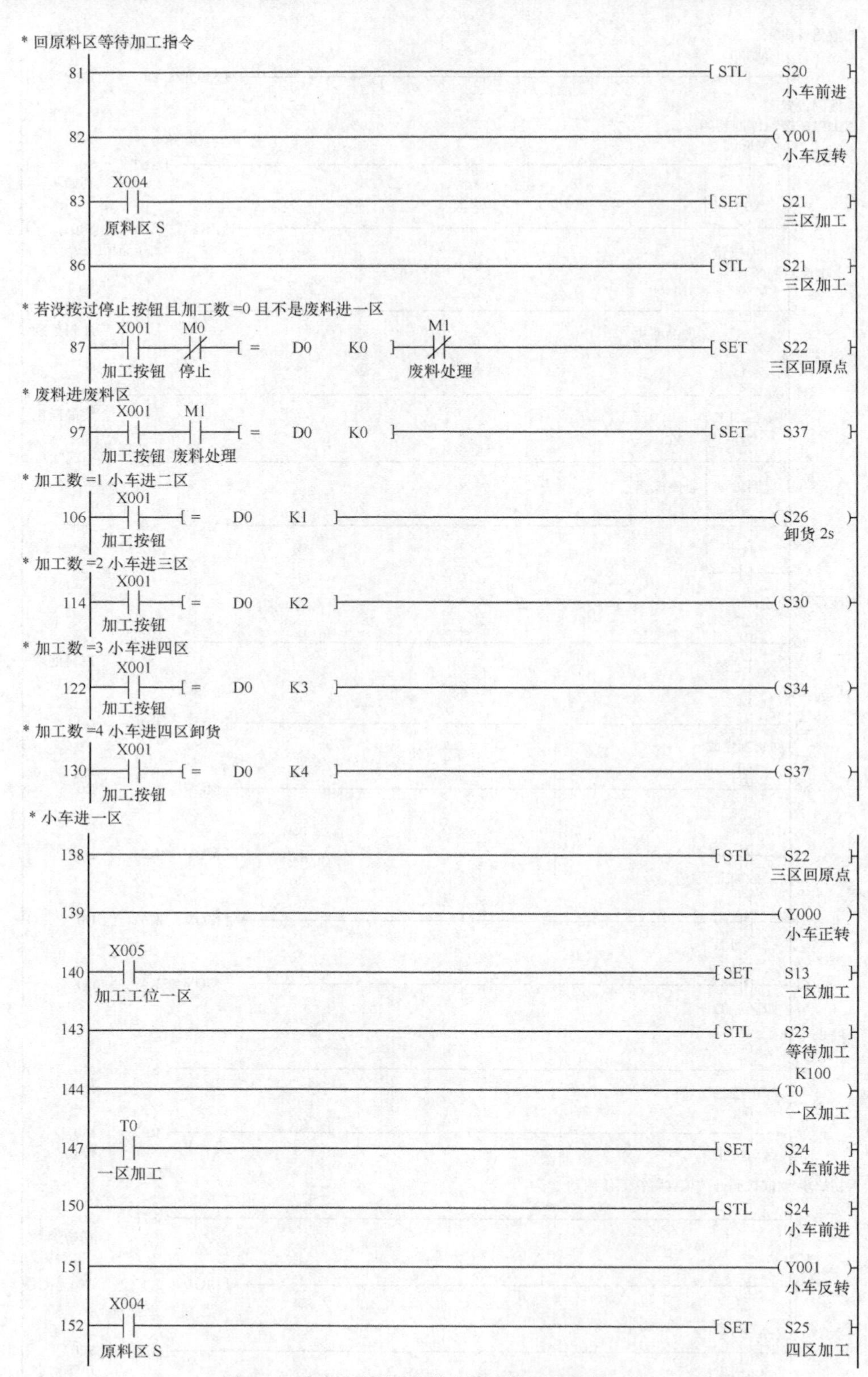

图 21-6　生产流水线小车控制参考梯形图程序（续）

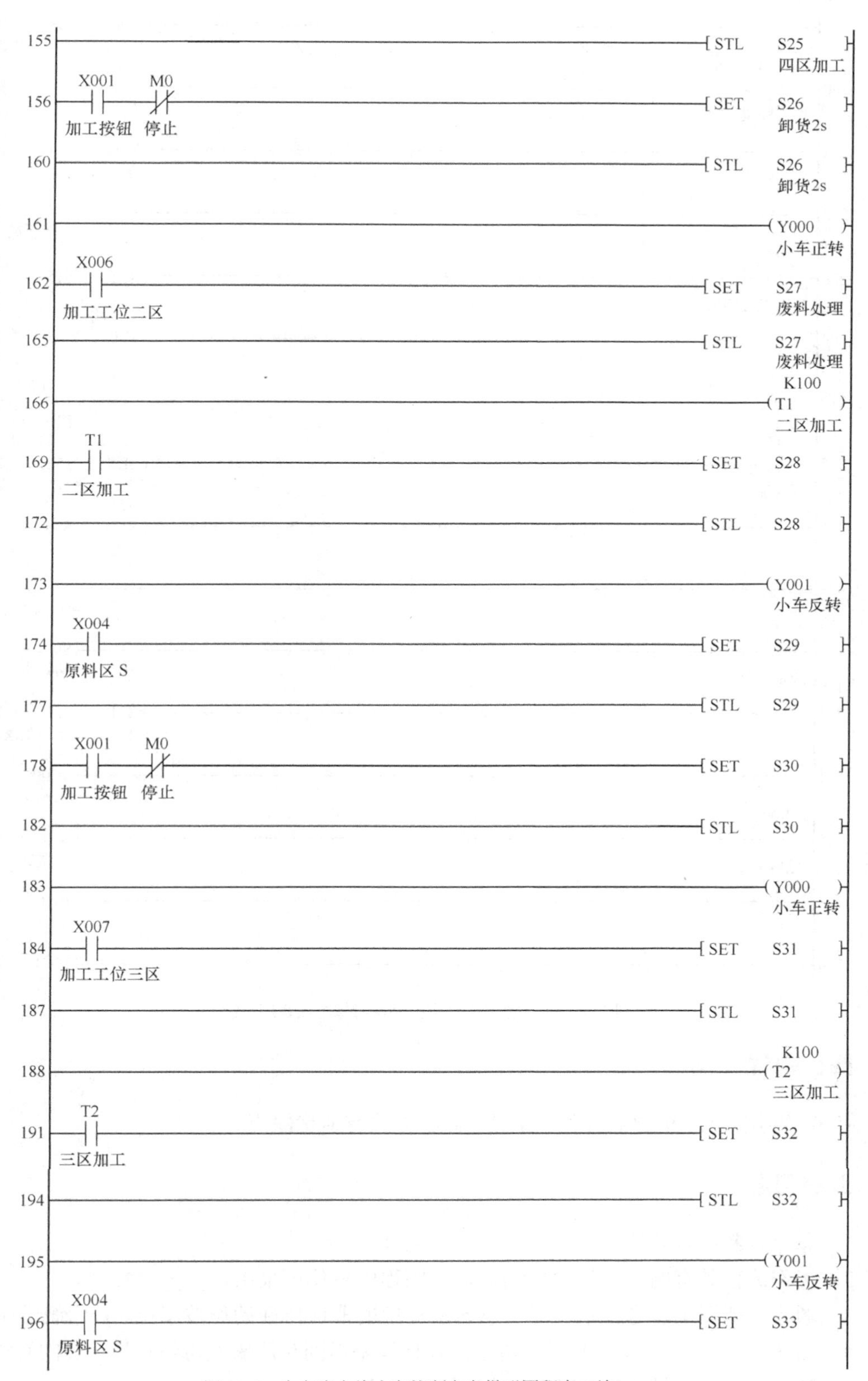

图 21-6 生产流水线小车控制参考梯形图程序（续）

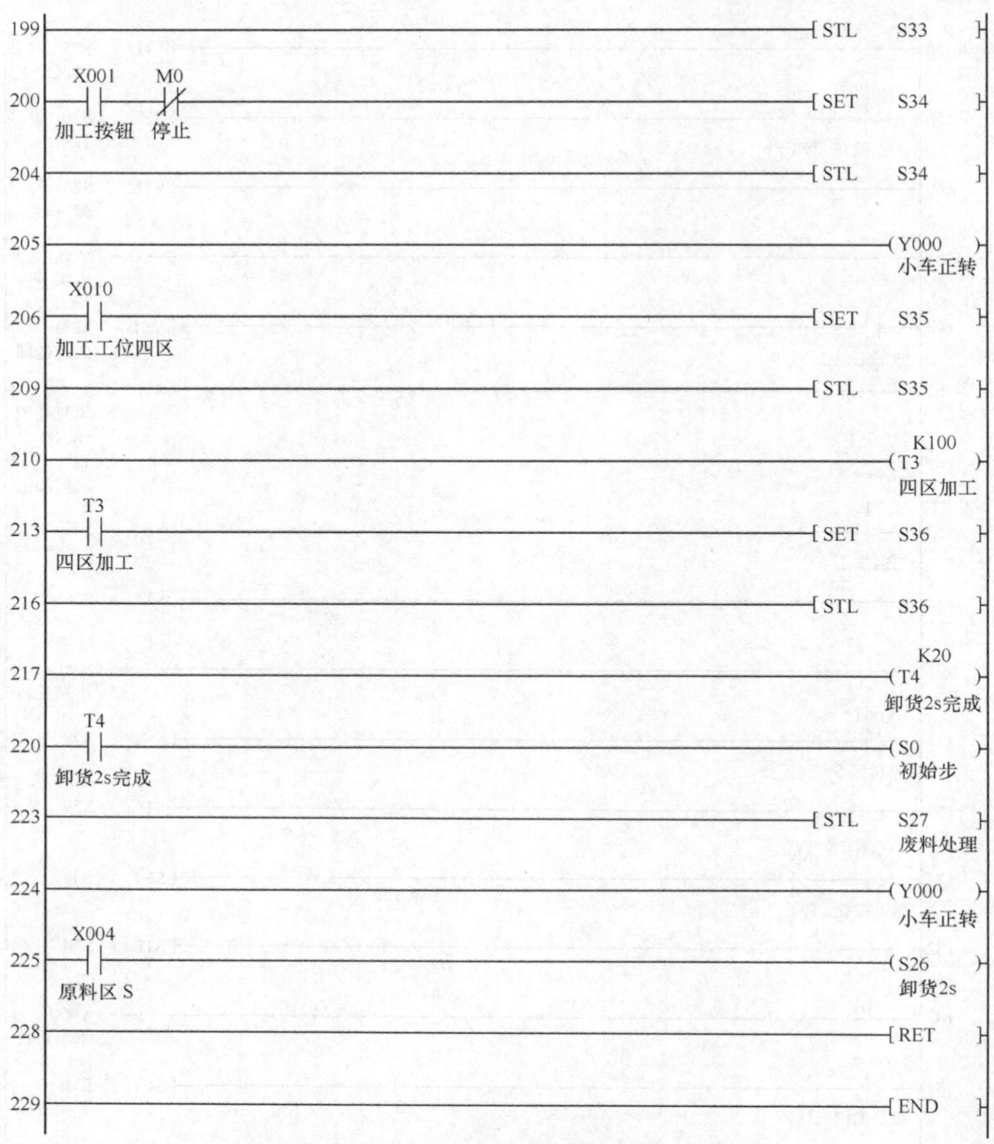

图 21-6 生产流水线小车控制参考梯形图程序（续）

四、每课一问

任务中利用什么方式控制小车位置？此种方式有何优缺点？

五、习题

1．急停、断电重启等一般放在________处理。

2．工作流程具有明显的顺序控制特征，则程序主体可采用__________实现。

3．顺序功能图某步是活动步时，该步所对应的非保持性动作被停止。（正确/错误）

4．RET 指令称为“步进返回”指令，其功能是返回到原来左母线位置。（正确/错误）

5．顺序功能图中转换实现的基本规则是什么？

模块四　应用提升篇

工程实际中，除了应用最为广泛的逻辑控制功能外，PLC 还广泛应用于位置控制、过程控制等场合。除了编写程序控制各类负载，PLC 还需要与变频器、伺服驱动器、其他 PLC 等设备进行通信联网。

本模块共包含 4 个工作任务，主要介绍了模拟量编程、变频器控制、运动控制、触摸屏控制、工业网络组态等实际工业设备 PLC 控制系统包含的内容。

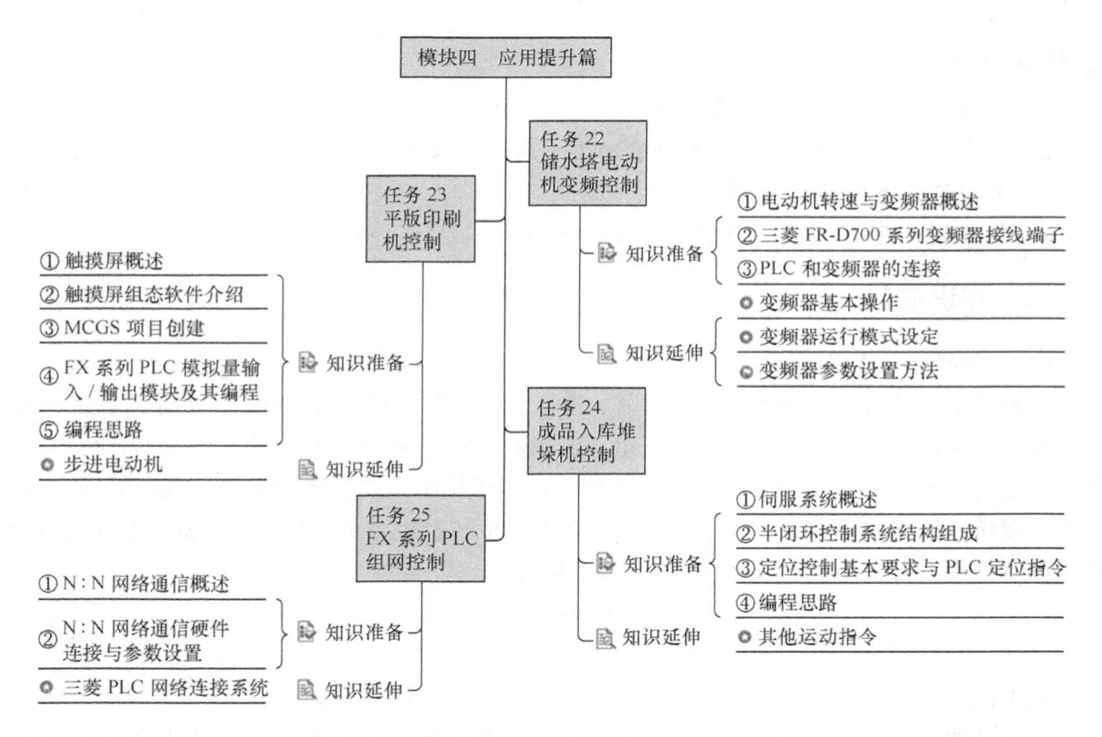

任务 22　储水塔电动机变频控制

一、任务描述

某储水塔包含两台电动机，一台恒速运行，另一台可变频运行，还有 4 个水位传感器，分别检测蓄水池和储水塔的水位情况，其控制要求如下。

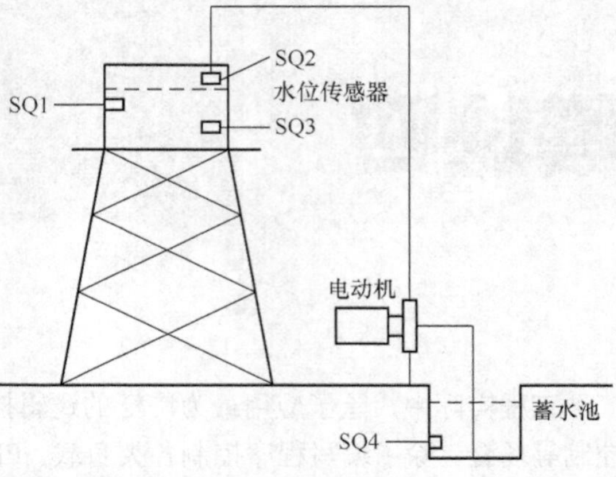

（1）若水位传感器 SQ4 检测到蓄水池有水，且水位在 SQ1 位置上，一台电动机中速运行，另一台电动机低速运行（30Hz）；若水位在 SQ3 位置，两台电动机均中速运行（50Hz）；若 SQ2 检测到储水塔到满水位，电动机应停止。

（2）若 SQ4 检测到蓄水池无水，电动机停止运行，同时指示灯亮。

（3）若 SQ3 检测到储水塔水位低于下限，储水塔无水指示灯亮。

（4）发生停电，恢复供电时，抽水泵自动控制系统继续工作。

请进行输入/输出端口分配、电气原理图设计，完成储水塔电动机变频控制梯形图程序的编写、下载与调试任务。

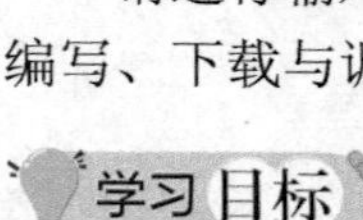

1. 了解电动机变频控制基本原理；
2. 熟悉三菱 FR-D700 系列变频器的主要端子与接线；
3. 掌握变频器与 PLC 的接线方式；
4. 能够利用 PLC 实现变频器的多段速调速。

二、知识准备

1. 电动机转速与变频器概述

三相异步电动机结构简单、运行可靠、重量轻、价格便宜，在工业界得到了广泛的应用。其基本工作原理为：电动机三相定子绕组（各相差 120°）通入三相对称交流电后，将产生一个旋转磁场，该旋转磁场切割转子绕组，从而在转子绕组中产生感应电流，载流的转子导体在定子旋转磁场作用下将产生电磁力，从而在电动机转轴上形成电磁转矩，驱动电动机旋转，并且电动机旋转方向与旋转磁场方向相同。其转速公式为：

$$n=\frac{60f(1-s)}{p} \tag{22-1}$$

式中：f 为异步电动机的供电频率，s 为转差率，p 为磁对数。

工业界通常通过改变异步电动机的供电频率达到控制三相异步电动机转速的目的。变频器（Variable-frequency Drive，VFD）就是应用变频技术与微电子技术，把电压和频率固定不变的交流电变换为电压或频率可变的交流电，从而达到控制交流电动机的电力控制设备。变频器主要由整流（交流变直流）、滤波、逆变（直流变交流）、制动单元、驱动单元、检测单元及微处理单元等组成。变频器靠内部 IGBT 的开断来调整输出电源的电压和频率，根据电动机的实际需要来提供其所需要的电源电压，进而达到节能、调速的目的。另外，变频器还有很多的保护功能，如过流、过压、过载保护等。随着工业自动化程度的不断提高，变频器也得到了非常广泛的应用。

变频器从外部结构来看，有开启式和封闭式两种。开启式的散热性能好，但是接线端子

外露，适用于电气柜内部的安装；封闭式的接线端子全部在变频器内部，不打开盖子是看不见的。本任务选用的是三菱 FR-D700 系列变频器，其整体结构图如图 22-1 所示。变频器上面是冷却风扇部分，后面是散热片，前面分为两部分：带有旋钮和按键的部分称为操作面板，操作面板下部是前盖板，前盖板摘除后可看到主电路和控制电路的接线端子。

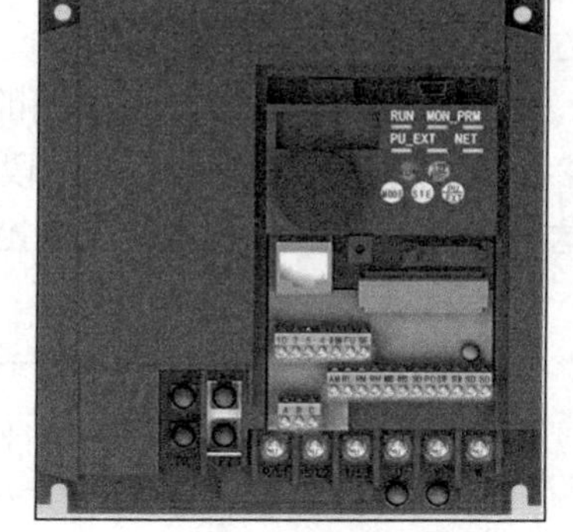

图 22-1 三菱 FR-D700 变频器整体结构图

2. 三菱 FR-D700 系列变频器接线端子

变频器主电路接线端子如图 22-2 所示，其中常用的主电路端子名称及功能如表 22-1 所示。

三菱 FR-D700 系列变频器接线端子

变频器控制电路接线端子如图 22-3 所示，其中常用的控制电路端子名称及功能如表 22-2 所示。

表 22-1 变频器主电路端子名称及功能

电路分类	端子记号	端子名称	端子功能
主电路	R/L1、S/L2、T/L3	交流电源输入端子	连接工频电源，单相 220V 级别变频器，220V 交流电源接入端子 R/L1、S/L2
	U 、V、W	变频器输出端子	连接三相交流电动机
	P/+、P1	直流电抗器连接端子	拆下 P/+和 N/−之间的短路片后，可连接直流电抗器
	⏚	接地端子	变频器机架接地用，必须接大地

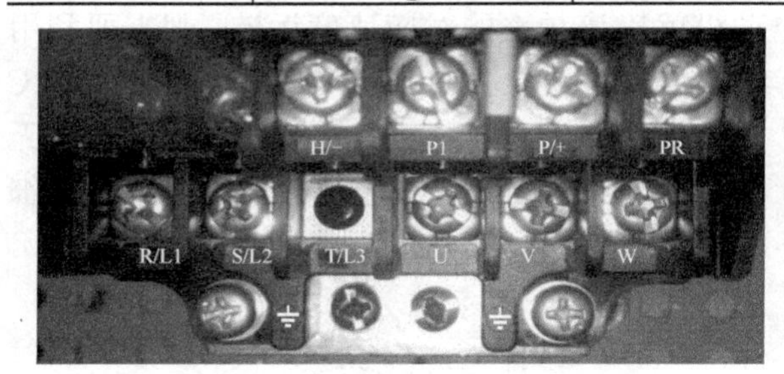

图 22-2 变频器主电路接线端子图

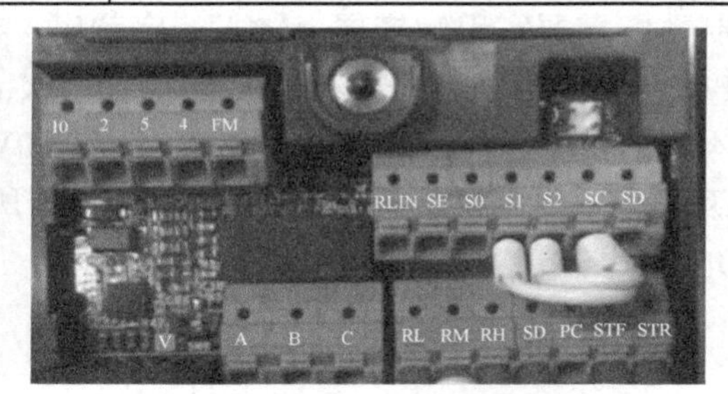

图 22-3 变频器控制电路接线端子图

表 22-2 变频器控制电路主要端子名称及功能

<table>
<tr><th colspan="2">电路分类</th><th>端子记号</th><th>端子名称</th><th colspan="2">端子功能</th></tr>
<tr><td rowspan="9">控制电路</td><td rowspan="5">控制输入信号（端子功能可通过参数 Pr.178～Pr.182 变更）</td><td>STF</td><td>正转启动</td><td>STF 信号为 ON 时正转</td><td rowspan="2">STF 和 STR 同时为 ON 或同时为 OFF 时，停止</td></tr>
<tr><td>STR</td><td>反转启动</td><td>STR 信号为 ON 时反转</td></tr>
<tr><td>RH、RM 和 RL</td><td>多段速度选择</td><td colspan="2">用 RH、RM 和 RL 信号的组合可选择多段速，单独时，分别表示高速、中速和低速</td></tr>
<tr><td>SD</td><td>公共端</td><td colspan="2">上述输入端子的公共端</td></tr>
<tr><td>PC</td><td>DC24V 电源</td><td colspan="2">可作为 DC24V、0.1A 的电源使用</td></tr>
<tr><td rowspan="4">频率设定</td><td>10</td><td>频率设定用电源</td><td colspan="2">作为外接频率设定用电位器时的电源使用</td></tr>
<tr><td>2</td><td>频率设定(电压)</td><td colspan="2">输入为 DC0～5V（或 0～10V），通过 Pr.73 进行设定</td></tr>
<tr><td>4</td><td>频率设定(电流)</td><td colspan="2">输入为 4～20mA，也可作为电压输入，通过参数 Pr.267 进行设定</td></tr>
<tr><td>5</td><td>频率设定公共端</td><td colspan="2">频率设定信号（端子 2 或 4）及端子 AM 的公共端子</td></tr>
</table>

3. PLC 和变频器的连接

PLC 和外围设备的连接主要有开关量、模拟量和通信 3 种方法。而变频器可以理解成 PLC 的一种外围设备，PLC 控制变频器也离不开这 3 种方式。

PLC 和变频器的连接方式

如果只需要 7 段以下不同的速度，采用多段速控制即可。就是通过 PLC 多个开关量，利用变频器的多段频率给定功能，实现不同频率段的速度控制。这种方法，本质上也是 I/O 量控制，其接线如图 22-4 所示。

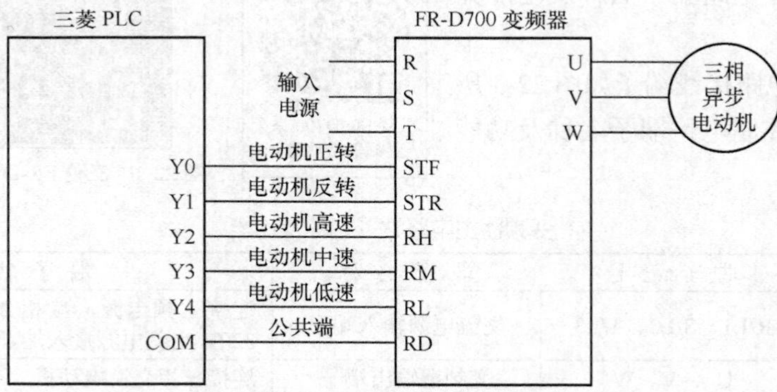

图 22-4　多段速调速接线图

需要无级调速时，一般需要外部提供标准的 0～10VDC 等模拟信号。如果某 PLC 控制系统需要实现触摸屏上输入一定频率，电动机就以该频率的对应速度运转，则需要利用 PLC 特殊模块——模拟量输出模块如 FX_{3U}-4DA-ADP。通过 FX_{3U}-4DA-ADP 模块将 PLC 本体的数字量按照相应比例转换成 0～10V 的模拟量，就可以通过变频器对电动机实现无级调速了，模拟量调速接线图如图 22-5 所示。触摸屏和模拟量模块的使用，后续会详细介绍。

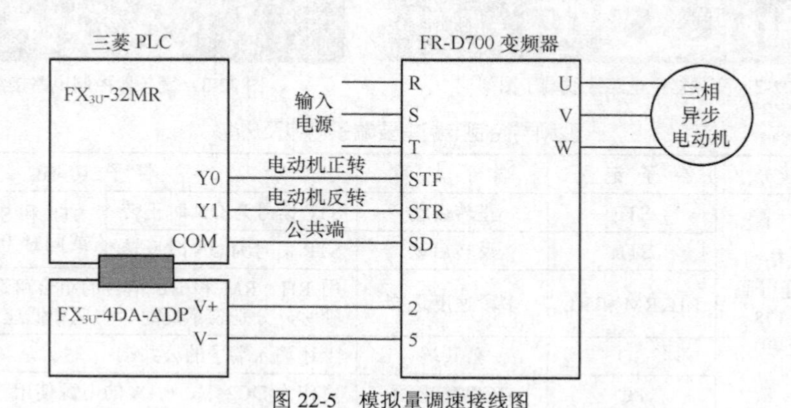

图 22-5　模拟量调速接线图

三、任务实施

1. 分配 PLC 输入/输出端口

储水塔电动机变频控制 PLC 输入/输出端口分配如表 22-3 所示。

表 22-3 储水塔电动机变频控制 PLC 输入/输出端口分配表

输入		输出	
启动按钮	X000	工频电动机接触器线圈 KM1	Y000
停止按钮	X001	变频电动机正转信号 STF	Y001
水位传感器 SQ1	X002	变频电动机中速运行信号 RM	Y002
水位传感器 SQ2	X003	变频电动机低速运行信号 RL	Y003
水位传感器 SQ3	X004	蓄水池指示灯 HL1	Y004
水位传感器 SQ4	X005	储水塔指示灯 HL2	Y005

2. 设计电气原理图

储水塔电动机变频控制参考电气原理图如图 22-6 所示。

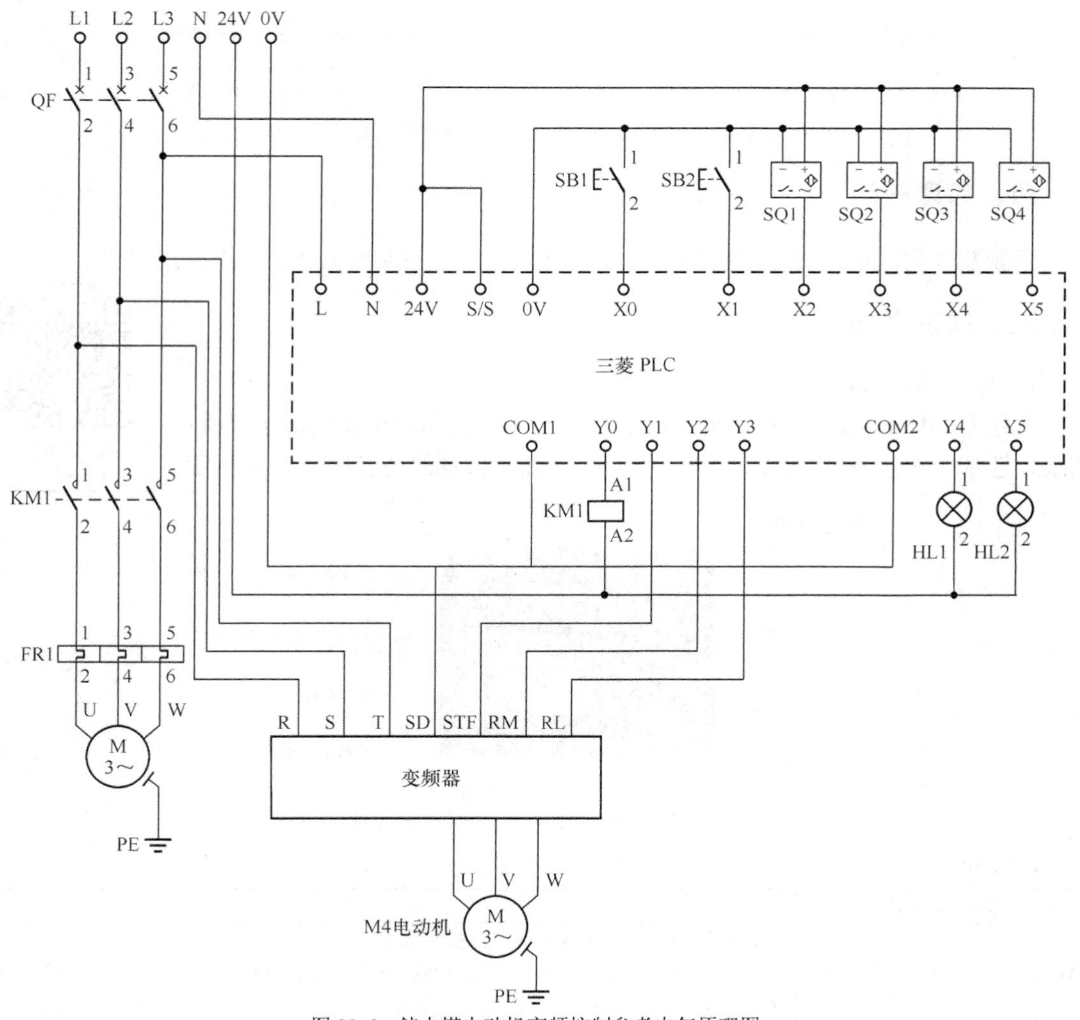

图 22-6 储水塔电动机变频控制参考电气原理图

3. 编写 PLC 梯形图程序

储水塔电动机变频控制参考梯形图程序如图 22-7 所示。

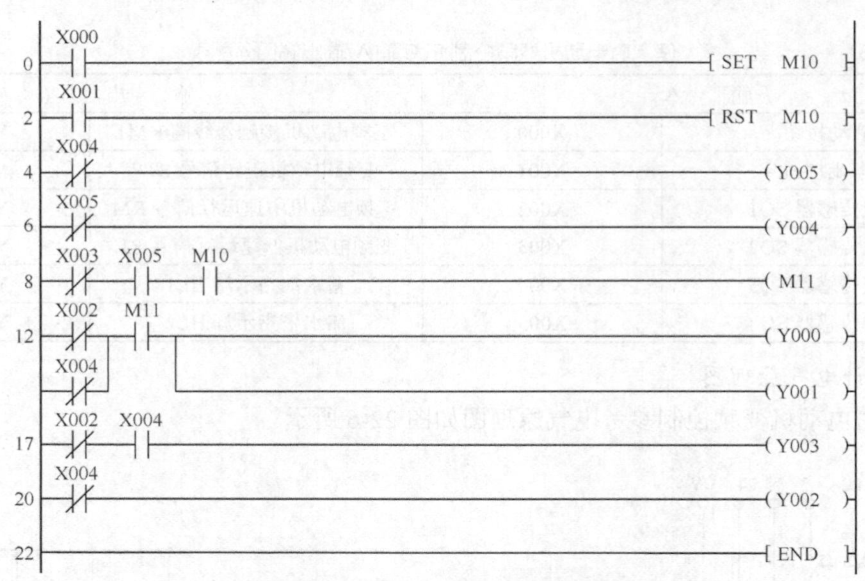

图 22-7 储水塔电动机变频控制参考梯形图程序

四、每课一问

变频器多段速调速时，需要用到几个接线端子？一共可输出几种不同的速度？

五、知识延伸

变频器接线与参数设置

1. 变频器基本操作

变频器操作面板的名称及功能如图 22-8 所示，其基本操作包括运行模式切换、监视器设定、频率设定、参数设定等，旋钮和按键的功能如表 22-4 所示。

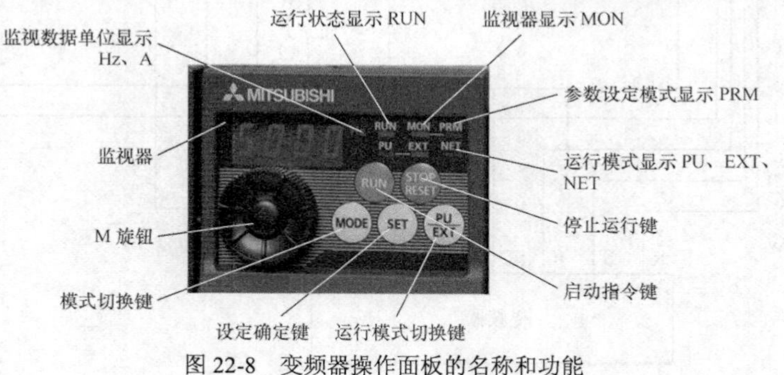

图 22-8 变频器操作面板的名称和功能

表 22-4 旋钮和按键的功能

旋钮和按键	功 能
M 旋钮（三菱变频器旋钮）	旋动该旋钮可变更频率设定、参数的设定值； 按下该旋钮可显示以下内容：监视模式时的设定频率；校正时的当前设定值；报警历史模式时的顺序
模式切换键 MODE	用于切换各设定模式和运行模式切换键（PU/EXT）；同时按下也可以用来切换运行模式；长按此键（2s）可以锁定操作
设定确定键 SET	各设定的确定； 运行中按此键则监视器显示以下内容： 运行频率→输出频率→输出电压→运行频率

续表

旋钮和按键	功 能
运行模式切换键	用于切换 PU/外部运行模式； 使用外部运行模式（通过外接的频率设定电位器和启动信号启动的运行）时请按此键，使表示运行模式的 EXT 处于亮灯状态（切换至组合模式时，可同时按 MODE 键 0.5s，或者变更参数 Pr.79）； PU：PU 运行模式； EXT：外部运行模式； 也可以解除 PU 模式
启动指令键	在 PU 模式下，按此键启动运行； 通过 Pr.40 的设定，可以选择旋转方向
停止运行键	在 PU 模式下，按此键停止运转； 保护功能（严重故障）生效时，也可以进行报警复位
运行模式显示	PU：PU 运行模式时亮灯； EXT：外部运行模式时亮灯； NET：网络运行模式时亮灯
监视器	显示频率、参数编号等
监视数据单位显示	Hz：显示频率时亮灯； A：显示电流时亮灯（显示电压时熄灯，显示设定频率时闪烁）
运行状态显示 RUN	变频器动作中亮灯或者闪烁； 亮灯：正转运行中； 缓慢闪烁（1.4s 循环）：反转运行中
参数设定模式显示 PRM	参数设定模式时亮灯
监视器显示 MON	监视模式时灯亮

2. 变频器运行模式设定

变频器一共有 7 种运行模式，常用的有以下 4 种模式，如表 22-5 所示。

表 22-5 变频器运行模式介绍

操作面板显示	运行方法	
	启动指令	频率指令
闪烁  79-1 PU 闪烁	RUN	
闪烁  79-2 EXT 闪烁	外部（STF/STR）	模拟电压输入
闪烁  79-3 PU EXT 闪烁	外部（STF/STR）	
闪烁  79-4 PU EXT 闪烁	RUN	模拟电压输入

例如，将变频器的运行模式设为启动指令为外部（STF/STR）输入、频率指令通过旋钮输入的运行模式（即将参数 Pr.79 设定为“3”），具体的操作方法和步骤如表 22-6 所示。

表 22-6　　设定运行模式的方法及步骤

操作步骤	显示
① 电源接通时显示监视器画面	 0.00 Hz MON EXT
② 按 PU/EXT 和 MODE 按钮 0.5 s	 闪烁 PU/EXT MODE ⇨ 79--
③ 旋转 [旋钮]，将值设定为“79-3”	 闪烁 [旋钮] ⇨ 79-3
④ 按 SET 键确定	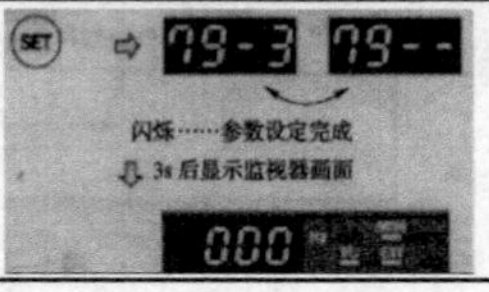 SET ⇨ 79-3 79-- 闪烁……参数设定完成 3s 后显示监视器画面 0.00

3. 变频器参数设置方法

以改变参数 Pr.1 上限频率的设定值为例，具体的操作方法及步骤如表 22-7 所示。

表 22-7　　变更参数设定值的操作步骤

操作步骤	显示
① 电源接通时显示监视器画面	 0.00 Hz MON EXT
② 按 PU/EXT 键，进入 PU 运行模式	 PU 显示灯亮 PU/EXT ⇨ 0.00 PU
③ 按 MODE 键，进入参数设定模式	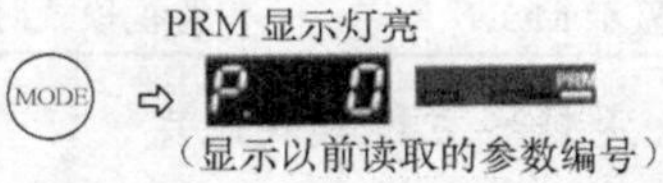 PRM 显示灯亮 MODE ⇨ P. 0 PRM （显示以前读取的参数编号）
④ 按 [旋钮]，将参数编号设定为“P. 1”（Pr.1）	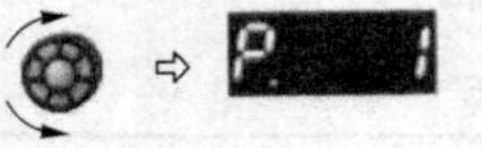 [旋钮] ⇨ P. 1
⑤ 按 SET 键，读取当前的设定值，显示“120.0”（初始值 120.0Hz）	 SET ⇨ 120.0 Hz
⑥ 旋转 [旋钮]，将值设定为“50.00”（50.00Hz）	 [旋钮] ⇨ 50.00 Hz
⑦ 按 SET 键确定	 SET ⇨ 50.00 Hz P. 1 闪烁…… 参数设定完成

六、习题

1. 电动机连接在变频器的（　　）端。

A．L1、L2、L3　　B．U、V、W

2. 变频器操作模式选择需要设置（　　）。

A．Pr.1　　B．Pr.2　　C．Pr.78　　D．Pr.79

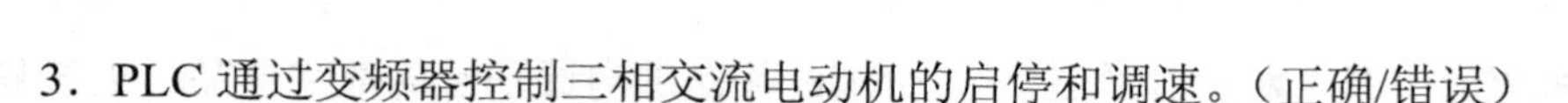

3．PLC 通过变频器控制三相交流电动机的启停和调速。（正确/错误）

4．变频器的 STF、STR、RH、RM、RL 端连接到 PLC 的输入点。（正确/错误）

5．进行主电路接线时，应确保输入、输出端不能接错，即电源线必须连接至 R/L1、S/L2、T/L3，绝对不能接 U、V、W，否则会损坏变频器。（正确/错误）

6．电源一定不能接到变频器输出端子（U、V、W）上，否则将损坏变频器。（正确/错误）

任务 23　平版印刷机控制

一、任务描述

单张纸平版印刷机主要由给墨机、印版滚、橡皮滚、压印滚、润水机、输纸机、收纸机等构成。全机运行状态由主传动电动机控制。电动机通过带传动、齿轮传动、链传动带动各滚筒、牙排、机构之间配合协调动作。其主要控制要求如下。

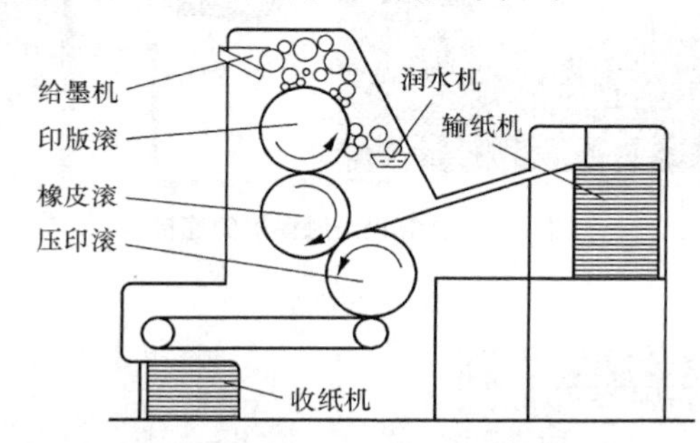

（1）指令由触摸屏发出，状态指示灯可在触摸屏和设备面板上同时显示。

（2）按下启动按钮后，系统上电进入等待运行状态，按下停止按钮后，系统停止运行。

（3）电动机有两种运行状态：点动调整和连续运行，由触摸屏上点动/连续选择开关 SA 控制。

（4）点动调整时，电动机可正反转，且速度可通过触摸屏任意调整。

（5）连续运行状态时，按下开始印刷按钮，系统低速运行；按下开始输纸按钮，系统进入高速运行，正式印刷；按下印刷暂停按钮时，为了保证 PS 版不损坏、墨不干燥，电动机保持低速连续运行。运行频率亦都通过触摸屏输入确定。

请进行输入/输出端口分配、电气原理图设计，并完成平版印刷机控制梯形图程序的编写、下载与调试任务。

学习目标

1．掌握触摸屏组态方法；

2．了解触摸屏及其基本应用；

3．掌握三菱 PLC 模拟量输入/输出模块及其编程方法。

二、知识准备

1．触摸屏概述

触摸屏（Touch Panel）又称为“触控屏”“触控面板”和“人机界面”（Human Machine

Interface）。“人机界面”是一种为操作者与自动化设备提供沟通平台的数字产品。人机界面提供多样化的通信端口，方便与各式各样的设备通信。触碰式面板可让操作者直接进行参数设定，液晶屏幕则可向操作者呈现机台设备的各项监控数据。此外，弹性的编辑软件可让设计人员依照不同应用的需求情境编辑所需要的呈现画面，主要应用于公共信息的查询、工业控制、军事指挥、电子游戏、多媒体教学等。

本任务选用的是昆仑通态触摸屏 TPC-7062TD。触摸屏需与计算机进行连接，用于触摸屏程序的导入，其连线如图 23-1 所示，USB 通信线两端分别与计算机 USB 口和触摸屏编程口连接。触摸屏还需要与 PLC 连接，实现相互信息的交互，SC-09 通信线分别连接到触摸屏与 PLC 上，分别把触摸屏和 PLC 程序下载后即可实现相互之间的通信，如图 23-2 所示。

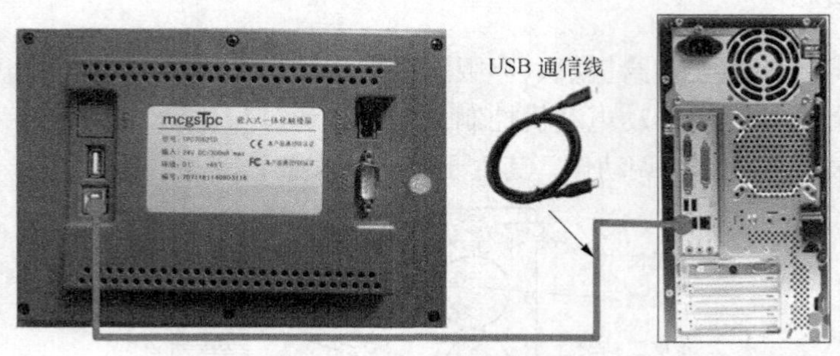

图 23-1　计算机与触摸屏的连接

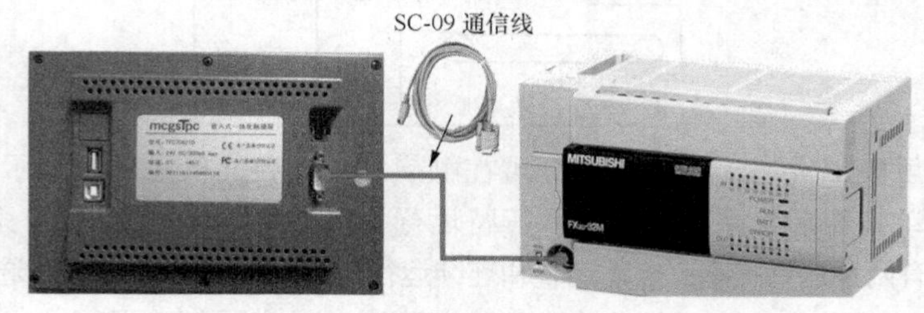

图 23-2　PLC 与触摸屏的连接

2. 触摸屏组态软件介绍

触摸屏程序由组态软件编程实现，昆仑通态的组态软件叫 MCGS。MCGS 嵌入版组态软件是昆仑通态公司专门为 MCGS TPC 开发的组态软件，主要完成现场数据的采集与监测、前端数据的处理与控制。MCGS 嵌入版组态软件与相关的硬件设备结合，可以快速、方便地开发各种用于现场采集、数据处理和控制的设备。如可以灵活监控各种智能仪表、数据采集模块、无纸记录仪、无人值守的现场采集站、人机界面等专用设备。

MCGS 嵌入版组态软件的用户应用系统，由主控窗口、设备窗口、用户窗口、实时数据库和运行策略 5 个部分构成。其主界面如图 23-3 所示。

主控窗口：构造了应用系统的主框架，用于对整个工程相关的参数进行配置，可设置封面窗口、运行工程的权限、启动画面、内存画面、磁盘预留空间等。

设备窗口：应用系统与外部设备联系的媒介，专门用来放置不同类型和功能的设备构件，实现对外部设备的操作和控制。设备窗口通过设备构件把外部设备的数据采集进来，送入实时数据库，或把实时数据库中的数据输出到外部设备。

用户窗口：实现了应用系统数据和流程的“可视化”。工程里所有可视化的界面都是在用户窗口里面构建的。用户窗口中可以放置 3 种不同类型的图形对象：图元、图符和动画构件。通过在用户窗口内放置不同的图形对象，用户可以构造各种复杂的图形界面，用不同的方式实现数据和流程的“可视化”。

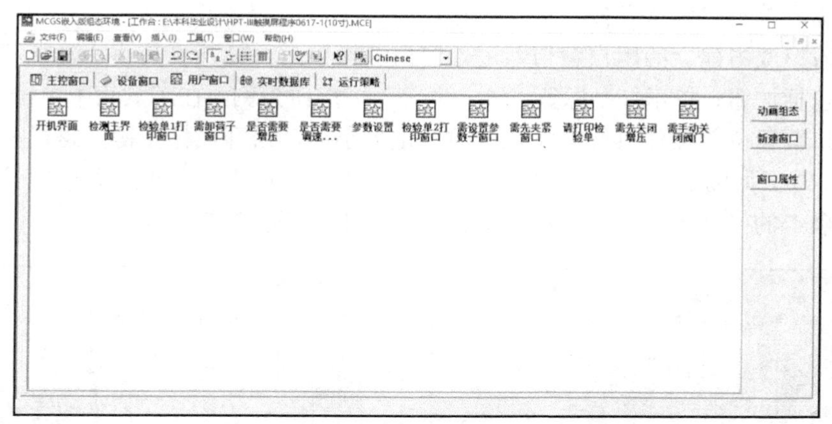

图 23-3　MCGS 嵌入版组态软件主界面

实时数据库：应用系统的核心。实时数据库相当于一个数据处理中心，同时也起到公共数据交换区的作用。从外部设备采集来的实时数据送入实时数据库，系统其他部分操作的数据也来自实时数据库。

运行策略：对应用系统运行流程实现有效控制的手段。运行策略本身是系统提供的一个框架，其里面放置的是由策略条件构件和策略构件组成的“策略行”，通过对运行策略的定义，使系统能够按照设定的顺序和条件操作任务，实现对外部设备工作过程的精确控制。

3．MCGS 项目创建

（1）设备组态

选择新建工程，并选择对应产品型号。在工作台中单击“设备窗口”标签，双击进入“设备组态”界面，单击工具条中的打开“设备工具箱”。在“设备工具箱”中先后双击“通用串口父设备”和“三菱 FX 系列编程口”添加至“设备组态”界面，如图 23-4 所示。此时会弹出窗口，提示是否使用三菱 FX 系列编程口默认通信参数设置父设备，单击“是”按钮。所有操作完成后保存并关闭设备窗口，返回工作台。

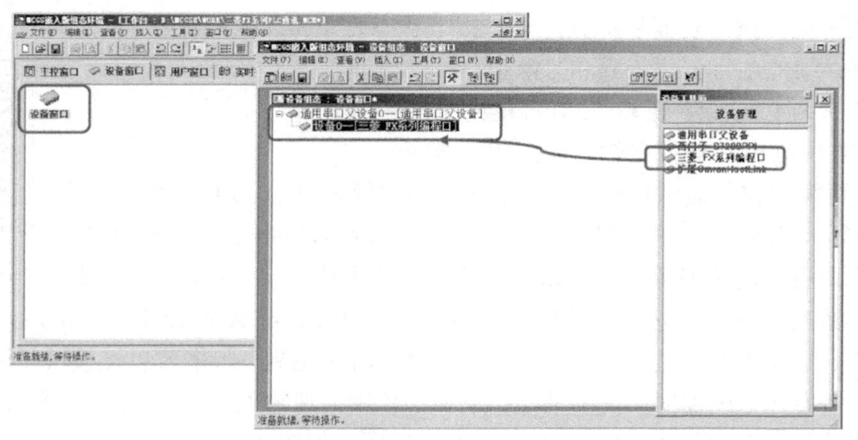

图 23-4　“设备组态”界面

（2）窗口组态

在工作台中激活用户窗口，单击“新建窗口”按钮，依次建立新画面“窗口 0”“窗口 1”等。再单击“窗口属性”按钮，弹出“用户窗口属性设置”对话框，在“基本属性”选项卡，修改窗口名称，单击“确认”按钮进行保存。

在用户窗口双击建立的用户窗口名进入窗口编辑界面，打开工具箱，建立基本元件。常用基本元件包括按钮、指示灯、标签、输入框等。以按钮为例，在工具箱中单击“标准按钮”构件，在窗口编辑位置按住鼠标左键拖放出一定大小后，松开鼠标左键，这样一个按钮构件就绘制在窗口中，如图 23-5 所示。双击该按钮打开“标准按钮构件属性设置”对话框，在“基本属性”选项卡的“文本”中输入相应文件名，单击“确认”按钮保存。

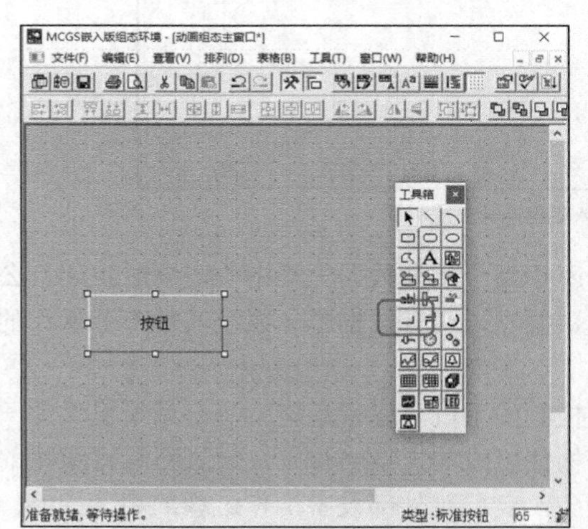

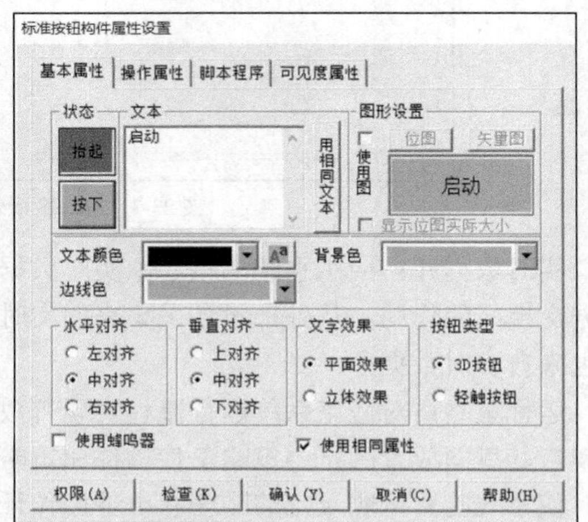

图 23-5　按钮组件绘制和“标准按钮构件属性设置”对话框

（3）数据连接

双击“按钮”构件，弹出“标准按钮构件属性设置”对话框，在“操作属性”选项卡的“抬起功能”标签下，选中“数据对象值操作”复选框，选择“清 0”，单击 ? 按钮弹出“变量选择”对话框，在“变量选择方式”中选中“根据采集信息生成”单选按钮，“通道类型”选择“Y 输出寄存器”，“通道地址”为“0”，“读写类型”选择“读写”。设置完成后单击“确认”按钮。即在 Y0 按钮抬起时，对三菱 PLC 的 Y0 地址清零，如图 23-6 所示。同样的方法，切换至“按下功能”标签，选择按下状态时，将 Y0 置为 1。

其他更详细的项目创建步骤和方法请扫描二维码观看。

三菱 PLC 模拟模块接线与编程

4. FX 系列 PLC 模拟量输入/输出模块及其编程

（1）FX 系列 PLC 模拟量输入/输出模块概述

用 FX 可编程控制器进行模拟量控制时，需要模拟量输入/输出产品。模拟量输入/输出产品有功能扩展板、特殊适配器和特殊功能模块 3 种。FX_{3U} 系列一般不采用功能扩展板。模拟量特殊适配器使用特殊软元件，与可编程控制器进行数据交换，其型号包含 FX_{3U}-4AD-ADP、FX_{3U}-4DA-ADP 和 FX_{3U}-3A-ADP 等。选用模拟量特殊适配器时，连接在 FX_{3U} 可编程控制器的左侧，最多可以连接 4 台模拟量特殊适配器。连接特殊适配器时，需要功能扩展板。使用高速输入/输出特殊适配器时，将模拟量特殊适配器连接在高速输入/输出特殊适配器的后面，如图 23-7 所示。

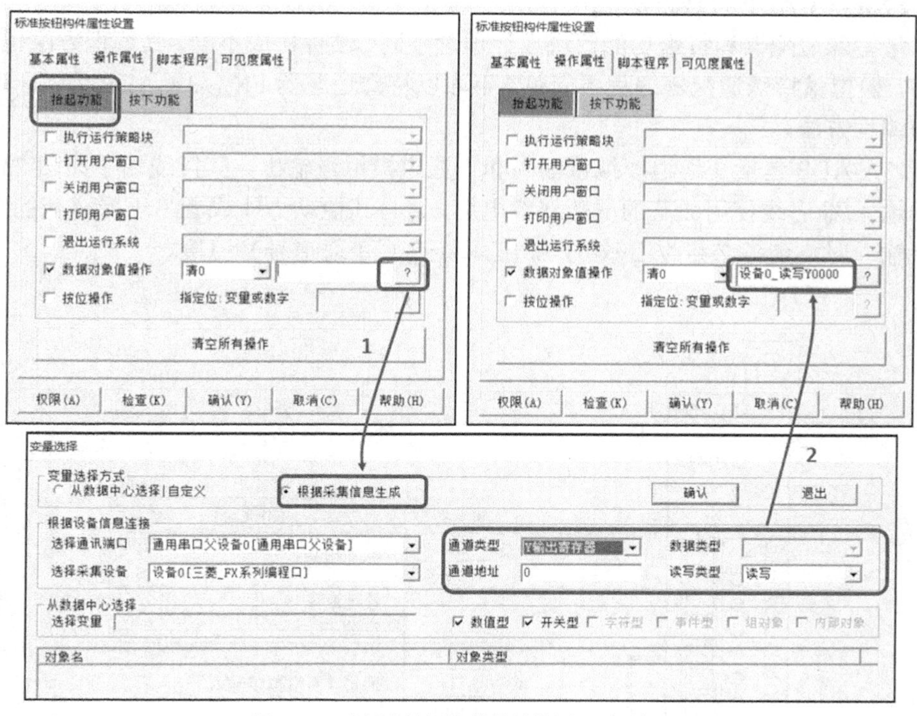

图 23-6　“标准按钮构件属性设置”对话框

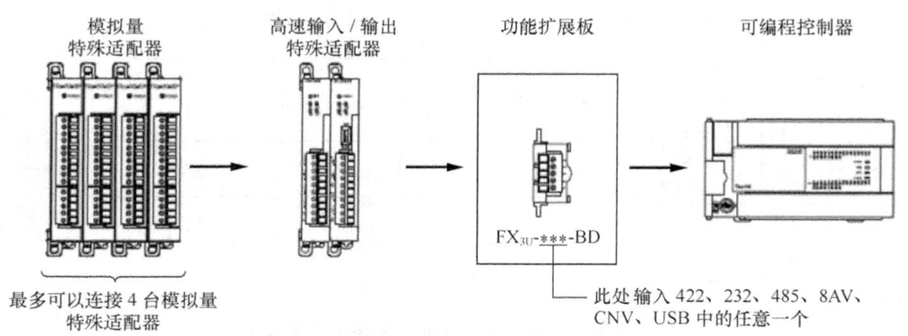

图 23-7　模拟量特殊适配器与 PLC 本体连接示意图

模拟量特殊功能模块使用缓冲存储区（BFM），与可编程控制器进行数据交换，其型号包含 FX_{3U}-4AD、FX_{2N}-4AD、FX_{3U}-4DA 和 FX_{2N}-5A 等。选用特殊功能模块时，连接在 FX_{3U} 可编程控制器的右侧，最多可连接 8 台特殊功能模块，如图 23-8 所示。

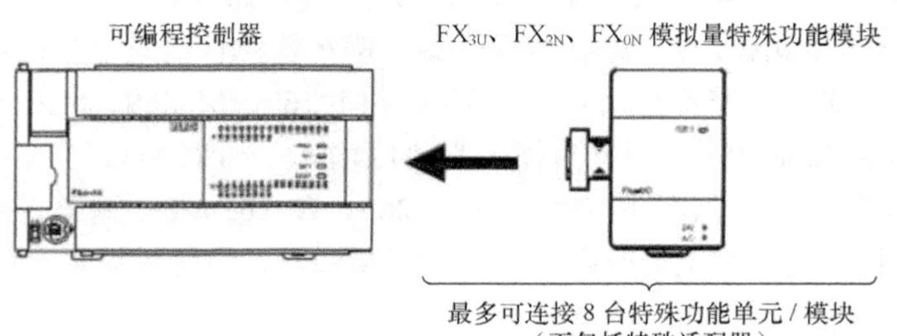

图 23-8　模拟量特殊功能模块与 PLC 本体连接示意图

（2）FX_{3U}-3A-ADP 接线方法

模拟量特殊适配器和特殊功能模块设计理念不同、硬件构成不同，其编程方法也不一样。相对而言，模拟量特殊适配器编程更简单。下面以特殊适配器 FX_{3U}-3A-ADP 为例，说明其接线方法与编程方法。

FX_{3U}-3A-ADP 包括 2 通道模拟量输入和 1 通道模拟量输出。其接线端子如图 23-9 所示。模拟量的输入/输出线使用 2 芯的屏蔽双绞电缆，请与其他动力线或者易于受感应的线分开布线。电流输入时，请务必将 V□+端子和 I□+端子（□:通道号）短接。

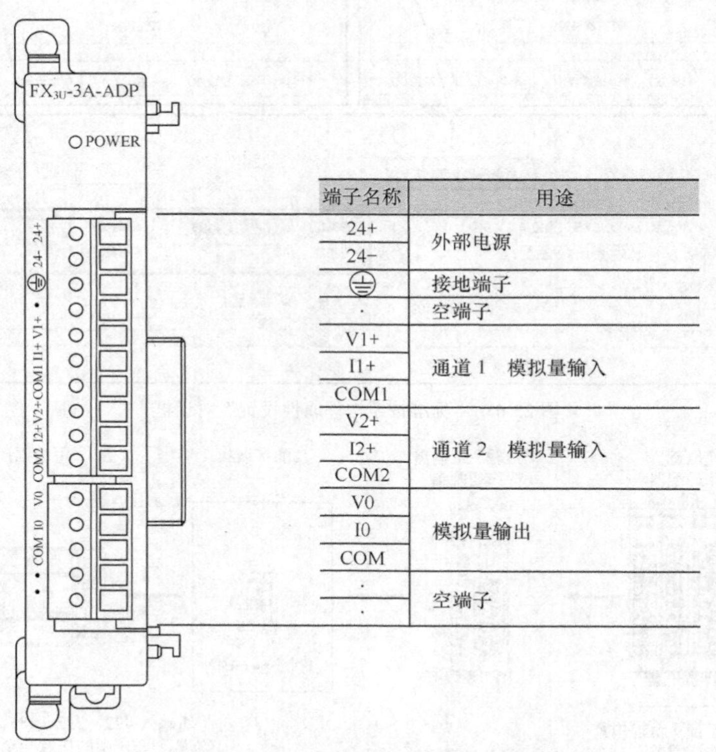

端子名称	用途
24+	外部电源
24-	
⏚	接地端子
·	空端子
V1+	通道 1　模拟量输入
I1+	
COM1	
V2+	通道 2　模拟量输入
I2+	
COM2	
V0	模拟量输出
I0	
COM	
·	空端子
·	

图 23-9　FX_{3U}-3A-ADP 接线端子示意图

（3）FX_{3U}-3A-ADP 特殊软元件分配

实现 FX_{3U}-3A-ADP 与 PLC 本体之间的数据交换，不需要使用 FROM-TO 等缓冲存储器的读/写指令，只需要使用 MOV 指令即可，编程非常简单，关键是需要弄清楚特殊软元件的分配规则。从最靠近基本单元处开始，依次数第 1 台、第 2 台、……每台 FX_{3U}-3A-ADP 分配了 10 个特殊辅助继电器和特殊数据寄存器，特殊软元件的具体分配如表 23-1 所示。如第 1 台 FX_{3U}-3A-ADP，其特殊辅助继电器范围为 M8260～M8269，M8260 的值确定通道 1 的输入模式，如果 M8260 为 0，则输入模式为电压输入；如果 M8260 为 1，则输入模式为电流输入。特殊数据寄存器范围为 D8260～D8269，D8262 表示输出设定数据。第 2 台 FX_{3U}-3A-ADP，其特殊辅助继电器范围为 M8270～M8279，特殊数据寄存器范围为 D8270～D8279。

表 23-1　　　　　　　　　　　　FX3U-3A-ADP 特殊软元件分配表

特殊软元件	软元件编号				内　容	属性
	第 1 台	第 2 台	第 3 台	第 4 台		
特殊辅助继电器	M8260	M8270	M8280	M8290	通道 1 输入模式切换（OFF：电压输入；ON：电流输入）	R/W
	M8261	M8271	M8281	M8291	通道 2 输入模式切换（OFF：电压输入；ON：电流输入）	R/W
	M8262	M8272	M8282	M8292	输出模式切换（OFF：电压输出；ON：电流输出）	R/W
	M8263	M8273	M8283	M8293	未使用（请不要使用）	—
	M8264	M8274	M8284	M8294		
	M8265	M8275	M8285	M8295		
	M8266	M8276	M8286	M8296	输出保持解除设定	R/W
	M8267	M8277	M8287	M8297	设定输入通道 1 是否使用（OFF：使用；ON：不使用）	R/W
	M8268	M8278	M8288	M8298	设定输入通道 2 是否使用（OFF：使用；ON：不使用）	R/W
	M8269	M8279	M8289	M8299	设定输出通道是否使用（OFF：使用；ON：不使用）	R/W
特殊数据寄存器	D8260	D 8270	D8280	D8290	通道 1 输入数据	R
	D8261	D8271	D8281	D8291	通道 2 输入数据	R
	D8262	D8272	D8282	D8292	输出设定数据	R/W
	D8263	D8273	D8283	D8293	未使用（请不要使用）	—
	D8264	D8274	D8284	D8294	通道 1 平均次数（设定范围：1～4 095）	R/W
	D8265	D8275	D8285	D8295	通道 2 平均次数（设定范围：1～4 095）	R/W
	D8266	D8276	D8286	D8296	未使用（请不要使用）	—
	D8267	D8277	D8287	D8297		
	D8268	D8278	D8288	D8298	错误代码	R/W
	D8269	D8279	D8289	D8299	机型代码=50	R

（4）FX_{3U}-3A-ADP 转换特性

FX_{3U}-3A-ADP 没有内置的缓冲存储器（BFM），输入的模拟量数据被转换成数字量，直接保存在 PLC 的特殊软元件中；而进行 D/A 转换时，输入特殊软元件的数字量被转换成模拟量并输出。模拟量和数字量的转换特性如图 23-10 所示。如模拟量输入采用 0～10V 的电压输入方式，则输入电压为 0V 时，对应的特殊数据寄存器（第一台特殊适配器通道 1 的寄存器为 D8260）的值为 0；输入电压为 10V 时，D8260 的值为 4 000；输入电压为 5V 时，D8260 的值为 2 000。

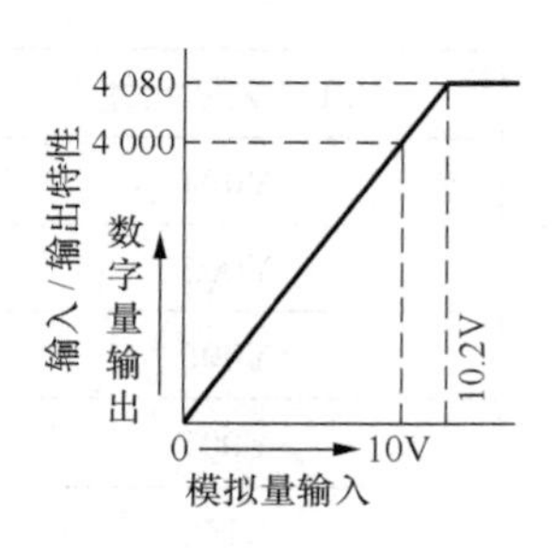

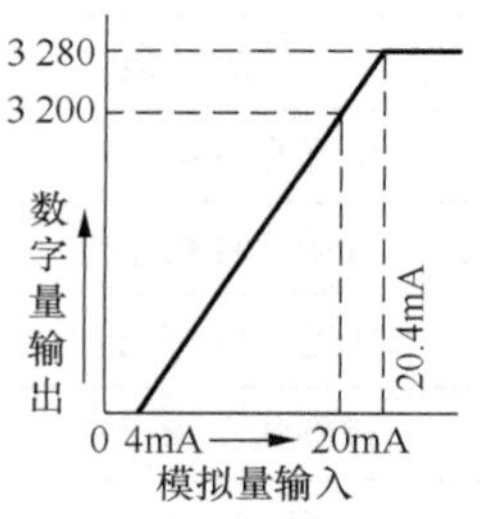

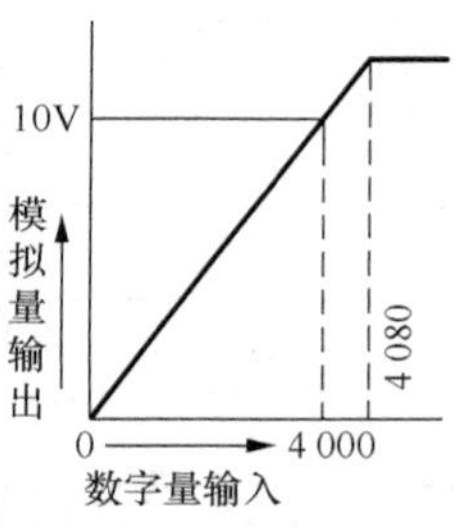

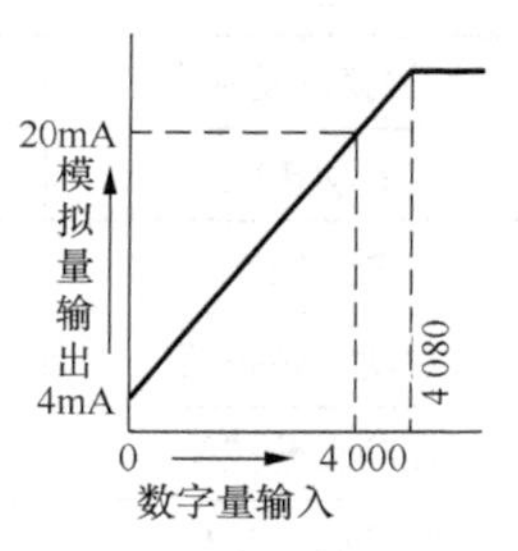

图 23-10　模拟量和数字量的转换特性

（5）编程实例

如需将 FX_{3U}-3A-ADP 的通道 1 设为电压输入，通道 2 设为电流输入，且输入数据存进 D100 和 D101，输出通道设为电压输出，且将触摸屏中的数值（D102）指定为模拟量输出，其梯形图程序示例如图 23-11 所示。

```
M8001
─┤├──────────────────────────────(M8260)
  │
  └──────────────────────────────(M8262)
M8000
─┤├──────────────────────────────(M8261)
M8000
─┤├─────────────────[MOV  D8260  D100 ]
  │
  ├─────────────────[MOV  D8261  D101 ]
  │
  └─────────────────[MOV  D102   D8262]
```

图 23-11　模拟量模块梯形图程序示例

5. 编程思路

（1）触摸屏界面及其数据连接

触摸屏界面设计如图 23-12 所示。触摸屏功能与 PLC 变量地址分配表如表 23-2 所示。

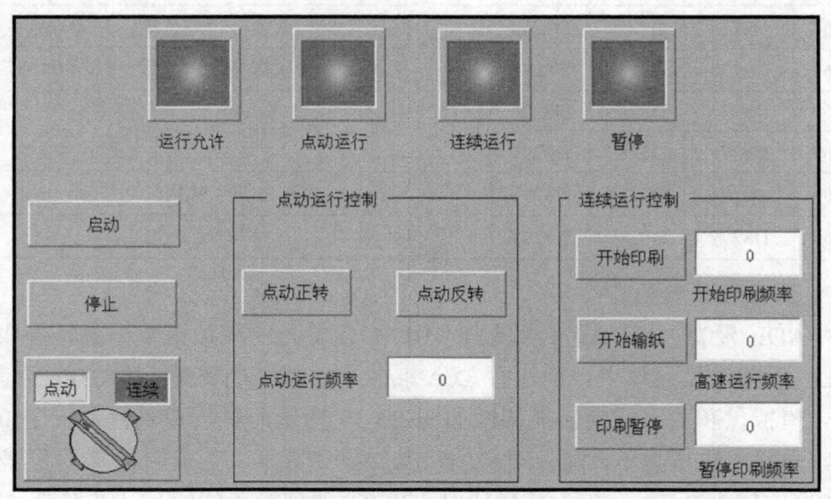

图 23-12　触摸屏界面设计

表 23-2　触摸屏功能与 PLC 变量地址分配表

触摸屏功能	PLC 关联元件	触摸屏功能	PLC 关联元件
启动按钮	M0	运行允许指示灯	Y004
停止按钮	M1	点动运行指示灯	Y005
点动正转按钮	M2	连续运行状态指示灯	Y006
点动反转按钮	M3	暂停状态指示灯	Y007
开始印刷按钮	M4	手动频率	D100

续表

触摸屏功能	PLC 关联元件	触摸屏功能	PLC 关联元件
开始输纸按钮	M5	开始印刷频率	D102
印刷暂停按钮	M6	高速频率	D104
点动/连续选择开关	M7	暂停印刷频率	D106

（2）模拟量编程

使用 FX_{3U}-3A-ADP 特殊适配器进行 D/A 转换编程时，如果变频器的目标频率为 0～50Hz，输出通道为电压输出，其模拟输出范围为 0～10V，由 FX_{3U}-3A-ADP 转换特性可知，数字量的对应范围为 0～4 000，目标频率值为 50Hz 时对应的 D/A 转换的数字量为 4 000，即对于任意给定目标频率，应乘以 80（可以在触摸屏，也可在 PLC 中实现）作为 D/A 转换的数字量，传送到特殊辅助寄存器 D8262 中。模拟量换算梯形图程序如图 23-13 所示。

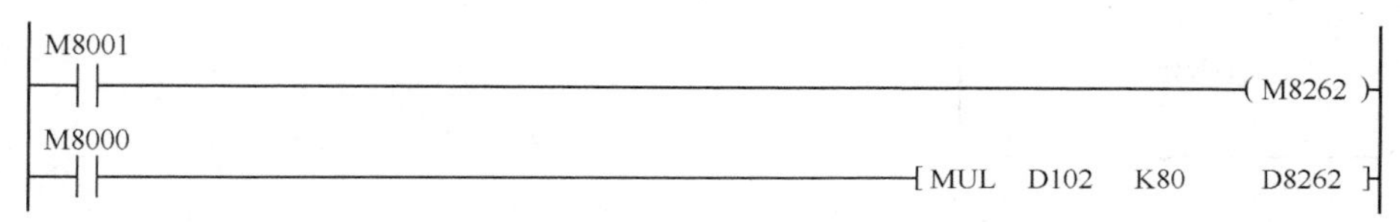

图 23-13　模拟量换算梯形图程序

另外，因为 FX_{3U}-3A-ADP 的输出通道电压输出范围为 0～10V，故变频器相应参数 Pr.73（模拟量输入选择）应设置为“0”（默认值为 1，对应电压范围为 0～5V）。

MCGS 模拟控制 PLC 实践

三、任务实施

1. 分配 PLC 输入/输出端口

平版印刷机控制 PLC 输入/输出分配如表 23-3 所示。

表 23-3　平版印刷机控制 PLC 输入/输出分配表

输　入		输　出	
		电动机正转信号	Y000
		电动机反转信号	Y001
		运动允许指示灯 HL1	Y004
		点动运行指示灯 HL2	Y005
		连续运行状态指示灯 HL3	Y006
		暂停状态指示灯 HL4	Y007

2. 设计电气原理图

平版印刷机控制参考电气原理图如图 23-14 所示。

3. 编写 PLC 梯形图程序

略。

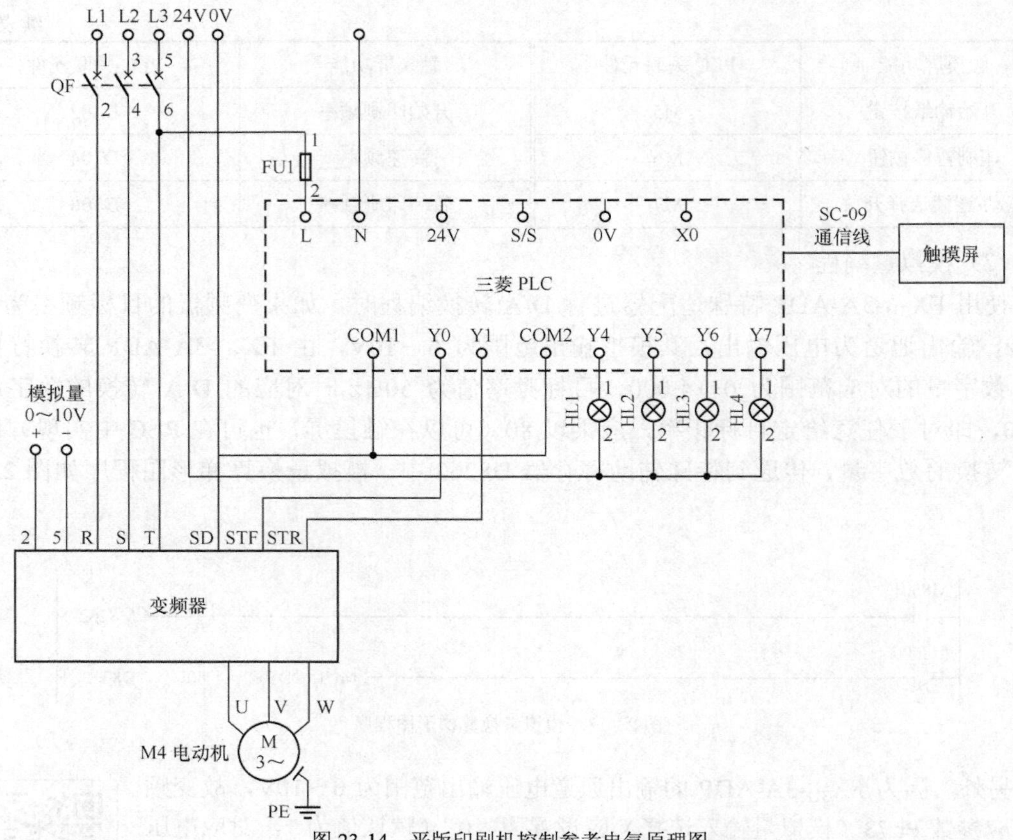

图 23-14　平版印刷机控制参考电气原理图

四、每课一问

此任务可选择模拟量输出模块 FX_{3U}-2DA-ADP 或模拟量输入模块 FX_{3U}-2AD-ADP 吗？为什么？应如何编程？

五、知识延伸

步进电动机

前面接触的三相异步电动机和直流电动机都只能控制电动机的运转与否，由于惯性原因，一般不能用于定位。用于定位控制的电动机主要有步进电动机和伺服电动机两大类。步进电动机是将电脉冲信号转换为相应角位移或直线位移的一种特殊电动机，每输入一个电脉冲信号，电动机就转动一个角度。它的运动形式是步进式的，所以称为步进电动机。步进电动机输出角位移量与其输入的脉冲数成正比，而转速或线速度与脉冲的频率成正比。步进电动机在不需要变换的情况下能直接将数字脉冲信号转换成角位移或线位移，因此它很适合作为数字控制系统的伺服元件。

步进电动机的种类很多，主要有反应式、永磁式和混合式，近年来又发展有直线步进电动机和平面步进电动机等。

（1）步进电动机的工作原理

步进电动机的工作原理实际上是电磁铁的作用。图 23-15 是一种简单的反应式步进电动机，下面以它为例来说明步进电动机的工作原理。

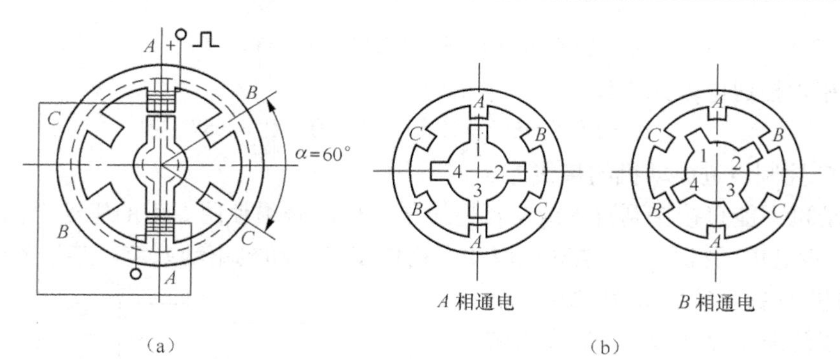

图 23-15　反应式步进电动机工作原理图

图 23-15（a）中，A 相绕组通以直流电流时，便会在 AA 方向上产生一磁场，在磁场电磁力的作用下，吸引转子，使转子的齿与定子 AA 磁极上的齿对齐。若 A 相断电，B 相通电，这时新的磁场的电磁力又吸引转子的两极与 BB 磁极齿对齐，转子沿顺时针转过 60°。通常，步进电动机绕组的通断电状态每改变一次，其转子转过的角度 α 称为步距角。因此，图 23-15（a）所示步进电动机的步距角 α 等于 60°。如果控制线路不停地按 $A \to B \to C \to A \cdots$ 的顺序控制步进电动机绕组的通断电，步进电动机的转子便不停地顺时针转动。若通电顺序改为 $A \to C \to B \to A \cdots$，同理，步进电动机的转子将逆时针不停地转动。

上面所述的这种通电方式称为三相三拍。还有一种三相六拍的通电方式，它的通电顺序是：顺时针为 $A \to AB \to B \to BC \to C \to CA \to A \cdots$；逆时针为 $A \to AC \to C \to CB \to B \to BA \to A \cdots$。

若以三相六拍通电方式工作，当 A 相通电转为 A 和 B 同时通电时，转子的磁极将同时受到 A 相绕组产生的磁场和 B 相绕组产生的磁场的吸引，转子的磁极只好停在 A 和 B 两相磁极之间，这时它的步距角 α 等于 30°。当由 A 和 B 两相同时通电转为 B 相通电时，转子磁极再沿顺时针旋转 30°，与 B 相磁极对齐。其余依次类推。采用三相六拍通电方式，可使步距角 α 缩小一半。

图 23-15（b）中的步进电动机，定子仍是 A、B、C 三相，每相两极，但转子不是两个磁极而是 4 个。A 相通电时，1 极和 3 极与 A 相的两极对齐，A 相断电、B 相通电时，2 极和 4 极将与 B 相两极对齐。这样，在三相三拍的通电方式中，步距角 α 等于 30°；在三相六拍通电方式中，步距角 α 则为 15°。

综上所述，可以得到如下结论。

① 步进电动机定子绕组的通电状态每改变一次，它的转子便转过一个确定的角度，即步进电动机的步距角 α。

② 改变步进电动机定子绕组的通电顺序，转子的旋转方向随之改变。

③ 步进电动机定子绕组通电状态的改变速度越快，其转子旋转的速度越快，即通电状态的变化频率越高，转子的转速越高。

④ 步进电动机步距角 α 与定子绕组的相数 m、转子的齿数 z、通电方式 k 有关，可用式（23-1）表示。

$$\alpha = 360^\circ/(mzk) \tag{23-1}$$

式中：m 相 m 拍时，k=1；m 相 $2m$ 拍时，k=2；依次类推。

对于图 23-15 所示的步进电动机，转子齿数为 40 时，如果以三相三拍通电方式工作，其步距角为：

$$\alpha = 360°/(mzk) = 360°/(3\times40\times1) = 3°$$

若按三相六拍通电方式工作，则步距角为：

$$\alpha = 360°/(mzk) = 360°/(3\times40\times2) = 1.5°$$

（2）PLC 控制步进电动机的接线方法

步进电动机不能直接接到直流或交流电源上工作，必须使用专用的驱动电源（步进电动机驱动器）。步进电动机和步进电动机驱动器构成步进电动机驱动系统。某设备中，PLC 控制步进电动机的主要接线如图 23-16 所示。其中，步进驱动器的 V−和 V+分别接直流 24V 电源的 0V 和 24V。步进驱动器的 PU−和 PU+为脉冲信号输出端和公共端，控制步进电动机的运动距离，分别连接 PLC 的高速脉冲输出端口，如 Y0（只能是 Y0 或 Y2，且 PLC 必须是晶体管输出型）和电源公共端 24V。步进驱动器的 DR−和 DR+为脉冲信号方向输出端和公共端，控制步进电动机的运动方向，分别连接 PLC 的任意输出端口，如 Y2 和电源公共端 24V 端。步进驱动器的 A+、A−、B+、B−分别对应连接到步进电动机的对应信号线即可。

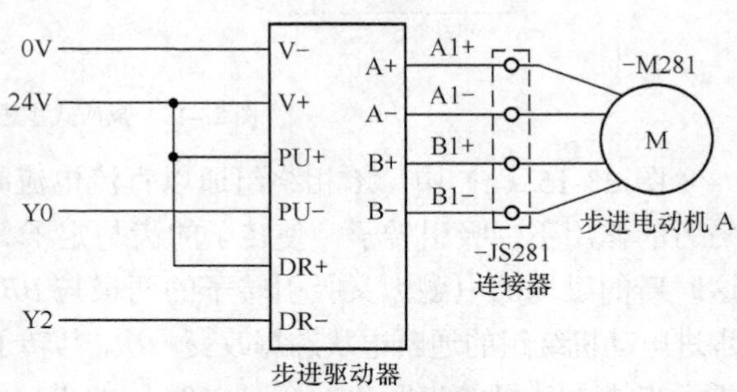

图 23-16　PLC 控制步进电动机的接线

控制步进电动机的 PLC 指令与伺服电动机的一样，具体内容见任务 24。

六、习题

1．触摸屏作为一种较新的计算机输入设备，是一种简单、方便、自然的人机交互方式。（正确/错误）

2．昆仑通态触摸屏 TPC-7062TD 需要通过________进行触摸屏程序的导入。

3．MCGS 嵌入版软件的用户应用系统，由主控窗口、________、________、实时数据库和运行策略 5 个部分构成。

4．________是应用系统的核心，相当于一个数据处理中心，同时也起到公共数据交换区的作用。

5．步进电动机转子齿数为 20 时，如果以三相三拍通电方式工作，其步距角为________；如果以三相六拍通电方式工作，其步距角为________。

6．FX 系列 PLC 模拟量输入/输出产品有功能扩展板、________和________3 种。

7．特殊适配器 FX_{3U}-3A-ADP 包括________个模拟量输入通道和________个模拟量输出通道。

8．装在 PLC 本体的第 3 台 FX_{3U}-3A-ADP 的 2 个模拟量输入通道分别是电流输入和电压输入，模拟量输出通道为电压输出，则需要对哪几个特殊辅助继电器进行设定？

9．装在 PLC 本体的第 2 台 FX_{3U}-3A-ADP 的输入通道和输出通道数据分别存在哪个特殊数据寄存器？

10．如需将 FX_{3U}-3A-ADP 的通道 1 设为电流输入，通道 2 设为电压输入，且输入数据存进 D200 和 D201，输出通道设为电压输出，且将触摸屏中的数值（D202）指定为模拟量输出时，程序应如何编写？

任务 24　成品入库堆垛机控制

一、任务描述

某系统由一个 2×3 的弧形立体仓库和 2 轴伺服堆垛机机构（x 轴实现旋转运动，y 轴实现垂直运动）组成，堆垛机由 x 轴伺服堆垛机机构把物料台上的包装盒体吸取出来，拾取装置由双轴气缸和吸盘组成，然后按要求依次放入仓库的相应仓位。控制具体要求如下。

（1）设备上电和气源接通后，若堆垛机处于原点位置，气缸处于缩回状态，则正常工作指示灯 HL1 长亮，表示设备已经准备好。

（2）如果设备已经准备好，按下启动按钮，堆垛机移动到物料台取料位，如物料台有成品，则气缸伸出，吸盘吸取成品物料。延时 2s 后，气缸缩回，成品物料被拖入堆垛机托盘内。

（3）堆垛机拾取成品盒后，自动驱动 x 轴伺服电动机的旋转运动和 y 轴的垂直运动，寻找仓位号最小且没有成品盒的仓库仓位，进行入库操作（气缸伸出，延时 2s 后缩回）。如果没有按下停止按钮，堆垛机会返回取料位，不断重复取料入库过程。

（4）按下停止按钮，系统停止，再次按下启动按钮，系统继续运行。

（5）按下复位按钮，气缸缩回，堆垛机回到原点位置。

请进行输入/输出端口分配、电气原理图设计，完成成品入库堆垛机控制硬件接线，并完成成品入库堆垛机控制梯形图程序的编写、下载与调试任务。

学习目标

1. 了解伺服系统与运动控制的基本概念；
2. 了解伺服驱动器基本接线方法；
3. 掌握三菱 PLC 运动控制指令；
4. 能够利用 PLC 驱动伺服电动机运动。

二、知识准备

1. 伺服系统概述

伺服系统又称随动系统，是用来精确地跟随或复现某个过程的反馈控制系统。在很多情况下，伺服系统专指被控制量（系统的输出量）是机械位移或位移速度、加速度的反馈控制系统，其作用是使输出的机械位移（或转角）准确地跟踪输入的位移（或转角）。

伺服系统可分为开环、半闭环和全闭环 3 种控制方法。开环控制（见图 24-1）只有从发出的位置指令输入到最后的位置输出的前向通道控制，而没有测量实际位置输出的反馈通道。其一般采用步进电动机驱动，结构简单，制造成本较低，但精度也较低。

如果在电动机轴或丝杆上安装一个速度测量装置，则变成了半闭环控制。伺服电动机和速度测量装置光电编码器通常做成一体，电动机和丝杆间可以直接连接或通过减速装置连接。半闭环控制（见图 24-2）具有传动系统简单、结构紧凑、制造成本低、性能价格比高等特点，因而得到了广泛应用。

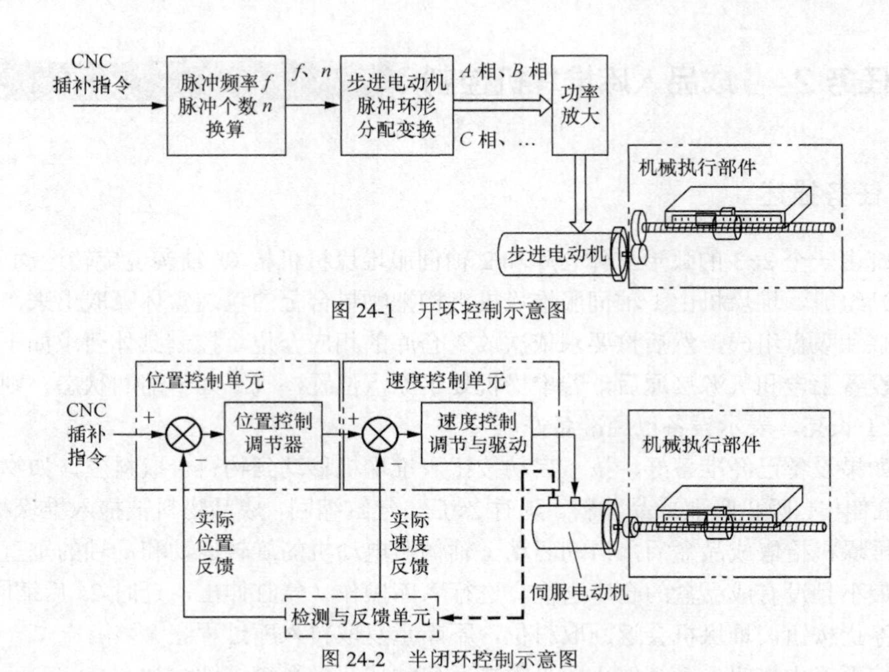

图 24-1　开环控制示意图

图 24-2　半闭环控制示意图

与开环控制系统相比，半闭环控制系统提高了精度，但它检测的反馈信号来自系统中某一个非最终输出的环节，使系统无法对这一环节到最终控制目标之间的误差自动进行补偿。在前向控制通道的基础上再加上直接检测最终输出的反馈控制通道就形成了全闭环控制的伺服系统。检测元件通常为直线感应同步器和光栅等直线型位检元件，安装在最终的移动目标工作台上，如图 24-3 所示。全闭环控制系统实际位移值被反馈到数控装置或伺服驱动中，直接与输入的指令位移值进行比较，用误差进行控制，最终实现移动部件的精确运动和定位。从理论上说，对于这样的闭环系统，其运动精度仅取决于检测装置的检测精度，与机械传动的误差无关，其精度高于半闭环系统，但较难调试。

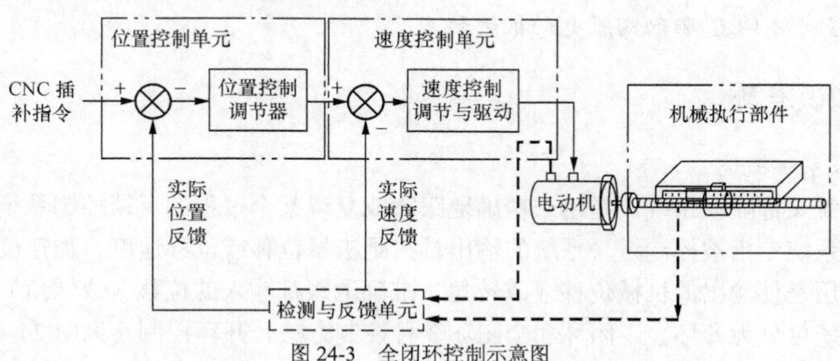

图 24-3　全闭环控制示意图

2. 半闭环控制系统结构组成

伺服系统主要具有 3 种工作模式，即位置控制模式、速度控制模式和转矩控制模式。位置控制模式利用上位机产生的脉冲来控制伺服电动机的转动，脉冲的个数决定了转动的角度，脉冲的频率决定了伺服电动机的速度。位置控制模式时，保持伺服电动机的转速，负载增大时，电动机输出的力矩增大（不超过最大输出转矩）；负载减小时，电动机输出的力矩减小。转矩控制模式是电动机的转矩保持不变，当负载变化时，电动机的速度跟随变化，以保持电动机的转矩不变。

半闭环控制系统主要由 3 部分组成：控制器、功率驱动装置（伺服驱动器）和驱动电动机（包含反馈装置）。控制器按照系统的给定值和通过反馈装置检测的实际运行值的差，调节控制量。功率驱动装置作为系统的主回路，一方面按控制量的大小将电网中的电能作用到电动机上，从而调节电动机转矩的大小，另一方面按电动机的要求把恒压恒频的电网供电转换为电动机所需的交流电或直流电。驱动电动机则按供电电流大小拖动机械运转。某品牌伺服驱动器接线如图 24-4 所示，接口端子如表 24-1 所示。

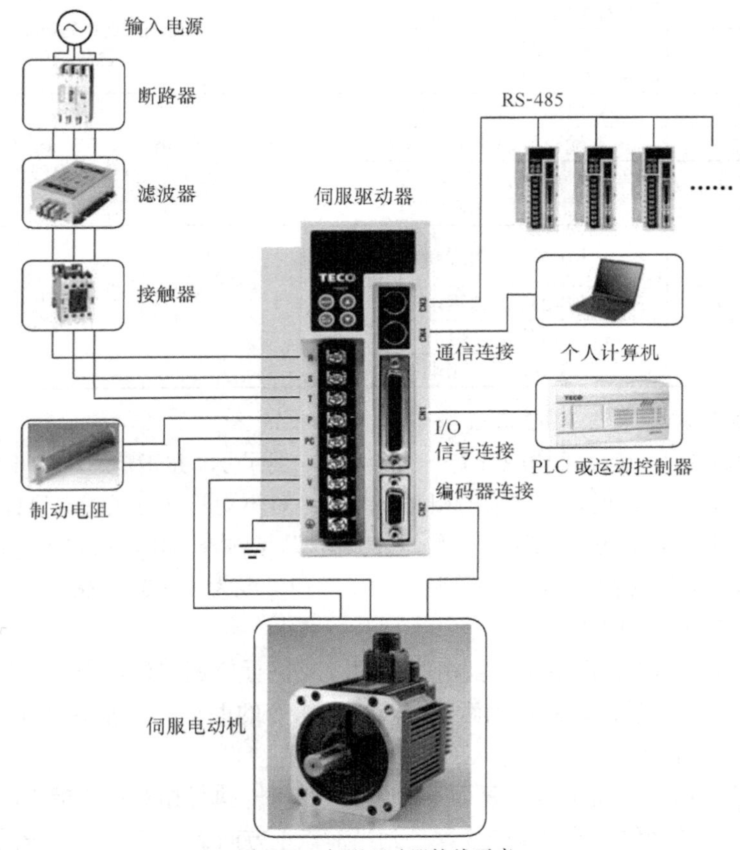

图 24-4　伺服驱动器接线示意

表 24-1　伺服驱动器接口端子

<table>
<tr><th colspan="3">连接端</th><th colspan="5">驱动器规格及使用电线规格</th></tr>
<tr><th>连接端</th><th>标记（符号）</th><th>连接端名称</th><th>10</th><th>15</th><th>20</th><th>30</th><th>50</th></tr>
<tr><td rowspan="4">TB 端子座</td><td>R、S、T</td><td>主电源端子</td><td>$1.25mm^2$
AWG.16</td><td colspan="3">$2.0mm^2$
AWG.14</td><td>$3.5mm^2$
AWG.12</td></tr>
<tr><td>U、V、W</td><td>电动机连接端子</td><td>$1.25mm^2$
AWG.16</td><td colspan="3">$2.0mm^2$
AWG.14</td><td>$3.5mm^2$
AWG.12</td></tr>
<tr><td>P、Pc</td><td>回生电阻端子</td><td colspan="4">$1.25mm^2$
AWG.16</td><td>$2.0mm^2$
AWG.14</td></tr>
<tr><td>⏚</td><td>接地端子</td><td colspan="5">$2.0mm^2$
AWG.14</td></tr>
<tr><td rowspan="2">CN1 控制信号接头</td><td>12，25</td><td>类比命令输入端子（SIC、TIC）</td><td colspan="5" rowspan="2">$0.2mm^2$ 或 $0.3mm^2$ 与类比接地的双绞对线（含隔离线）</td></tr>
<tr><td>13</td><td>类比接地端子（AG）</td></tr>
</table>

续表

连接端			驱动器规格及使用电线规格				
连接端	标记（符号）	连接端名称	10	15	20	30	50
CN1 控制信号接头	1～3 14～16	数位命令输入端子（DI）	0.2mm² 或 0.3mm² 与 I/O 地线的双绞对线（含隔离线）				
	18～20	数位输出端子（DI）					
	8	24V 电源输出端子（IP24）					
	17	24V 电源输入端子（DICOM）					
	24	数位接地端子（IG24）					
	4～7	位置命令输入端子（Pulse、Sign）	0.2mm² 或 0.3mm² 双绞对线（含隔离线）				
	9～11 21～23	编码器信号输入端子（PA、/PA、PB、/PB、PZ、/PZ）					
CN2 编码器接头	5	5V 电源输出端子（+5E）	0.2mm² 或 0.3mm² 双绞对线（含隔离线）				
	4	电源输出接地端子（GND）					
	1～3 7～9	编码器信号输入端子（A、/AB、/BZ、/Z）					
CN3 通信接头	5，7	RS-485 通信用端子	0.2mm² 或 0.3mm² 双绞对线（含隔离线）				
CN4 通信接头	1，4	RS-232 通信用端子					
	3	通信接地端子					
	5，7	RS-485 通信用端子					

3．定位控制基本要求与 PLC 定位指令

为了实现定位控制，运动机构应该有一个参考点（原点），并指定运动的正方向，以建立运动控制的坐标系。运动控制时，可以采用相对驱动和绝对驱动两种方式确定目标位置。由于定位控制时，需输出高速脉冲，PLC 只能采用晶体管输出型。晶体管输出型的 FX_{3U} 系列 PLC 基本单元均内置最多 3 轴的定位控制功能，高速脉冲输出端口一般为 Y000～Y002。

（1）相对定位指令 DRVI

相对定位指令 DRVI 的作用是：以相对驱动方式执行单速定位，用带正/负的符号指定从当前位置开始的移动距离。DRVI 指令的助记符、指令作用和操作数如表 24-2 所示。

运动控制指令比较与解析

DRVI 指令的使用示例如图 24-5 所示。X000 为 ON 时，执行相对定位指令，电动机以 2 000 个脉冲当量/s 的速度快速移动到当前点正方向 25 000 脉冲当量的位置。脉冲当量是当控制器输出一个定位控制脉冲时，所产生的定位控制移动的位移，可通过公式进行计算或通过程序控制进行测算。脉冲输出端口仅限于晶体管输出型 MT 的高速脉冲输出端口或高速输出特殊适配器的端口。如果位移的距离超过 32 767 个脉冲当量，则需要采用 32 位指令形式 DDRVI。如果需要往负方向运动，则把 K25000 改成 K−25000 即可。指令执行过程中，X000 变为 OFF 时，将减速停止，这时指令执行完成标志 M8029 不动作。再次置 ON 后，从最初开始运行。

表 24-2　　相对定位指令 DRVI 说明

指令名称	助记符	指令作用	操作数			
			S1·	S2·	D1·	D2·
相对定位指令	DRVI	以相对驱动方式执行单速定位	输出脉冲数（相对地址）	输出脉冲频率	脉冲输出端口	旋转方向输出对象
			KnX、KnY、KnS、KnM、T、C、D、V、Z、K、H		Y（晶体管输出型 PLC 高速脉冲输出端口）	Y、M、S

（2）绝对定位指令 DRVA

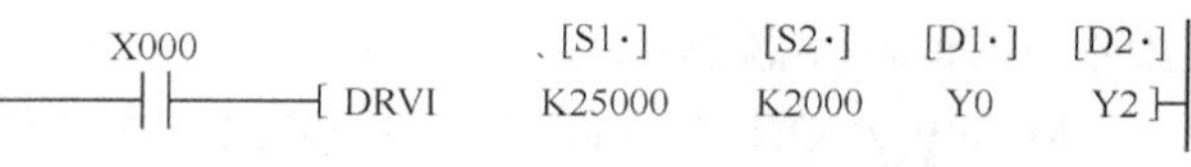

图 24-5　相对定位指令 DRVI 使用示例

绝对定位指令 DRVA 的作用是：以绝对驱动方式执行单速定位，以原点（零点）为参考点开始移动距离。DRVA 指令的助记符、指令作用和操作数如表 24-3 所示。

表 24-3　　绝对定位指令 DRVA 说明

指令名称	助记符	指令作用	操作数			
			S1·	S2·	D1·	D2·
绝对定位指令	DRVA	以绝对驱动方式执行单速定位	输出脉冲数（绝对地址）	输出脉冲频率	脉冲输出端口	旋转方向输出对象
			KnX、KnY、KnS、KnM、T、C、D、V、Z、K、H		Y（晶体管输出型 PLC 高速脉冲输出端口）	Y、M、S

DRVA 指令的使用示例如图 24-6 所示。X000 为 ON 时，执行绝对定位指令，电动机以 2 000 个脉冲当量/s 的速度快速移动到原点正方向 25 000 脉冲当量的位置。如果位移的距离超过 32 767 个脉冲，则需要采用 32 位指令形式 DDRVA。如果需要往原点负方向运动，则把 K25000 改成 K–25000 即可。指令执行过程中，X000 变为 OFF 时，将减速停止，这时指令执行完成标志 M8029 不动作。再次置 ON 后，从最初开始运行。

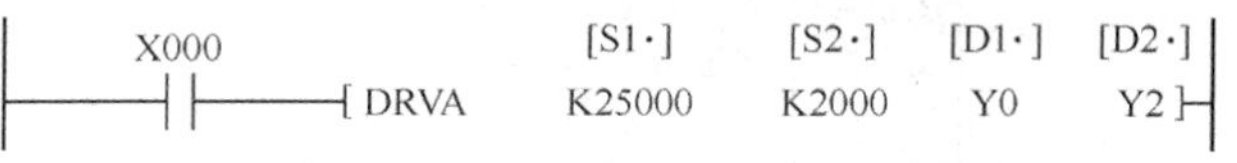

图 24-6　绝对定位指令 DRVA 使用示例

（3）原点回归指令 ZRN

原点回归指令 ZRN 的作用是简单快速回到原点。该指令要求提供一个原点开关信号，原点回归动作从原点开关的前端开始，以指定的原点速度向负方向移动，当原点开关信号为 ON 时，减速至爬行速度；当原点开关信号由 ON 变成 OFF 时，停止脉冲输出，并使当前值寄存器清零。原点回归指令的助记符、指令作用和操作数如表 24-4 所示。

表 24-4　　原点回归指令 ZRN 说明

指令名称	助记符	指令作用	操作数			
			S1·	S2·	S3·	D·
原点回归指令	ZRN	执行原点回归	原点回归速度	爬行速度	原点开关端口	脉冲输出端口
			KnX、KnY、KnS、KnM、T、C、D、V、Z、K、H		X	Y（晶体管输出型 PLC 高速脉冲输出端口）

原点回归指令使用示例如图 24-7 所示。M000 为 ON 时，执行原点回归指令，电动机以 22 000 个脉冲当量/s 的速度快速负方向移动到原点开关 X0 位置。X0 信号由 OFF 变成 ON，电动机以 800 个脉冲当量/s 的爬行速度继续负方向前进，如果 X0 信号由 ON 变成 OFF，停止脉冲输出，并使当前值寄存器 D8340 清零。

M000　　[S1·]　[S2·]　[S3·]　[D2·]
DZRN　K22000　K800　X0　Y0

图 24-7　原点回归指令使用示例

需要注意的是，FX_{3U} 用定位指令，对应 Y000 脉冲当前值寄存器是（D8341，D8340），对应 Y1 脉冲当前值寄存器是（D8343，D8342）。

FX_{1N} 和 FX_{2N} 定位指令，对应 Y000 脉冲当前值寄存器是（D8141，D8140），对应 Y001

脉冲当前值寄存器是（D8143，D8142）。

M8349 为 ON，可立即停止脉冲输出，M8340/M8341 为 Y0 和 Y1 脉冲输出标志位，M8029 为指令完成标志。

4．编程思路

（1）堆垛机运行到仓位号最小且没有成品盒的仓库仓位

按先大号仓位再小号仓位的方式编写程序，如果该仓位没有料，则把该仓位 *x*/*y* 位置坐标分别赋值给 D100 和 D102。如果小号仓位没有料，则小号仓位的位置坐标会覆盖大号仓位的位置坐标，最终堆垛机会执行去仓位号最小且没有成品盒的仓库仓位。梯形图程序编写如图 24-8 所示。

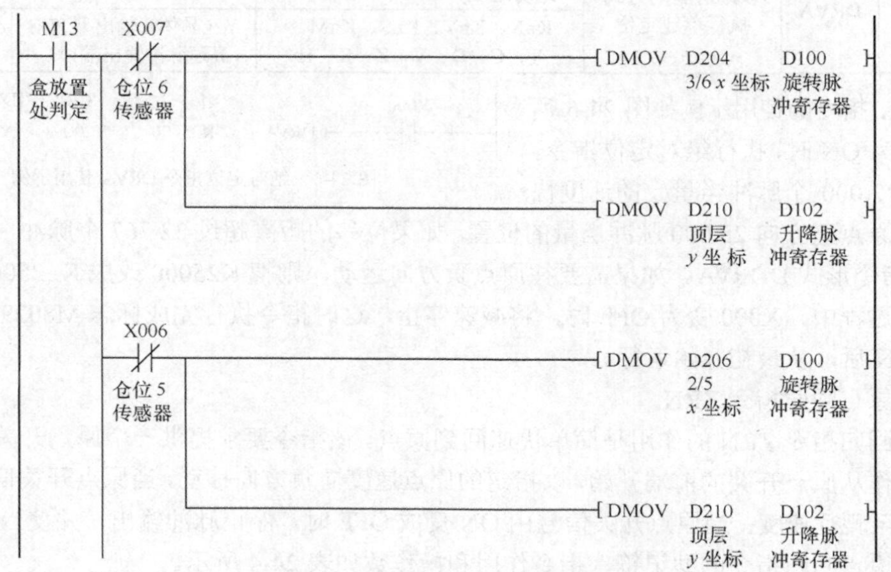

图 24-8　寻找最小无料仓位号梯形图程序

（2）堆垛机运行到原点位置

思路 1：利用相对定位指令 DDRVI，如图 24-9 所示。

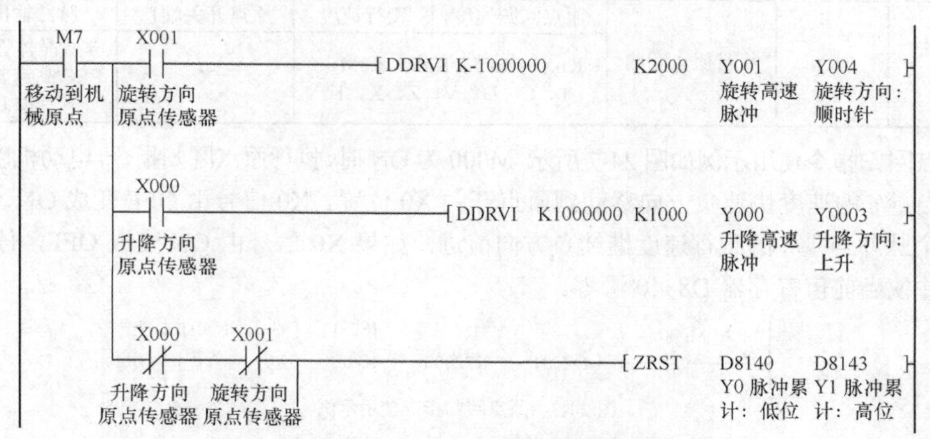

图 24-9　堆垛机运行到原点位置梯形图程序方案 1

思路 2：利用原点回归指令 ZRN。

如果把原点位置定义在原点开关的中心线位置，回原点可分为两个阶段：第一个阶段，堆垛机在原点开关的下降沿处停止，当前值寄存器清零，此时堆垛机与原点开关中心线之间有一个准确的负方向偏移量；第二个阶段，执行绝对位置控制指令，使堆垛机沿正方向移动到中心线处，当前值寄存器清零，设备原点即被确定。梯形图程序编写如图 24-10 所示，M0、M1 和 M2 分别为回零完成标志、回零第一阶段标志和回零第二阶段标志。

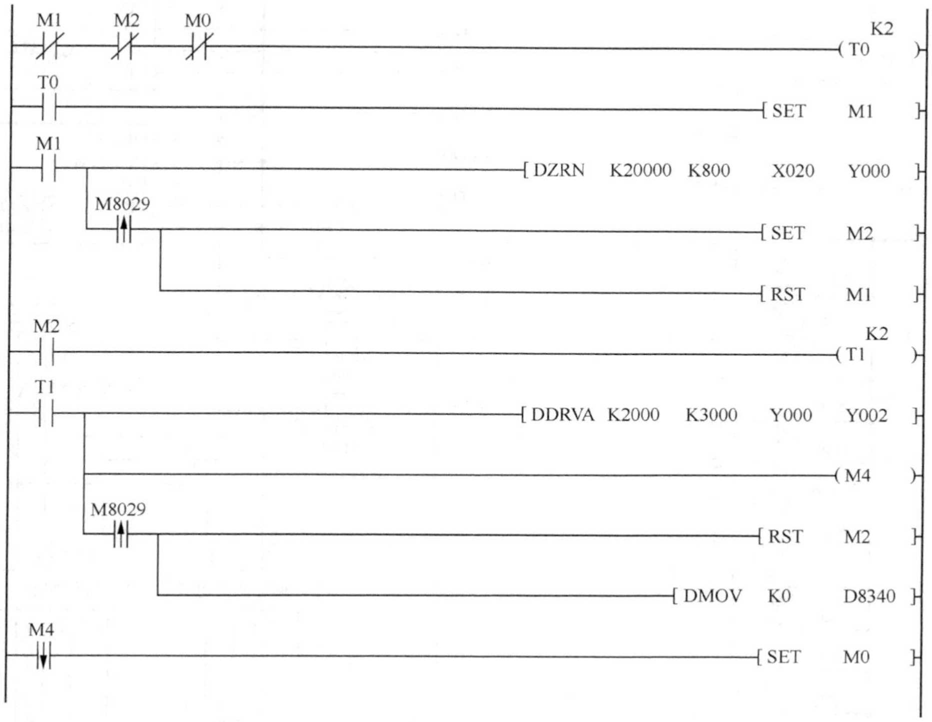

图 24-10　堆垛机运行到原点位置梯形图程序方案 2

三、任务实施

1. 分配 PLC 输入/输出端口

成品入库堆垛机控制 PLC 输入/输出端口分配如表 24-5 所示。

表 24-5　　成品入库堆垛机控制 PLC 输入/输出端口分配表

输　入		输　出	
旋转方向原点传感器 SQ1	X000	旋转轴正转信号	Y000
升降方向原点传感器 SQ2	X001	旋转轴反转信号	Y001
仓位 1 传感器 SQ3	X002	升降轴正转信号	Y002
仓位 2 传感器 SQ4	X003	升降轴反转信号	Y003
仓位 3 传感器 SQ5	X004	正常工作指示灯 HL1	Y004
仓位 4 传感器 SQ6	X005	双轴气缸电磁阀 YV1	Y005
仓位 5 传感器 SQ7	X006	吸盘气缸电磁阀 YV2	Y006
仓位 6 传感器 SQ8	X007		
物料台传感器 SQ9	X010		
启动按钮 SB1	X011		
复位按钮 SB2	X012		
停止按钮 SB3	X013		

2. 设计电气原理图

成品入库堆垛机控制参考电气原理图如图 24-11 所示。

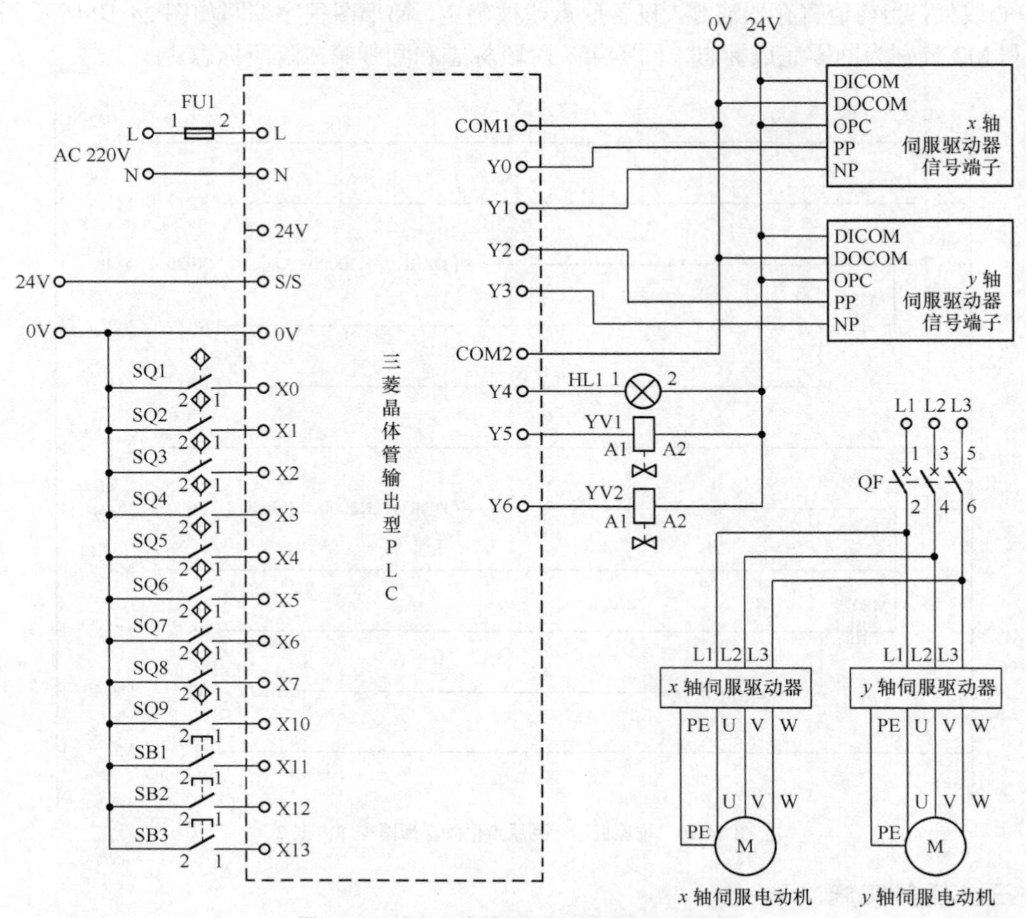

图 24-11　成品入库堆垛机控制参考电气原理图

3. 编写 PLC 梯形图程序

略。

四、每课一问

如果成品盒入库时，优先寻找仓位号大且没有成品盒的仓库仓位，程序应该如何编写？

五、知识延伸

其他运动指令

（1）脉冲输出指令 PLSY

脉冲输出指令 PLSY 的作用是：以指定频率产生定量脉冲。脉冲输出指令的助记符、指令作用和操作数如表 24-6 所示。

表 24-6　　脉冲输出指令 PLSY 说明

指令名称	助记符	指令作用	操作数		
			S1·	S2·	D
脉冲输出指令	PLSY	以指定频率产生定量脉冲	输出脉冲频率	输出脉冲数	脉冲输出端口
			KnX、KnY、KnS、KnM、T、C、D、V、Z、K、H		Y（晶体管输出型 PLC 高速脉冲输出端口）

脉冲输出指令使用示例如图 24-12 所示。其中，源操作数 S1 是脉冲频率，代表速度；源操作数 S2 是脉冲个数，代表距离；目标操作数 D 是脉冲输出端子 Y0 或 Y1，具体由实际接线决定。可以看出，该指令只能控制距离和速度，不能控制方向，需另加程序控制一个普通输出点如 Y16 确定轴运动方向。触发条件为 ON，脉冲输出端子会发出指令频率和个数的脉冲信号，驱动轴运动；触发条件为 OFF，即刻停止输出，再次置 ON 后，重新开始输出目标操作数中指定的脉冲数。D8140 和 D8141 组成的 32 位寄存器存储输出到 Y0 的脉冲数累计数；D8142 和 D8143 组成的 32 位寄存器存储输出到 Y1 的脉冲数累计数，上述脉冲寄存器是累计型的，也就是说无论正反转脉冲数量都是增加的，不随着旋转方向的改变进行增减计数，这样就决定了指令中断后没有位置记忆。

（2）加减速脉冲输出指令 PLSR

相比于 PLSY 指令，PLSR 指令多了一个加减速时间 S3，在输出脉冲时，可以进行加减速脉冲输出，其他都一样。加减速脉冲输出指令使用示例如图 24-13 所示。

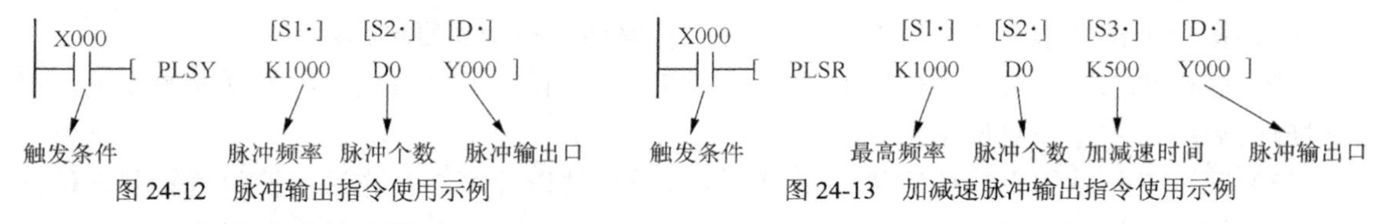

图 24-12　脉冲输出指令使用示例

图 24-13　加减速脉冲输出指令使用示例

（3）可变速脉冲输出指令 PLSV

可变速脉冲输出指令 PLSV 的作用为：输出带旋转方向的可变速脉冲。可变速脉冲输出指令的助记符、指令作用和操作数如表 24-7 所示。

表 24-7　　可变速脉冲输出指令说明

指令名称	助记符	指令作用	操作数		
			S1·	S2·	D
可变速脉冲输出指令	PLSV	输出带旋转方向的可变速脉冲	输出脉冲频率	输出脉冲数	脉冲输出端口
			KnX、KnY、KnS、KnM、T、C、D、V、Z、K、H		Y（晶体管输出型 PLC 高速脉冲输出端口）

可变速脉冲输出指令使用示例如图 24-14 所示。其中，S1 是脉冲频率，D1 是脉冲输出端，D2 是旋转方向输出。从指令格式可以看出，它的旋转方向不需要指定，能够自动输出旋转方向，但是由于没有设置发出脉冲的总数，也就是不能通过指令定位。但可以从脉冲寄存器获得位置信息。脉冲寄存器的增减计数由 S1 的符号决定，旋转方向也是。S1 为正，则电动机正转；S1 为负，则电动机反转。可通过置位特殊辅助继电器 M8338 激活加减速功能，加减速通过特殊数据寄存器设置完成，在遇到指令断开、正反转极限标志时减速停止。

X000　PLSV　[S1·] K1000　[D1·] Y000　[D2·] Y015

触发条件　脉冲频率　脉冲输出口　方向输出口

图 24-14　可变速脉冲输出指令使用示例

六、习题

1．交流伺服驱动器的控制电路是伺服驱动器所特有的“三环”结构，即________、________和________。

2．伺服系统又称随动系统，是用来精确地跟随或复现某个过程的反馈控制系统。（正确/错误）

3．伺服系统主要由________、功率驱动装置、反馈装置和电动机等组成。

4．伺服系统具有 3 种工作模式，即________、________和转矩控制模式。

5．定位控制时，需输出高速脉冲时只能采用（　　）输出型的 PLC。

A．继电器　　　　B．晶体管　　　　C．晶闸管

任务 25　FX 系列 PLC 组网控制

一、任务描述

某生产设备由两个工作站组成，设备的两个工作单元都配有独立的操作板，系统可以联机运行，也可以单站运行。两台 PLC 均为三菱 FX_{3U}。联机运行控制要求如下。

（1）每个工作站都有单站/联机切换开关，有启动、停止和复位指示灯；

（2）联机状态下，按下触摸屏或工作台的启动、停止、复位按钮，触摸屏和操作板上都有对应的启动、停止和复位指示灯显示；

（3）第 1 工作站的来料检测传感器和有无料传感器以及第 2 工作站的推料气缸前限位开关状态能够在触摸屏上显示；

（4）按下/松开触摸屏上的推料气缸按钮，第 2 工作站的推料气缸伸出/缩回；

（5）第一次按下触摸屏上的原点电磁铁按钮，第 1 工作站的原点电磁铁通电，第 2 次按下触摸屏上的原点电磁铁按钮，第 1 工作站的原点电磁铁断电。

请进行输入/输出端口分配、电气原理图设计，完成 FX 系列 PLC 组网控制硬件接线并完成 FX 系列 PLC 组网控制梯形图程序的编写、下载与调试任务。

学习目标

1．掌握 N：N 网络通信基础；

2．能够实现多台 FX 系列 PLC 的联网控制。

多台 FX 系列 PLC 通信方法

二、知识准备

1．N：N 网络通信概述

工程应用中，经常需要将几台 PLC 进行联网控制。三菱 PLC 之间的联网常采用 N：N 网络通信方式。

N：N 网络通信的工作原理为：N：N 通信协议最多用于 8 台 FX 系列 PLC 的辅助继电器和数据寄存器之间的数据自动交换，其中一台为主站，其余为从站。主站与各从站共享一

批辅助继电器（M 点）和数据寄存器（D 点）的地址，分为 A、B、C、D、E、F、G、H 8 个区域。对于这批地址当中的 A 区域，主站可以对其写入/读取，其他从站只能读取；对于这批地址的 B 区域，1 号从站可以对其写入/读取，主站和其他从站只能读取；对于这批地址的 C 区域，2 号从站可以对其写入/读取，主站和其他从站只能读取；依次类推。根据刷新模式不同，主站与从站共享的辅助继电器和数据寄存器的范围有所不同，如表 25-1 所示。

表 25-1　　N：N 网络的刷新模式

站号	模式 0		模式 1		模式 2	
	位元件	4 点字元件	32 点位元件	4 点字元件	64 点位元件	8 点字元件
0	—	D0～D3	M1000～M1031	D0～D3	M1000～M1063	D0～D7
1	—	D10～D13	M1064～M1095	D10～D13	M1064～M1127	D10～D17
2	—	D20～D23	M1128～M1159	D20～D23	M1128～M1191	D20～D27
3	—	D30～D33	M1192～M1223	D30～D33	M1192～M1255	D30～D37
4	—	D40～D43	M1256～M1287	D40～D43	M1256～M1319	D40～D47
5	—	D50～D53	M1320～M1351	D50～D53	M1320～M1383	D50～D57
6	—	D60～D63	M1384～M1415	D60～D63	M1384～M1447	D60～D67
7	—	D70～D73	M1448～M1479	D70～D73	M1448～M1511	D70～D77

例如：如果刷新模式设定为 2，每个站能够读取所有共享区域中辅助继电器 M 和数据寄存器 D 的值，而只能改变共享区域中规定的 64 个 M 继电器和 8 个 D 寄存器的值。如主站可以向数据寄存器 D5 中写入数据 100，其他站的 D5 都变成 100，但是只有主站拥有修改 D5 的权利；当 3 号从站置位 M1192 时，其他站的 M1192 都被置位，但只有 3 号从站拥有修改 M1192 的权利。

2. N：N 网络通信硬件连接与参数设置

（1）硬件连接

N：N 网络通信利用 PLC 标准的 RS-485 接口进行连接，其硬件连接非常简单，如图 25-1 所示。

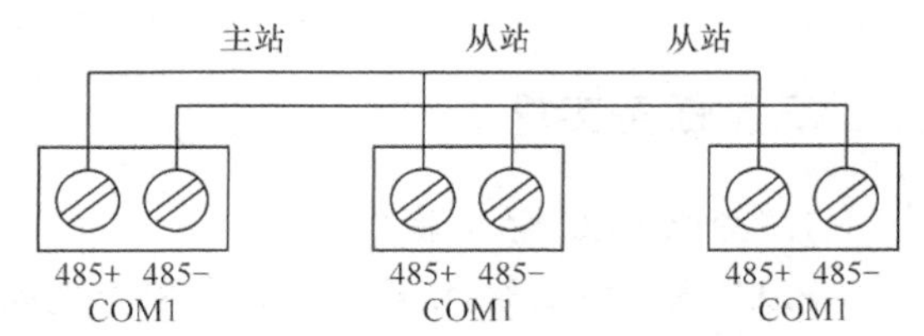

图 25-1　N：N 网络通信硬件连接示意

（2）N：N 网络通信参数设置

① 工作站号设置（D8176）。D8176 的设置范围为 0～7，主站应设为 0，从站设为 1～7。

② 从站个数设置（D8177）。D8177 用于主站中设置从站总数，总站不需要设置，设定范围为 0～7，默认值为 7。

③ 刷新范围模式设置（D8178）。刷新模式是指在设定的模式下主站与从站共享的辅助继电器和数据寄存器的范围，刷新模式由主站的 D8178 来设置，可以设为 0、1 或 2（默认值为 0），分别代表 3 种刷新模式，不同刷新模式的共享数据范围不同，如表 25-1 所示。

④ 重试次数设置（D8179）。D8179 用于设置重试次数，设定范围为 0～10（默认值为 3），该设置仅用于主站，当通信出错时，主站就会根据设置的次数自动重试通信。

⑤ 通信超时时间设置（D8180）。D8180 用于设置通信超时时间，设定范围为 5～155（默认是为 5），该值乘以 10ms 就是通信超时时间，该设置限定了主站与从站之间的通信时间。

（3）PLC 的 N：N 网络通信实例

例如，两台三菱 FX 系列的 PLC 通过 N：N 网络协议进行 RS-485 通信，能实现主站 X000

闭合，从站 Y000 得电；从站 X001 闭合，主站 Y001 得电。

① 硬件连接。将主站 PLC 与从站 PLC 的 COM1 口按图 25-2 所示进行短接，注意不要接错。

485+ 485−
COM1
485+ 485−
COM1

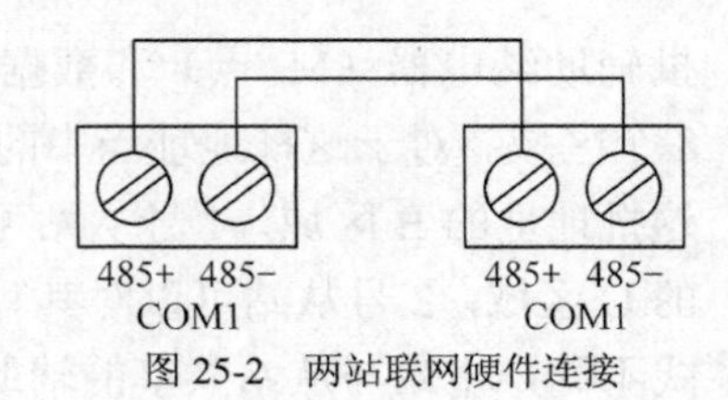

图 25-2 两站联网硬件连接

② 程序编写。N：N 网络通信示例主站梯形图程序和从站梯形图程序如图 25-3 和图 25-4 所示。

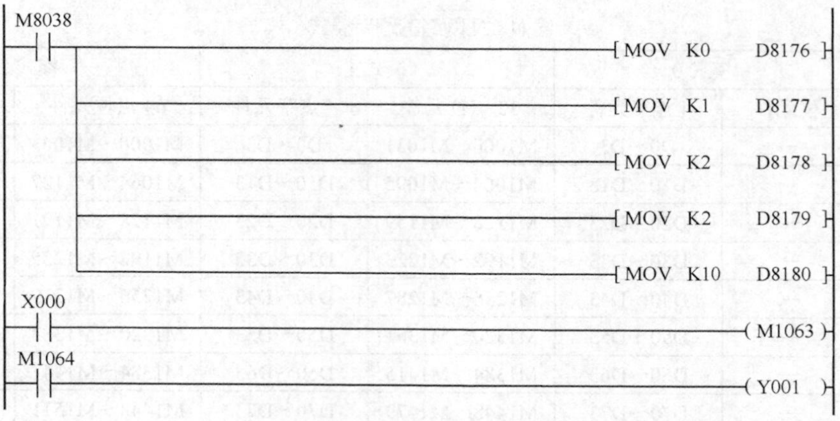

M8038
MOV K0 D8176
MOV K1 D8177
MOV K2 D8178
MOV K2 D8179
MOV K10 D8180
X000
M1063
M1064
Y001

图 25-3 主站梯形图程序

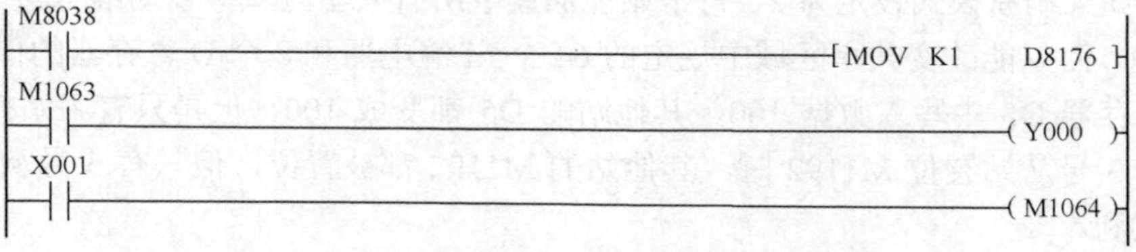

M8038
MOV K1 D8176
M1063
Y000
X001
M1064

图 25-4 从站梯形图程序

三、任务实施

1. 分配 PLC 输入/输出端口

PLC1 和 PLC2 输入/输出端口分配分别如表 25-2 和表 25-3 所示。

表 25-2 PLC1 输入/输出端口分配表

输入		输出	
单站/联机开关 SA1	X000	启动指示灯 HL1	Y000
启动按钮 SB1	X001	停止指示灯 HL2	Y001
停止按钮 SB2	X002	复位指示灯 HL3	Y002
复位按钮 SB3	X003	原点电磁铁 YV1	Y003
来料检测传感器 SQ1	X004		
有无料检测传感器 SQ2	X005		

表 25-3 PLC2 输入/输出端口分配表

输入		输出	
单站/联机开关 SA1	X000	启动指示灯 HL1	Y000
启动按钮 SB1	X001	停止指示灯 HL2	Y001
停止按钮 SB2	X002	复位指示灯 HL3	Y002
复位按钮 SB3	X003	推料气缸 YV1	Y003
前限位开关 SQ1	X004		

2. 设计电气原理图

FX 系列 PLC 组网控制参考电气原理图如图 25-5 所示。

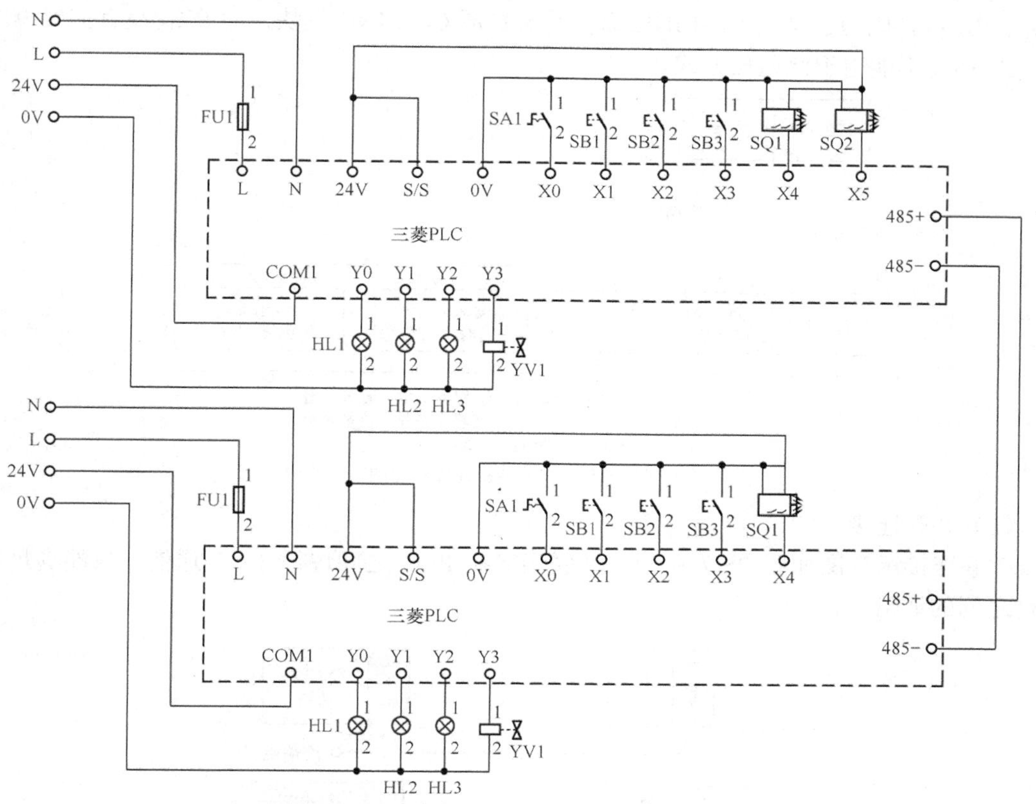

图 25-5 FX 系列 PLC 组网控制参考电气原理图

3. 编写 PLC 梯形图程序

略。

四、每课一问

如果 4 台 PLC 利用 N∶N 网络联网，发现连接到主站的触摸屏能控制主站 PLC，而无法控制从站 PLC，请分析其可能原因。

五、知识延伸

三菱 PLC 网络连接系统

PLC 的通信是指把 PLC 与 PLC、PLC 与计算机或 PLC 与其他智能装置通过传输介质连接起来，实现相互之间的信息交互，从而构成功能更强、性能更优的控制系统。FX 系列 PLC 都具有联网功能，按照层次可把连接的对象分为 3 类：计算机与 PLC 之间的连接，称为上位连接；PLC 与 PLC 的连接，称为同位连接；PLC 与远程输入/输出单元的连接，称为下位连接。

（1）CC-LINK 连接

CC-LINK 连接主要用于生产线的分散控制和集中管理，与上位网络之间的数据交换等。FX_{1N}/FX_{2N}/FX_{3U} 既可以作为主站，也可以作为远程设备站使用。此种通信因为要加 CC- LINK

通信模块，所以成本较高。在 CC-LINK 网络中还可以加入变频器等符合 CC-LINK 规格的设备。CC-LINK 连接示意图如图 25-6 所示。对应的 PLC 可为 FX_{1N}、FX_{1NC}、FX_{2N}、FX_{2NC}、FX_{3U}、FX_{3UC}，因为在使用 CC-LINK 通信时要扩展 CC-LINK 模块，而 FX_{1S} 没有扩展模块功能，故 FX_{1S} 不能用于此通信方式。

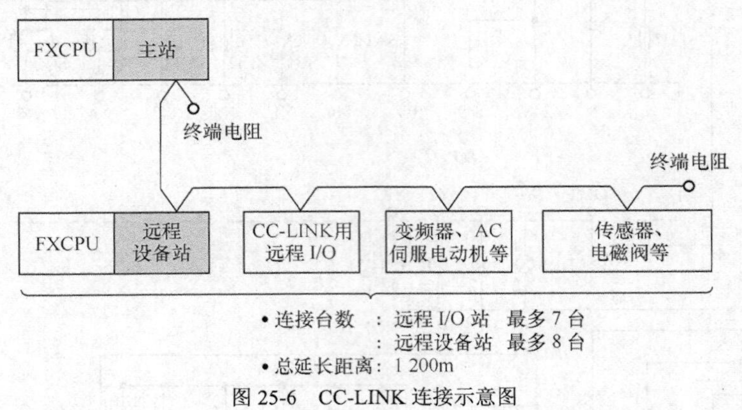

图 25-6 CC-LINK 连接示意图

（2）并联连接

并联连接示意图如图 25-7 所示。并联连接在 PLC 之间进行 1∶1 通信，只能满足两台 PLC 之间的通信。

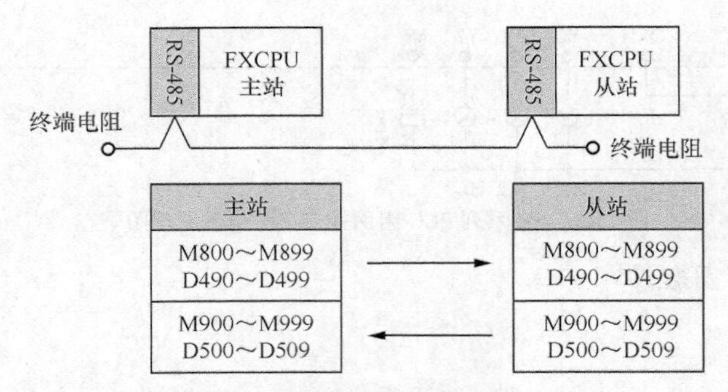

图 25-7 并联连接示意图

六、习题

1．N∶N 通信协议最多用于________台 FX 系列 PLC 的辅助继电器和数据寄存器之间的数据自动交换，其中一台为主站，其余为从站。

2．刷新模式 1 中，1 号站共享的位元件是（ ）。

A．M1000～M1031 B．M1064～M1095 C．M1128～M1159 D．M1000～M1063

3．D8176 的设置范围为 0～7，主站应设为________，从站设为 1～7。

4．D8177 用于主站中设置（ ）总数。

A．主站 B．从站

5．D8180 用于设置通信超时时间，若设定为 5，表示通信超时时间________ms，该设置限定了主站与从站之间的通信时间。